向为创建中国卫星导航事业

并使之立于世界最前列而做出卓越贡献的北斗功臣们

致以深深的敬意！

国家出版基金项目
NATIONAL PUBLICATION FOUNDATION

"十三五"国家重点出版物
出版规划项目

卫星导航工程技术丛书

主　编　杨元喜
副主编　蔚保国

卫星导航系统完好性
原理与方法

Principle and Method of Navigation Satellite System Integrity

陈金平　曹月玲　徐君毅　王梦丽　著

国防工业出版社

·北京·

内 容 简 介

本书深入地介绍了卫星导航系统完好性原理和方法,内容包括星基增强系统及其完好性监测、地基增强系统及其完好性监测、接收机自主完好性监测、系统基本完好性监测、卫星自主完好性监测、完好性性能测试评估方法等。本书力求反映近年来完好性监测的最新技术和成果。

本书可作为从事卫星导航、导航制导等方面研究的科研人员、工程技术人员的业务工具书,也可作为高等院校相关专业博士研究生、硕士研究生和高年级本科生的教学参考书。

图书在版编目(CIP)数据

卫星导航系统完好性原理与方法／陈金平等著. —
北京：国防工业出版社,2021.3
（卫星导航工程技术丛书）
ISBN 978 - 7 - 118 - 12165 - 0

Ⅰ. ①卫… Ⅱ. ①陈… Ⅲ. ①卫星导航 - 全球定位系
统 - 研究 Ⅳ. ①P228.4

中国版本图书馆 CIP 数据核字(2020)第 161212 号

审图号 GS(2020)4270 号

※

国防工业出版社出版发行
（北京市海淀区紫竹院南路 23 号　邮政编码 100048）
天津嘉恒印务有限公司印刷
新华书店经售
*
开本 710×1000　1/16　插页 8　印张 15　字数 275 千字
2021 年 3 月第 1 版第 1 次印刷　印数 1—2000 册　定价 108.00 元

（本书如有印装错误,我社负责调换）

国防书店：(010)88540777　　　书店传真：(010)88540776
发行业务：(010)88540717　　　发行传真：(010)88540762

孙家栋院士为本套丛书致辞

探索中国北斗自主创新之路
凝练卫星导航工程技术之果

当今世界,卫星导航系统覆盖全球,应用服务广泛渗透,科技影响如日中天。

我国卫星导航事业从北斗一号工程开始到北斗三号工程,已经走过了二十六个春秋。在长达四分之一世纪的艰辛发展历程中,北斗卫星导航系统从无到有,从小到大,从弱到强,从区域到全球,从单一星座到高中轨混合星座,从 RDSS 到 RNSS,从定位授时到位置报告,从差分增强到精密单点定位,从星地站间组网到星间链路组网,不断演进和升级,形成了包括卫星导航及其增强系统的研究规划、研制生产、测试运行及产业化应用的综合体系,培养造就了一支高水平、高素质的专业人才队伍,为我国卫星导航事业的蓬勃发展奠定了坚实基础。

如今北斗已开启全球时代,打造"天上好用,地上用好"的自主卫星导航系统任务已初步实现,我国卫星导航事业也已跻身于国际先进水平,领域专家们认为有必要对以往的工作进行回顾和总结,将积累的工程技术、管理成果进行系统的梳理、凝练和提高,以利再战,同时也有必要充分利用前期积累的成果指导工程研制、系统应用和人才培养,因此决定撰写一套卫星导航工程技术丛书,为国家导航事业,也为参与者留下宝贵的知识财富和经验积淀。

在各位北斗专家及国防工业出版社的共同努力下,历经八年时间,这套导航丛书终于得以顺利出版。这是一件十分可喜可贺的大事!丛书展示了从北斗二号到北斗三号的历史性跨越,体系完整,理论与工程实践相结合，突出北斗卫星导航自主创新精神，注意与国际先进技术融合与接轨，展现了"中国的北斗，世界的北斗，一流的北斗"之大气！每一本书都是作者亲身工作成果的凝练和升华，相信能够为相关领域的发展和人才培养做出贡献。

"只要你管这件事，就要认认真真负责到底。"这是中国航天界的习惯，也是本套丛书作者的特点。我与丛书作者多有相识与共事，深知他们在北斗卫星导航科研和工程实践中取得了巨大成就，并积累了丰富经验。现在他们又在百忙之中牺牲休息时间来著书立说，继续弘扬"自主创新、开放融合、万众一心、追求卓越"的北斗精神，力争在学术出版界再现北斗的光辉形象，为北斗事业的后续发展鼎力相助，为导航技术的代代相传添砖加瓦。为他们喝彩！更由衷地感谢他们的巨大付出！由这些科研骨干潜心写成的著作，内蓄十足的含金量！我相信这套丛书一定具有鲜明的中国北斗特色，一定经得起时间的考验。

我一辈子都在航天战线工作，虽然已年逾九旬，但仍愿为北斗卫星导航事业的发展而思考和实践。人才培养是我国科技发展第一要事，令人欣慰的是，这套丛书非常及时地全面总结了中国北斗卫星导航的工程经验、理论方法、技术成果，可谓承前启后，必将有助于我国卫星导航系统的推广应用以及人才培养。我推荐从事这方面工作的科研人员以及在校师生都能读好这套丛书，它一定能给你启发和帮助，有助于你的进步与成长，从而为我国全球北斗卫星导航事业又好又快发展做出更多更大的贡献。

2020 年 8 月

祝贺 卫星导航工程技术丛书

圆满出版

杨元喜

于 2019 年第十届中国卫星导航年会期间题词。

期待 卫星导航工程技术丛书

助力中国北斗系统发展

冉承其

于 2019 年第十届中国卫星导航年会期间题词。

卫星导航工程技术丛书
编审委员会

卫星导航工程技术丛书
编写委员会

主　　　　编　杨元喜
副　主　编　蔚保国
委　　　　员　(按姓氏笔画排序)

尹继凯　朱衍波　伍蔡伦　刘　利

刘天雄　李　隽　杨　慧　宋小勇

张小红　陈金平　陈建云　陈韬鸣

金双根　赵文军　姜　毅　袁　洪

袁运斌　徐彦田　黄文德　谢　军

蔡志武

丛书序

　　宇宙浩瀚、海洋无际、大漠无垠、丛林层密、山峦叠嶂，这就是我们生活的空间，这就是我们探索的远方。我在何处？我之去向？这是我们每天都必须面对的问题。从原始人巡游狩猎、航行海洋，到近代人周游世界、遨游太空，无一不需要定位和导航。

　　正如《北斗赋》所描述，乘舟而惑，不知东西，见斗则寤矣。又戒之，瀚海识途，昼则观日，夜则观星矣。我们的祖先不仅为后人指明了"昼观日，夜观星"的天文导航法，而且还发明了"司南"或"指南针"定向法。我们为祖先的聪颖智慧而自豪，但是又不得不面临新的定位、导航与授时（PNT）需求。信息化社会、智能化建设、智慧城市、数字地球、物联网、大数据等，无一不需要统一时间、空间信息的支持。为顺应新的需求，"卫星导航"应运而生。

　　卫星导航始于美国子午仪系统，成形于美国的全球定位系统（GPS）和俄罗斯的全球卫星导航系统（GLONASS），发展于中国的北斗卫星导航系统（BDS）（简称"北斗系统"）和欧盟的伽利略卫星导航系统（简称"Galileo系统"），补充于印度及日本的区域卫星导航系统。卫星导航系统是时间、空间信息服务的基础设施，是国防建设和国家经济建设的基础设施，也是政治大国、经济强国、科技强国的基本象征。

　　中国的北斗系统不仅是我国PNT体系的重要基础设施，也是国家经济、科技与社会发展的重要标志，是改革开放的重要成果之一。北斗系统不仅"标新""立异"，而且"特色"鲜明。标新于设计（混合星座、信号调制、云平台运控、星间链路、全球报文通信等），立异于功能（一体化星基增强、嵌入式精密单点定位、嵌入式全球搜救等服务），特色于应用（报文通信、精密位置服务等）。标新立异和特色服务是北斗系统的立身之本，也是北斗系统推广应用的基础。

　　2020年6月23日，北斗系统最后一颗卫星发射升空，标志着中国北斗全球卫星导航系统卫星组网完成；2020年7月31日，北斗系统正式向全球用户开通服务，标志着中国北斗全球卫星导航系统进入运行维护阶段。为了全面反映中国北斗系统建设成果，同时也为了推进北斗系统的广泛应用，我们紧跟北斗工程的成功进展，组织北斗系统建设的部分技术骨干，撰写了卫星导航工程技术丛书，系统地描述北斗系统的最新发展、创新设计和特色应用成果。丛书共 26 个分册，分别介绍如下：

卫星导航定位遵循几何交会原理，但又涉及无线电信号传输的大气物理特性以及卫星动力学效应。《卫星导航定位原理》全面阐述卫星导航定位的基本概念和基本原理，侧重卫星导航概念描述和理论论述，包括北斗系统的卫星无线电测定业务（RDSS）原理、卫星无线电导航业务（RNSS）原理、北斗三频信号最优组合、精密定轨与时间同步、精密定位模型和自主导航理论与算法等。其中北斗三频信号最优组合、自适应卫星轨道测定、自主定轨理论与方法、自适应导航定位等均是作者团队近年来的研究成果。此外，该书第一次较详细地描述了"综合 PNT"、"微 PNT"和"弹性 PNT"基本框架，这些都可望成为未来 PNT 的主要发展方向。

北斗系统由空间段、地面运行控制系统和用户段三部分构成，其中空间段的组网卫星是系统建设最关键的核心组成部分。《北斗导航卫星》描述我国北斗导航卫星研制历程及其取得的成果，论述导航卫星环境和任务要求、导航卫星总体设计、导航卫星平台、卫星有效载荷和星间链路等内容，并对未来卫星导航系统和关键技术的发展进行展望，特色的载荷、特色的功能设计、特色的组网，成就了特色的北斗导航卫星星座。

卫星导航信号的连续可用是卫星导航系统的根本要求。《北斗导航卫星可靠性工程》描述北斗导航卫星在工程研制中的系列可靠性研究成果和经验。围绕高可靠性、高可用性，论述导航卫星及星座的可靠性定性定量要求、可靠性设计、可靠性建模与分析等，侧重描述可靠性指标论证和分解、星座及卫星可用性设计、中断及可用性分析、可靠性试验、可靠性专项实施等内容。围绕导航卫星批量研制，分析可靠性工作的特殊性，介绍工艺可靠性、过程故障模式及其影响、贮存可靠性、备份星论证等批产可靠性保证技术内容。

卫星导航系统的运行与服务需要精密的时间同步和高精度的卫星轨道支持。《卫星导航时间同步与精密定轨》侧重描述北斗导航卫星高精度时间同步与精密定轨相关理论与方法，包括：相对论框架下时间比对基本原理、星地/站间各种时间比对技术及误差分析、高精度钟差预报方法、常规状态下导航卫星轨道精密测定与预报等；围绕北斗系统独有的技术体制和运行服务特点，详细论述星地无线电双向时间比对、地球静止轨道/倾斜地球同步轨道/中圆地球轨道（GEO/IGSO/MEO）混合星座精密定轨及轨道快速恢复、基于星间链路的时间同步与精密定轨、多源数据系统性偏差综合解算等前沿技术与方法;同时,从系统信息生成者角度,给出用户使用北斗卫星导航电文的具体建议。

北斗卫星发射与早期轨道段测控、长期运行段卫星及星座高效测控是北斗卫星发射组网、补网,系统连续、稳定、可靠运行与服务的核心要素之一。《导航星座测控管理系统》详细描述北斗系统的卫星/星座测控管理总体设计、系列关键技术及其解决途径,如测控系统总体设计、地面测控网总体设计、基于轨道参数偏置的 MEO 和 IGSO 卫星摄动补偿方法、MEO 卫星轨道构型重构控制评价指标体系及优化方案、分布式数据中心设计方法、数据一体化存储与多级共享自动迁移设计等。

波束测量是卫星测控的重要创新技术。《卫星导航数字多波束测量系统》阐述数字波束形成与扩频测量传输深度融合机理,梳理数字多波束多星测量技术体制的最新成果,包括全分散式数字多波束测量装备体系架构、单站系统对多星的高效测量管理技术、数字波束时延概念、数字多波束时延综合处理方法、收发链路波束时延误差控制、数字波束时延在线精确标校管理等,描述复杂星座时空测量的地面基准确定、恒相位中心多波束动态优化算法、多波束相位中心恒定解决方案、数字波束合成条件下高精度星地链路测量、数字多波束测量系统性能测试方法等。

工程测试是北斗系统建设与应用的重要环节。《卫星导航系统工程测试技术》结合我国北斗三号工程建设中的重大测试、联试及试验,成体系地介绍卫星导航系统工程的测试评估技术,既包括卫星导航工程的卫星、地面运行控制、应用三大组成部分的测试技术及系统间大型测试与试验,也包括工程测试中的组织管理、基础理论和时延测量等关键技术。其中星地对接试验、卫星在轨测试技术、地面运行控制系统测试等内容都是我国北斗三号工程建设的实践成果。

卫星之间的星间链路体系是北斗三号卫星导航系统的重要标志之一,为北斗系统的全球服务奠定了坚实基础,也为构建未来天基信息网络提供了技术支撑。《卫星导航系统星间链路测量与通信原理》介绍卫星导航系统星间链路测量通信概念、理论与方法,论述星间链路在星历预报、卫星之间数据传输、动态无线组网、卫星导航系统性能提升等方面的重要作用,反映了我国全球卫星导航系统星间链路测量通信技术的最新成果。

自主导航技术是保证北斗地面系统应对突发灾难事件、可靠维持系统常规服务性能的重要手段。《北斗导航卫星自主导航原理与方法》详细介绍了自主导航的基本理论、星座自主定轨与时间同步技术、卫星自主完好性监测技术等自主导航关键技术及解决方法。内容既有理论分析,也有仿真和实测数据验证。其中在自主时空基准维持、自主定轨与时间同步算法设计等方面的研究成果,反映了北斗自主导航理论和工程应用方面的新进展。

卫星导航"完好性"是安全导航定位的核心指标之一。《卫星导航系统完好性原理与方法》全面阐述系统基本完好性监测、接收机自主完好性监测、星基增强系统完好性监测、地基增强系统完好性监测、卫星自主完好性监测等原理和方法,重点介绍相应的系统方案设计、监测处理方法、算法原理、完好性性能保证等内容,详细描述我国北斗系统完好性设计与实现技术,如基于地面运行控制系统的基本完好性的监测体系、顾及卫星自主完好性的监测体系、系统基本完好性和用户端有机结合的监测体系、完好性性能测试评估方法等。

时间是卫星导航的基础,也是卫星导航服务的重要内容。《时间基准与授时服务》从时间的概念形成开始:阐述从古代到现代人类关于时间的基本认识,时间频率的理论形成、技术发展、工程应用及未来前景等;介绍早期的牛顿绝对时空观、现代的爱因斯坦相对时空观及以霍金为代表的宇宙学时空观等;总结梳理各类时空观的内涵、特点、关系,重点分析相对论框架下的常用理论时标,并给出相互转换关系;重点阐述针对我国北斗系统的时间频率体系研究、体制设计、工程应用等关键问题,特别对时间频率与卫星导航系统地面、卫星、用户等各部分之间的密切关系进行了较深入的理论分析。

卫星导航系统本质上是一种高精度的时间频率测量系统,通过对时间信号的测量实现精密测距,进而实现高精度的定位、导航和授时服务。《卫星导航精密时间传递系统及应用》以卫星导航系统中的时间为切入点,全面系统地阐述卫星导航系统中的高精度时间传递技术,包括卫星导航授时技术、星地时间传递技术、卫星双向时间传递技术、光纤时间频率传递技术、卫星共视时间传递技术,以及时间传递技术在多个领域中的应用案例。

空间导航信号是连接导航卫星、地面运行控制系统和用户之间的纽带,其质量的好坏直接关系到全球卫星导航系统(GNSS)的定位、测速和授时性能。《GNSS空间信号质量监测评估》从卫星导航系统地面运行控制和测试角度出发,介绍导航信号生成、空间传播、接收处理等环节的数学模型,并从时域、频域、测量域、调制域和相关域监测评估等方面,系统描述工程实现算法,分析实测数据,重点阐述低失真接收、交替采样、信号重构与监测评估等关键技术,最后对空间信号质量监测评估系统体系结构、工作原理、工作模式等进行论述,同时对空间信号质量监测评估应用实践进行总结。

北斗系统地面运行控制系统建设与维护是一项极其复杂的工程。地面运行控制系统的仿真测试与模拟训练是北斗系统建设的重要支撑。《卫星导航地面运行控制系统仿真测试与模拟训练技术》详细阐述地面运行控制系统主要业务的仿真测试理论与方法，系统分析全球主要卫星导航系统地面控制段的功能组成及特点，描述地面控制段一整套仿真测试理论和方法，包括卫星导航数学建模与仿真方法、仿真模型的有效性验证方法、虚-实结合的仿真测试方法、面向协议测试的通用接口仿真方法、复杂仿真系统的开放式体系架构设计方法等。最后分析了地面运行控制系统操作人员岗前培训对训练环境和训练设备的需求，提出利用仿真系统支持地面操作人员岗前培训的技术和具体实施方法。

卫星导航信号严重受制于地球空间电离层延迟的影响，利用该影响可实现电离层变化的精细监测，进而提升卫星导航电离层延迟修正效果。《卫星导航电离层建模与应用》结合北斗系统建设和应用需求，重点论述了北斗系统广播电离层延迟及区域增强电离层延迟改正模型、码偏差处理方法及电离层模型精化与电离层变化监测等内容，主要包括北斗全球广播电离层时延改正模型、北斗全球卫星导航差分码偏差处理方法、面向我国低纬地区的北斗区域增强电离层延迟修正模型、卫星导航全球广播电离层模型改进、卫星导航全球与区域电离层延迟精确建模、卫星导航电离层层析反演及扰动探测方法、卫星导航定位电离层时延修正的典型方法等，体系化地阐述和总结了北斗系统电离层建模的理论、方法与应用成果及特色。

卫星导航终端是卫星导航系统服务的端点，也是体现系统服务性能的重要载体，所以卫星导航终端本身必须具备良好的性能。《卫星导航终端测试系统原理与应用》详细介绍并分析卫星导航终端测试系统的分类和实现原理，包括卫星导航终端的室内测试、室外测试、抗干扰测试等系统的构成和实现方法以及我国第一个大型室外导航终端测试环境的设计技术，并详述各种测试系统的工程实践技术，形成卫星导航终端测试系统理论研究和工程应用的较完整体系。

卫星导航系统 PNT 服务的精度、完好性、连续性、可用性是系统的关键指标，而卫星导航系统必然存在卫星轨道误差、钟差以及信号大气传播误差，需要增强系统来提高服务精度和完好性等关键指标。卫星导航增强系统是有效削弱大多数系统误差的重要手段。《卫星导航增强系统原理与应用》根据国际民航组织有关全球卫星导航系统服务的标准和操作规范，详细阐述了卫星导航系统的星基增强系统、地基增强系统、空基增强系统以及差分系统和低轨移动卫星导航增强系统的原理与应用。

与卫星导航增强系统原理相似,实时动态(RTK)定位也采用差分定位原理削弱各类系统误差的影响。《GNSS 网络 RTK 技术原理与工程应用》侧重介绍网络 RTK 技术原理和工作模式。结合北斗系统发展应用,详细分析网络 RTK 定位模型和各类误差特性以及处理方法、基于基准站的大气延迟和整周模糊度估计与北斗三频模糊度快速固定算法等,论述空间相关误差区域建模原理、基准站双差模糊度转换为非差模糊度相关技术途径以及基准站双差和非差一体化定位方法,综合介绍网络 RTK 技术在测绘、精准农业、变形监测等方面的应用。

GNSS 精密单点定位(PPP)技术是在卫星导航增强原理和 RTK 原理的基础上发展起来的精密定位技术,PPP 方法一经提出即得到同行的极大关注。《GNSS 精密单点定位理论方法及其应用》是国内第一本全面系统论述 GNSS 精密单点定位理论、模型、技术方法和应用的学术专著。该书从非差观测方程出发,推导并建立 BDS/GNSS 单频、双频、三频及多频 PPP 的函数模型和随机模型,详细讨论非差观测数据预处理及各类误差处理策略、缩短 PPP 收敛时间的系列创新模型和技术,介绍 PPP 质量控制与质量评估方法、PPP 整周模糊度解算理论和方法,包括基于原始观测模型的北斗三频载波相位小数偏差的分离、估计和外推问题,以及利用连续运行参考站网增强 PPP 的概念和方法,阐述实时精密单点定位的关键技术和典型应用。

GNSS 信号到达地表产生多路径延迟,是 GNSS 导航定位的主要误差源之一,反过来可以估计地表介质特征,即 GNSS 反射测量。《GNSS 反射测量原理与应用》详细、全面地介绍全球卫星导航系统反射测量原理、方法及应用,包括 GNSS 反射信号特征、多路径反射测量、干涉模式技术、多普勒时延图、空基 GNSS 反射测量理论、海洋遥感、水文遥感、植被遥感和冰川遥感等,其中利用 BDS/GNSS 反射测量估计海平面变化、海面风场、有效波高、积雪变化、土壤湿度、冻土变化和植被生长量等内容都是作者的最新研究成果。

伪卫星定位系统是卫星导航系统的重要补充和增强手段。《GNSS 伪卫星定位系统原理与应用》首先系统总结国际上伪卫星定位系统发展的历程,进而系统描述北斗伪卫星导航系统的应用需求和相关理论方法,涵盖信号传输与多路径效应、测量误差模型等多个方面,系统描述 GNSS 伪卫星定位系统(中国伽利略测试场测试型伪卫星)、自组网伪卫星系统(Locata 伪卫星和转发式伪卫星)、GNSS 伪卫星增强系统(闭环同步伪卫星和非同步伪卫星)等体系结构、组网与高精度时间同步技术、测量与定位方法等,系统总结 GNSS 伪卫星在各个领域的成功应用案例,包括测绘、工业控制、军事导航和 GNSS 测试试验等,充分体现出 GNSS 伪卫星的"高精度、高完好性、高连续性和高可用性"的应用特性和应用趋势。

　　GNSS 存在易受干扰和欺骗的缺点,但若与惯性导航系统(INS)组合,则能发挥两者的优势,提高导航系统的综合性能。《高精度 GNSS/INS 组合定位及测姿技术》系统描述北斗卫星导航/惯性导航相结合的组合定位基础理论、关键技术以及工程实践,重点阐述不同方式组合定位的基本原理、误差建模、关键技术以及工程实践等,并将组合定位与高精度定位相互融合,依托移动测绘车组合定位系统进行典型设计,然后详细介绍组合定位系统的多种应用。

　　未来 PNT 应用需求逐渐呈现出多样化的特征,单一导航源在可用性、连续性和稳健性方面通常不能全面满足需求,多源信息融合能够实现不同导航源的优势互补,提升 PNT 服务的连续性和可靠性。《多源融合导航技术及其演进》系统分析现有主要导航手段的特点、多源融合导航终端的总体构架、多源导航信息时空基准统一方法、导航源质量评估与故障检测方法、多源融合导航场景感知技术、多源融合数据处理方法等,依托车辆的室内外无缝定位应用进行典型设计,探讨多源融合导航技术未来发展趋势,以及多源融合导航在 PNT 体系中的作用和地位等。

　　卫星导航系统是典型的军民两用系统,一定程度上改变了人类的生产、生活和斗争方式。《卫星导航系统典型应用》从定位服务、位置报告、导航服务、授时服务和军事应用 5 个维度系统阐述卫星导航系统的应用范例。"天上好用,地上用好",北斗卫星导航系统只有服务于国计民生,才能产生价值。

　　海洋定位、导航、授时、报文通信以及搜救是北斗系统对海事应用的重要特色贡献。《北斗卫星导航系统海事应用》梳理分析国际海事组织、国际电信联盟、国际海事无线电技术委员会等相关国际组织发布的 GNSS 在海事领域应用的相关技术标准,详细阐述全球海上遇险与安全系统、船舶自动识别系统、船舶动态监控系统、船舶远程识别与跟踪系统以及海事增强系统等的工作原理及在海事导航领域的具体应用。

　　将卫星导航技术应用于民用航空,并满足飞行安全性对导航完好性的严格要求,其核心是卫星导航增强技术。未来的全球卫星导航系统将呈现多个星座共同运行的局面,每个星座均向民航用户提供至少 2 个频率的导航信号。双频多星座卫星导航增强技术已经成为国际民航下一代航空运输系统的核心技术。《民用航空卫星导航增强新技术与应用》系统阐述多星座卫星导航系统的运行概念、先进接收机自主完好性监测技术、双频多星座星基增强技术、双频多星座地基增强技术和实时精密定位技术等的原理和方法,介绍双频多星座卫星导航系统在民航领域应用的关键技术、算法实现和应用实施等。

本丛书全面反映了我国北斗系统建设工程的主要成就,包括导航定位原理,工程实现技术,卫星平台和各类载荷技术,信号传输与处理理论及技术,用户定位、导航、授时处理技术等。各分册:虽有侧重,但又相互衔接;虽自成体系,又避免大量重复。整套丛书力求理论严密、方法实用,工程建设内容力求系统,应用领域力求全面,适合从事卫星导航工程建设、科研与教学人员学习参考,同时也为从事北斗系统应用研究和开发的广大科技人员提供技术借鉴,从而为建成更加完善的北斗综合 PNT 体系做出贡献。

最后,让我们从中国科技发展史的角度,来评价编撰和出版本丛书的深远意义,那就是:将中国卫星导航事业发展的重要的里程碑式的阶段永远地铭刻在历史的丰碑上!

2020 年 8 月

前　言

　　卫星导航定位以其高精度、全天时、全天候、大范围、低成本等特点,已成为陆、海、空、天各类用户定位导航授时的首选手段,广泛应用于国防科技、经济社会建设的各个领域,对战争形态、作战样式以及人们的生产和生活方式产生了深远的影响,是国家安全和经济社会不可或缺的空间信息基础设施。

　　卫星导航系统的性能要求包括精度、完好性、连续性、可用性等。随着卫星导航系统的广泛应用,系统完好性性能越来越成为用户关注的重点,特别是航空用户,各个飞行阶段对卫星导航系统都有着非常严格的完好性要求。完好性是指当卫星导航系统发生任何故障而导致用户定位误差超过允许限值时,系统及时发出报警的能力。为了保证系统安全可靠地应用,卫星导航系统完好性技术应运而生。美国全球定位系统(GPS)自1994年全面运行以来,不断加强完好性技术开发,系统完好性得到不断提升。欧盟伽利略卫星导航系统在系统总体设计时,即特别重视系统完好性技术设计,确保系统能够为涉及生命安全的导航用户提供服务。中国北斗卫星导航系统(BDS)在研制建设过程中,不断强化完好性技术实现,建立了较为完整的完好性监测体系,确保系统的完好性服务性能。

　　本书在总结国内外卫星导航增强系统及完好性技术研究成果的基础上,系统阐述了接收机自主完好性监测、星基增强系统完好性监测、地基增强系统完好性监测、系统基本完好性监测、卫星自主完好性监测等原理和方法,重点介绍了相应的系统设计、算法实现、完好性保证、可用性分析等关键技术的实现过程和分析结果。

　　全书共分9章。第1章介绍卫星导航系统特征、基本性能需求、故障因素,阐述完好性基本概念,概述差分和完好性技术发展及体系架构。第2、3章分别介绍卫星导航星基增强系统、地基增强系统的基本组成、工作原理以及各项关键技术处理方法。第4~8章分别介绍接收机自主完好性监测、星基增强系统完好性监测、地基增强系统完好性监测、系统基本完好性监测、卫星自主完好性监测的原理和方法,较为详尽地给出了相应的监测体系设计、各种监测处理算法模型、完好性及可用性性能分析结果等。第9章介绍完好性性能的测试评估方法。

　　本书由陈金平博士策划并确定了全书的总体思路和章节内容,编写了大部分内容。曹月玲博士编写了第 7、8 章大部分内容,徐君毅博士参与了第 3、4、6 章部分内容编写,王梦丽博士参与了第 1、9 章部分内容编写。本书编写期间,得到了许其凤院士、杨元喜院士的很多指导帮助,牛飞博士、陈刘成博士也提供了很多意见、建议,国防工业出版社王晓光编审对本书的出版给予了大力支持,在此一并表示感谢。

由于作者水平有限,书中错误和不当之处在所难免,恳请读者批评指正。

作者
2020 年 8 月于北京

目 录

第1章 绪论 ……………………………………………… 1

1.1 卫星导航系统特征 ……………………………………… 1

    1.1.1 总体架构特征 ………………………………… 1

    1.1.2 组成要素特征 ………………………………… 4

    1.1.3 主要性能特征 ………………………………… 5

1.2 卫星导航系统性能需求 ………………………………… 7

    1.2.1 精度 …………………………………………… 8

    1.2.2 完好性 ………………………………………… 8

    1.2.3 连续性 ………………………………………… 8

    1.2.4 可用性 ………………………………………… 9

1.3 卫星导航系统故障因素 ………………………………… 9

    1.3.1 系统级异常 …………………………………… 10

    1.3.2 运行环境异常 ………………………………… 11

    1.3.3 用户端异常 …………………………………… 11

1.4 卫星导航系统完好性概念 ……………………………… 11

1.5 卫星导航系统增强体系 ………………………………… 14

    1.5.1 差分技术体系 ………………………………… 14

    1.5.2 完好性技术体系 ……………………………… 17

    1.5.3 增强体系架构 ………………………………… 19

参考文献 …………………………………………………… 20

第2章 星基增强系统 …………………………………… 21

2.1 引言 ……………………………………………………… 21

2.2 系统组成及工作原理 …………………………………… 22

    2.2.1 系统基本组成 ………………………………… 22

    2.2.2 系统工作过程 ………………………………… 23

　　　　2.2.3　广域差分原理 ·· 23
　　　　2.2.4　完好性监测原理 ·· 24
　　2.3　参考站数据处理方法 ·· 25
　　　　2.3.1　基本观测模型及处理流程 ·· 25
　　　　2.3.2　相位平滑伪距和电离层延迟计算 ································· 26
　　　　2.3.3　利用电离层延迟率检测和修复相位周跳 ······················ 28
　　　　2.3.4　频率间偏差校准 ·· 29
　　2.4　卫星星历及钟差改正处理方法 ·· 32
　　　　2.4.1　处理方法分析 ·· 32
　　　　2.4.2　卫星位置改正数的处理 ·· 33
　　　　2.4.3　卫星钟差改正数的处理 ·· 35
　　　　2.4.4　数据处理质量控制 ·· 36
　　2.5　格网电离层延迟改正处理方法 ·· 36
　　　　2.5.1　格网改正法基本思想 ·· 37
　　　　2.5.2　格网点电离层延迟的确定 ·· 38
　　　　2.5.3　用户电离层改正的内插 ·· 39
　　2.6　接收机应用数据处理方法 ·· 41
　　　　2.6.1　主要功能及基本组成 ·· 41
　　　　2.6.2　广域差分定位处理过程 ·· 42
　　　　2.6.3　完好性处理 ·· 43
　　　　2.6.4　对流层延迟改正处理 ·· 43
　　2.7　信息传输及电文格式 ·· 45
　　参考文献 ··· 46

第3章　地基增强系统 ·· 48
　　3.1　引言 ··· 48
　　3.2　系统组成及工作流程 ·· 49
　　　　3.2.1　系统基本组成 ·· 50
　　　　3.2.2　系统工作流程 ·· 51
　　3.3　局域差分改正处理方法 ·· 52
　　　　3.3.1　实时伪距差分 ·· 53
　　　　3.3.2　单频相位平滑伪距 ·· 54
　　　　3.3.3　双频相位平滑伪距 ·· 56
　　　　3.3.4　实时载波相位差分 ·· 58
　　　　3.3.5　海基 JPALS 算法 ·· 61
　　3.4　参考站天线多路径抑制 ·· 64

3.5 机场伪卫星设计与布置 ··· 65

    3.5.1 机场伪卫星的应用发展 ································· 65

    3.5.2 机场伪卫星信号设计 ···································· 66

    3.5.3 机场伪卫星设置方法 ···································· 67

    3.5.4 机场伪卫星的时间同步 ································· 69

    3.5.5 飞机用户的天线位置 ···································· 70

3.6 信息传输及电文格式 ··· 70

参考文献 ··· 72

第4章 接收机自主完好性监测 ································· 74

4.1 引言 ··· 74

4.2 故障检测排除(FDE)处理过程 ······························· 75

4.3 基于最小二乘残差的 RAIM 算法 ······························ 76

    4.3.1 基本模型 ·· 76

    4.3.2 基于残差平方和的故障检测 ··························· 77

    4.3.3 故障检测的完好性保证 ································· 77

    4.3.4 基于残差元素的故障识别 ····························· 78

    4.3.5 故障识别的完好性保证 ································· 79

4.4 基于奇偶空间矢量的 RAIM 算法 ······························ 80

    4.4.1 奇偶空间矢量的形成 ···································· 80

    4.4.2 基于奇偶矢量的故障检测和识别 ····················· 81

    4.4.3 基于奇偶矢量的完好性保证 ··························· 82

    4.4.4 奇偶矢量算法与最小二乘算法的比较 ················ 82

4.5 HPL 算法分析及 HUL 的计算 ································· 83

    4.5.1 检验统计量与定位误差的关系 ························ 83

    4.5.2 偏差与噪声相互影响的 HPL 算法 ··················· 85

    4.5.3 HPL 计算方法的比较 ································· 85

    4.5.4 HUL 的计算 ·· 86

4.6 RAIM 可用性分析 ·· 87

    4.6.1 RAIM 可用性分析方法 ······························ 87

    4.6.2 分析方案及数据准备 ···································· 87

    4.6.3 可用性分析结果 ··· 88

4.7 先进接收机自主完好性监测(ARAIM) ····················· 89

    4.7.1 ARAIM 简介 ··· 89

    4.7.2 北斗与其他 GNSS 组合 ARAIM 可用性分析 ······· 90

4.8 相对接收机自主完好性监测(RRAIM) ····················· 95

　　　4.8.1　基于 RRAIM 的定位算法 ………………………………… 96

　　　4.8.2　RRAIM 的故障检测 …………………………………………… 97

　　　4.8.3　RRAIM 的 VPL 计算 ………………………………………… 98

　参考文献 ……………………………………………………………………… 99

第 5 章　星基增强系统完好性监测 ……………………………………… 101

　5.1　引言 ……………………………………………………………………… 101

　5.2　完好性监测体系设计 …………………………………………………… 102

　　　5.2.1　故障因素影响分析 ………………………………………… 102

　　　5.2.2　完好性监测体系的结构选择 ……………………………… 103

　　　5.2.3　完好性监测的验证方法 …………………………………… 104

　　　5.2.4　各种验证方法的处理结果分析 …………………………… 106

　　　5.2.5　通过地面监测站的外符合验证 …………………………… 107

　5.3　UDRE 验证算法及分析 ……………………………………………… 107

　　　5.3.1　UDRE 定义及需求 ………………………………………… 107

　　　5.3.2　UDRE 验证算法实现 ……………………………………… 108

　　　5.3.3　UDRE 模拟分析 …………………………………………… 109

　5.4　GIVE 验证处理及 UIVE 内插计算分析 …………………………… 114

　　　5.4.1　GIVE 及 UIVE 的定义及需求 …………………………… 114

　　　5.4.2　GIVE 验证算法的实现 …………………………………… 114

　　　5.4.3　UIVE 的计算 ……………………………………………… 115

　　　5.4.4　模拟分析 …………………………………………………… 115

　5.5　定位域完好性的确定及分析 …………………………………………… 118

　　　5.5.1　基本概念 …………………………………………………… 118

　　　5.5.2　门限传递确定方法 ………………………………………… 118

　　　5.5.3　方差传播方法 ……………………………………………… 120

　　　5.5.4　模拟分析 …………………………………………………… 120

　5.6　可用性模拟分析 ………………………………………………………… 121

　　　5.6.1　分析方案及数据模拟 ……………………………………… 121

　　　5.6.2　分析结果 …………………………………………………… 122

　参考文献 ……………………………………………………………………… 122

第 6 章　地基增强系统完好性监测 ……………………………………… 124

　6.1　引言 ……………………………………………………………………… 124

　6.2　完好性监测体系设计 …………………………………………………… 125

　　　6.2.1　故障因素影响分析 ………………………………………… 125

    6.2.2 各种故障因素的监测处理 ·············· 126

    6.2.3 完好性监测处理综合流程 ·············· 127

6.3 完好性监测信息处理方法 ·················· 128

    6.3.1 伪距改正数生成 ·················· 128

    6.3.2 差分改正误差精度模型 ·············· 129

    6.3.3 用户定位误差保护门限确定 ·············· 132

    6.3.4 各种置信概率的确定 ·············· 133

6.4 地面多参考站故障检测和排除方法 ·············· 135

    6.4.1 基于 B 值的故障检测门限确定 ·········· 135

    6.4.2 基于 B 值的故障排除方法 ·············· 136

    6.4.3 基于最小二乘残差的故障检测和排除 ······ 140

6.5 地面站其他完好性监测方法 ·················· 141

    6.5.1 信号质量监测 ·················· 141

    6.5.2 数据质量监测 ·················· 141

    6.5.3 观测量质量监测 ·················· 142

    6.5.4 标准差及均值监测 ·················· 143

    6.5.5 电文范围监测 ·················· 144

6.6 用户定位域多参考站故障容错监测方法 ·········· 144

    6.6.1 定位域故障容错监测基本原理 ·············· 144

    6.6.2 定位域故障容错监测实现过程 ·············· 145

    6.6.3 与伪距域完好性监测的比较分析 ·········· 147

6.7 局部电离层异常监测 ·················· 149

    6.7.1 电离层异常模型 ·················· 150

    6.7.2 基于地面参考站的电离层异常监测 ········ 150

    6.7.3 基于用户端的电离层异常监测 ·············· 152

参考文献 ····························· 154

第 7 章 系统基本完好性监测 ················· 156

7.1 引言 ····························· 156

7.2 完好性监测体系及工作过程 ·················· 156

7.3 空间信号精度(SISA)处理方法 ·············· 160

    7.3.1 预报方差转换法 ·················· 160

    7.3.2 先验精度预报法 ·················· 162

    7.3.3 参数性能评估方法 ·················· 165

7.4 SISMA 处理方法 ·················· 167

    7.4.1 处理算法 ·················· 167

      7.4.2   参数性能评估方法 ·················· 169

  7.5 接收机完好性参数使用方法 ·················· 170

      7.5.1   选星处理 ·················· 171

      7.5.2   用户完好性保护级处理 ·················· 171

      7.5.3   用户完好性风险概率处理 ·················· 172

  参考文献 ·················· 174

第 8 章   卫星自主完好性监测 ·················· 175

  8.1 引言 ·················· 175

  8.2 完好性监测体系及工作过程 ·················· 175

  8.3 星间链路完好性监测方法 ·················· 179

      8.3.1   星间链路数据归算 ·················· 179

      8.3.2   轨道与钟差误差监测 ·················· 180

  8.4 信号完好性监测方法 ·················· 184

      8.4.1   星上时频稳定性监测 ·················· 184

      8.4.2   导航信号畸变检测 ·················· 186

      8.4.3   功率异常检测 ·················· 190

      8.4.4   载波与伪码相位一致性检测 ·················· 191

      8.4.5   导航数据正确性检测 ·················· 193

  参考文献 ·················· 194

第 9 章   完好性性能测试评估方法 ·················· 195

  9.1 引言 ·················· 195

  9.2 基于实测样本的完好性事件直接统计方法 ·················· 195

      9.2.1   完好性性能测试方法 ·················· 196

      9.2.2   完好性性能评估方法 ·················· 197

  9.3 基于误差分布经验模型的概率统计方法 ·················· 199

      9.3.1   完好性模型预测评估方法 ·················· 199

      9.3.2   系统完好性预测建模 ·················· 200

      9.3.3   完好性测试评估结果的可视化表达 ·················· 204

  参考文献 ·················· 205

缩略语 ·················· 206

第1章 绪 论

◤ 1.1 卫星导航系统特征

导航顾名思义,是引导运载体安全准确地沿着所选定的路线准时到达目的地。导航由导航系统完成。如果装在运载体上的设备可单独产生导航信息,则称为自主式导航系统。如果装在运载体上的设备需要与地面导航台用无线电波联系以产生导航信息,则称为陆基无线电导航系统。如果导航台设在人造地球卫星上,便是卫星导航系统。自主式导航系统的问题是其误差随时间而积累,陆基无线电导航系统存在作用范围远时精度比较低,而精度高时作用范围受限的矛盾。因此,发展卫星导航系统,在全世界范围提供较高精度的三维导航信息,以更好地满足人类从事政治、经济和军事活动对导航的需求,势在必行。

卫星导航系统能够为地球表面和近地空间的广大用户提供全天时、全天候、高精度的定位、导航和授时服务。随着 20 世纪 90 年代美国全球定位系统(GPS)和俄罗斯全球卫星导航系统(GLONASS)建立以来,卫星导航广泛应用于国家安全以及国民经济的各个方面。全球卫星导航系统(GNSS)是指在全球范围提供定位、导航、授时等服务的卫星导航系统总称。GNSS 的主要成员有美国的 GPS、俄罗斯的 GLONASS、中国的北斗卫星导航系统(BDS)、欧盟的伽利略(Galileo)系统等。对于一些应用领域来说,卫星导航在精度、完好性、可用性等方面还不能达到应用需求。因此,美国、欧盟、我国及日本等国家和地区已经或即将建设卫星导航的星基增强系统,如美国的广域增强系统(WAAS)及欧盟的欧洲静地轨道卫星导航重叠服务(EGNOS)系统,能够较大程度提高导航性能。这些增强系统的建设进一步扩展了 GNSS 的范畴。

GNSS 是一个开放的复杂系统,尽管各个 GNSS 发展时期不同,技术实现各有特点,应用性能有所差异,但是综合归纳看,作为 GNSS 的任一成员,均有其共性的基本特征。下面从总体架构、组成要素特征、主要性能特征等不同角度,对 GNSS 进行相应的特征分析,以便人们更通俗地了解 GNSS,更全面地发展 GNSS。

1.1.1 总体架构特征

1 个球。GNSS 从整体上可看成是一个人造导航星球,如图 1.1 所示。每个系统约 30 颗卫星,4 个系统则有约 120 颗卫星,每颗卫星在距离地球约 2 万 km 高度按中圆地球轨道(MEO)运转,所有卫星的运转轨道弧段综合起来看,则是对地球空间构成的人造导航星球。该导航星球为了提供精确的导航服务,必须保持刚性特征,即各颗卫星的空间和时间关系能相对和绝对固定。为了对特定区域的地球空间形成特定的服务性能,该导航星球也可包括地球静止轨道（GEO）或倾斜地球同步轨道（IGSO）,从而形成区域性特征。

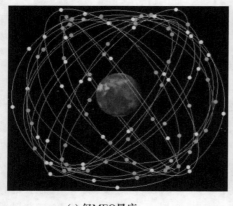

（a）仅MEO星座　　　　　　　　　　　　（b）GEO/IGSO/MEO混合星座

图 1.1　GNSS 球体架构（见彩图）

2 个网。从系统对外服务角度看,GNSS 是一个天基多源导航信号服务网;从系统自身运行角度看,GNSS 是一个天地综合信息运行网,如图 1.2 所示。GNSS 的所有在轨卫星实时向地球空间发射导航信号,导航用户通过接收终端对导航信号进行多重交会观测和定位。GNSS 信号服务网需保证对地球空间在任意时刻任意地点至少有 4 重信号覆盖,且多重信号需保证一定的几何性能,否则可认为是信号盲区。GNSS 的所有在轨卫星需通过设置在地球上的地面站进行跟踪观测,处理得到相应的轨道、钟差、电离层、完好性等信息,并实时向各自卫星上行注入。GNSS 地面运行网可分为监测网和注入网,对在轨卫星的全弧段跟踪覆盖性是其重要要求。为满足轨道和钟差测定的基本要求,监测网一般需要保证对卫星 100% 的 1 重覆盖,如 GPS 有全球布设的 16 个监测站。为了满足完好性监测要求,则需要保证对卫星 100% 的 4 重覆盖,如 Galileo 系统有全球布设的 40 个监测站。注入站数量和分布取决于所注入信息的更新频段是小时级、分钟级,还是秒级,如 Galileo 系统为实现分钟级更新,全球布设了 9 个注入站。导航卫星还可以通过相互间观测实现在地面运行网缺失时的自主运行,即通过星间链路构成星间网。

3 个点。GNSS 组成中的任意一颗卫星或任意一个地面站均可看作网络中的一个节点成员,节点成员间通过无线电信号实现相互连通观测,具体接触点是信号收发设备的天线相位中心点。GNSS 任一节点成员均有各自的时间基准点和空间位置点,天线相位中心点所形成的各节点成员间的观测关系只有与时间基准点、空间坐标点相统一,才可能保证 GNSS 的精确性,也即"三点统一"问题,如图 1.3 所示。星与站、站与站、星与星的相互连通观测形成了多个天线相位中心点。天线相位中心点与

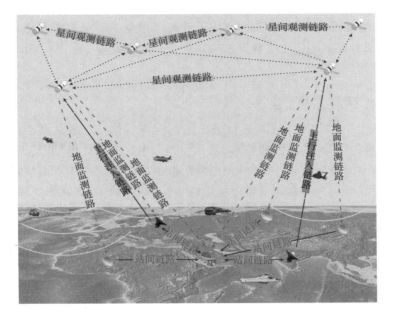

图 1.2   GNSS 网络架构(见彩图)

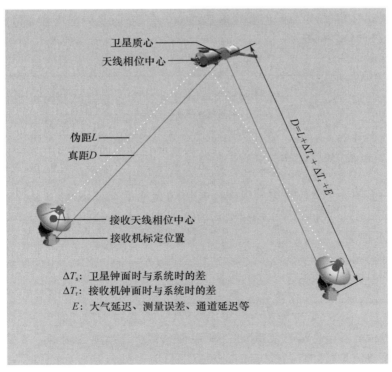

图 1.3   GNSS 组成节点示意图(见彩图)

时间基准点的统一,是对信号传输所经过的设备路径延迟进行标定和改正,是一个物理性比较强的问题,一般称为"时延校正"。天线相位中心点与空间坐标点的统一,是对各自定义点位之间的距离和方位关系进行标定和归算,是一个几何性比较强的问题,一般称为"偏心改正"。

1.1.2　组成要素特征

4 类信号。一般情况下,GNSS 信号是指空间导航信号。但从整个运行系统看,还包括星地数传信号、站间数传信号、星间链路信号,见表 1.1。卫星无线电导航业务(RNSS)的空间导航信号一般使用 L 频段,由于各个系统所拥有的频段资源不同,同时考虑军民频谱分离、多频点组合应用、相互间确保兼容、多系统能够互操作等问题,各个系统均定义了不同或相近的多个空间导航信号。为了提供在基本导航服务之上的增强导航服务,空间导航信号还包括星基增强信号,在特定区域通过 GEO 卫星广播增强电文信息。对于北斗系统,其空间导航信号还包括卫星无线电测定业务(RDSS)的 S 频段信号,该 S 频段也可拓展用于 RNSS。星地数传信号一般使用 L 或 S 频段,用于地面信息向卫星注入或卫星信息向地面下传,也可进一步实现信号测量用于星地双向时间同步。站间数传信号一般使用 C 频段,用于地面站间信息交换,也可进一步实现信号测量用于站间双向时间同步,站间数传信号还包括地面远程光纤网络。星间链路信号一般使用 Ka 频段或激光,用于卫星间双向测量和信息交换,未来发展将使用 V 频段。

表 1.1　GNSS 信号要素

4 类信号	使用频段	信号功能	信息内容
空间导航信号	1164 ~ 1300MHz 1559 ~ 1610MHz 2483.5 ~ 2500MHz	星地距离测量、广播导航电文信息	星历和星钟参数、电离层模型参数、时间同步信息、差分完好性信息、历书数据
星地数传信号	上行:1300 ~ 1350MHz 5000 ~ 5010MHz 下行:2200 ~ 2290MHz 5010 ~ 5030MHz	星地双向时间同步、上注各类业务信息,下传卫星工况和测距信息	导航电文信息、卫星载荷控制信息、运控指令信息、星间链路和自主导航业务信息、星地测距信息
站间数传信号	上行:6168 ~ 6180MHz 下行:3845 ~ 3855MHz	站间时间同步、站间数据传输	导航电文和伪距、载波相位、多普勒等观测数据,星地测距信息
星间链路信号	22.55 ~ 23.55GHz	星间测距、星间数据传输	星间转发的上注信息和下传信息、星间测距信息

5 类信息。GNSS 信息涵盖内容较广泛,从地面监测站角度有观测数据信息,从用户接收机角度有定位结果信息,此处所说信息特指导航电文信息。导航电文信息主要包括轨道信息、钟差信息、电离层改正信息、完好性信息、差分改正信息共 5 类,见表 1.2。一定程度上,导航电文信息可看作地面运控系统观测处理所形成的输出

产品信息,是表达卫星所发射空间信号的实时状态信息,是用户接收机实现观测定位的前提输入信息。调制了导航电文信息的空间导航信号才是完整可使用的空间导航信号。轨道信息包括广播星历、历书等,是对在轨卫星实时位置的预报表达。钟差信息包括广播钟差、时差参数等,是对卫星钟及与协调世界时(UTC)时差的预报表达。电离层改正信息是对空间信号经过电离层传播折射延迟影响的改正信息。完好性信息包括空间信号精度状态、卫星健康状态等,是对卫星及所发射的空间导航信号的故障异常、质量状态等准实时监测的表达。差分改正信息是星基增强信号所发播的信息,是对轨道、钟差、电离层改正等更加精确的状态表达。

表 1.2　GNSS 信 息 要 素

5类信息	信息内容	更新周期	播发延迟
轨道信息	通常采用开普勒轨道和摄动参数来表达,也可以采用卫星位置、速度和加速度等参数表达	1~2h	几十秒以内
钟差信息	包括卫星钟差、频差、频漂以及参考时刻等参数		
电离层改正信息	采用8参数/14参数的Klobu-char模型改正参数		
完好性信息	包括星历和钟差参数的完好性信息或星历和钟差改正数的完好性信息	快变信息在1~6s以内,慢变信息为十几分或1~2h	快变信息在几秒以内,慢变信息在几十秒以内
差分改正信息	包括星历、星钟、电离层参数等差分改正参数	快变信息在1~6s以内,慢变信息为十几分	快变信息在几秒以内,慢变在几十秒以内

1.1.3　主要性能特征

6 种环境适应性。GNSS 是人造导航星球,必然面临与自然环境或使用环境相适应的问题。从空间段、传播段至控制段、用户段,空间导航信号主要面临轨道摄动、空间辐射、电离层、对流层、电磁干扰、多路径效应共 6 种环境的适应性问题,见表 1.3。要想确保空间导航信号精确和可信应用,必须准确地摸清这 6 种环境的特征规律,从而在空间导航信号的发射、接收、处理、使用等各个环节,运用相应的技术方法解决 6 种环境所带来的影响问题。目前,国际上提出的 GNSS 脆弱性问题,主要是研究无线电导航的环境适应性问题。各个 GNSS 的现代化发展和性能提升,也大都是在对环境适应性有了新的认识后,进一步改进设计和创新技术。轨道摄动和空间辐射属于空间段环境,将影响卫星全弧段精密轨道测定预报和导航信号处理设备完好连续工作,从而影响空间导航信号的精确性和完好性。电离层和对流层属于传播段环境,将对空间导航信号产生折射延迟影响,必须能够准确探测、建模和改正,但大气环境的异常物理变化和严密数学建模还需要进一步研究。电磁干扰、多路径效应属于控制段、用户段环境,将影响空间导航信号的跟踪接收和精确测量,针对多样式电磁干扰的干扰抑制技术、不同环境效应的多路径抑制技术仍在不断发展中。

表 1.3　GNSS 环境适应性

6 种环境适应性		对系统的影响	解决途径
空间段	轨道摄动	日月引力、岁差、章动、地球扁圆等使卫星轨道发生扰动,影响卫星全弧段精密轨道测定预报	建立摄动数学模型,在标准开普勒轨道参数的基础上引入轨道摄动参数
	空间辐射	天然宇宙射线和地磁场捕获的带电粒子产生的高能辐射,对卫星固体电子器件有很大的影响,破坏星上设备完好连续工作	采用高质量的固体电子器件
传播段	电离层	对空间信号产生折射传播效应,导致群延迟和载波相位超前,引入星地测距误差	通过大量观测数据建立改正模型或通过双频观测数据对消
	对流层	由湿和干大气层引起的对流层折射,导致信号的附加延迟,引入星地测距误差	通过温湿压等观测数据建立本地群延迟改正模型
控制段用户段	电磁干扰	复杂电磁环境下各种非故意干扰或有意干扰,直接影响信号的跟踪接收和精确测量	自适应天线等空间信号抗干扰技术、射频/中频滤波
	多路径效应	由于信号的反射和绕射导致信号经由多条路径到达接收机,使信号调制发生畸变,影响信号测量精度	采用抗多(路)径天线、抗多(路)径信号处理算法,选择多路径效应小的接收环境

N 种使用性能。 GNSS 的基本使用性能主要有精确性、完好性、连续性、可用性,也就是通常说的"四性"。精确性是对 GNSS 定位导航授时使用的最基本要求,通常称为精度;完好性是对 GNSS 使用过程中因可能发生的异常故障而引起使用风险的性能描述;连续性是基于用户导航持续工作过程对 GNSS 保证使用的性能描述;可用性是基于所定义服务区域对 GNSS 保证使用的性能描述,也可认为是否有"盲区"。在满足用户基本使用性能的前提下,抗干扰、抗摧毁是对 GNSS 具备军事对抗能力的进一步使用性能要求,抗干扰要求能够在复杂电磁环境干扰情况下保证使用,抗摧毁要求地面站在被攻击摧毁情况下保持星座自主运行服务。从多个 GNSS 共同使用的角度,又提出了兼容性、互操作性。兼容性是要求各个 GNSS 导航信号不相互干扰而影响使用,互操作性是要求各个 GNSS 导航信号能够共同使用提高性能且不会明显增加用户接收机复杂度和成本。随着 GNSS 应用的逐步发展,各种用户必将不断提出新的使用性能要求,因此,使用性能的提法也将会不断发展,如可信性、互换性、泛在性等,见图 1.4。

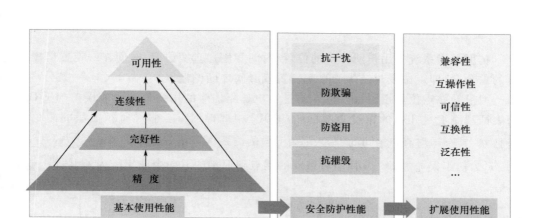

图 1.4　GNSS 使用性能（见彩图）

1.2　卫星导航系统性能需求

精度、完好性、连续性和可用性是卫星导航系统的基本性能需求[1]。以民航用户为例，飞机在空中航行主要分越洋航路/边远区、本土航路、终端区、非精密进近（NPA）和精密进近（PA）五个不同飞行阶段，每个飞行阶段对精度、完好性、连续性及可用性有不同的需求，即对导航系统的性能要求不同。从确保生命安全的角度，民航用户国际民航组织（ICAO）按洋区航路、本土航路、终端区、非精密进近（NPA）、垂直引导进近（APV）、精密进近等不同飞行阶段，对 GNSS 精度、完好性、连续性、可用性等提出了较高的要求，并制定了相应的 GNSS 导航性能要求规范[2]，如表 1.4 所列。

表 1.4　ICAO 定义的 GNSS 导航性能要求规范

飞行阶段	精度（95%）		完好性				连续性风险概率
	水平	垂直	告警门限		告警时间	完好性风险概率	
			水平	垂直			
洋区航路	3.7km	N/A	7.4km	—	5min	1×10^{-7}/h	$(10^{-4} \sim 10^{-8})$/h
本土航路	3.7km	N/A	3.7km	—	5min	1×10^{-7}/h	$(10^{-4} \sim 10^{-8})$/h
终端区	0.74km	N/A	1.85km	—	15s	1×10^{-7}/h	$(10^{-4} \sim 10^{-8})$/h
NPA	220m	N/A	556m	—	10s	1×10^{-7}/h	$(10^{-4} \sim 10^{-8})$/h
APV- I	16m	20m	40m	50m	10s	2×10^{-7}/(150s)	8×10^{-6}/(15s)
APV- II	16m	8m	40m	20m	6s	2×10^{-7}/(150s)	8×10^{-6}/(15s)
CAT I	16m	6~4m	40m	15~10m	6s	2×10^{-7}/(150s)	8×10^{-6}/(15s)
注：CAT I 为 I 类精密进近							

1.2.1 精度

精度是指系统为用户所提供的位置/时间和用户真实位置/时间在一定置信概率下的重合度,即定位授时结果与真实位置或时间之间的偏差。

卫星导航定位和授时精度估计通过用户观测伪距的用户等效距离误差(UERE)与表征观测卫星几何的精度衰减因子(DOP)相乘得到[3]。假设每颗卫星的测距误差独立、具有零均值和相同的方差,n 颗卫星的测距误差协方差矩阵 $\mathbf{Cov}\left(\sum_{\text{UERE}}\right) = \sigma_0^2$,$\sigma_0^2$ 为伪距误差方差。n 颗卫星组成的测点到卫星的方向余弦矩阵为 $\boldsymbol{G}$,假设

$$\boldsymbol{G} = \begin{bmatrix} l_1 & m_1 & n_1 & 1 \\ l_2 & m_2 & n_2 & 1 \\ \vdots & \vdots & \vdots & \vdots \\ l_n & m_n & n_n & 1 \end{bmatrix}_{n \times 4}, \quad (\boldsymbol{G}^{\mathrm{T}}\boldsymbol{G})^{-1} = \begin{bmatrix} Q_{11} & Q_{12} & Q_{13} & Q_{14} \\ Q_{21} & Q_{22} & Q_{23} & Q_{24} \\ Q_{31} & Q_{32} & Q_{33} & Q_{34} \\ Q_{41} & Q_{42} & Q_{43} & Q_{44} \end{bmatrix}$$

则位置精度衰减因子(PDOP)$= \sqrt{Q_{11} + Q_{22} + Q_{33}}$,时间精度衰减因子(TDOP)$= \sqrt{Q_{44}}$。

因此,以 DOP 值评估的定位和授时精度分别表示为

$$\sigma \mathrm{d}x = \mathrm{PDOP} \cdot \sigma_0, \quad \sigma \mathrm{d}t = \mathrm{TDOP} \cdot \sigma_0$$

1.2.2 完好性

完好性是指在覆盖范围内的任意位置,用户定位误差超过告警限值,系统却没有在告警时间内向用户发出告警信息的概率。即完好性反映的是系统在导航服务不可用时及时向用户发出告警信息的能力。完好性性能主要通过以下 3 个参数来体现:

(1) 告警门限(AL)。告警门限是指特定应用所容许的最大用户定位误差。如果用户定位误差超过告警门限,则系统需要及时向用户发出告警信息。用户需要利用当前的 GNSS 观测信息,结合给出的告警门限,判断自身的完好性。告警门限分为垂直告警门限(VAL)和水平告警门限(HAL)。

(2) 告警时间。告警时间是指从需要告警到用户收到系统播发的告警信息的时间。

(3) 完好性风险。完好性风险是指受故障(无论何种来源)影响,用户定位误差超过告警门限,且在告警时间内,系统未向用户发出告警信息的概率。

1.2.3 连续性

连续性是指系统在给定的使用条件下,在规定的时间内以规定的性能完成其功能的概率。连续性是建立在精度和完好性基础上的。由于一个系统可能分别停止精度或完好性服务,如:精度不可用但能够保持完好性告警功能;或者精度能够保持但

及时告警的功能不可用等情况。因此有三种连续性。

（1）精度的连续性（COA）：系统在给定的使用条件下，在规定的时间内，以规定的定位精度完成其功能的概率，即

$$P(\text{COA}) = e^{-(1/\text{MTBLOA})}$$

式中：MTBLOA 为每小时中发生精度不可用的平均时间间隔。

（2）完好性的连续性（COI）：系统在给定的使用条件下，在规定的时间内，以规定的完好性告警性能完成其功能的概率，即

$$P(\text{COI}) = e^{-(1/\text{MTBLOI})}$$

式中：MTBLOI 为每小时中完好性告警功能不可用的平均时间间隔。

（3）服务（精度和完好性）的连续性：系统在给定的使用条件下，在规定的时间内，以规定的定位精度和完好性告警性能完成其功能的概率。

1.2.4　可用性

可用性是指系统能为用户提供可用的导航服务的时间百分比。可用性是建立在精度、完好性和连续性基础上的。根据不同的用户需求层次，有三种可用性。

（1）满足精度需求的可用性。指系统能为用户提供满足精度服务需求的时间百分比。

（2）满足完好性需求的可用性。指系统能为用户提供满足完好性需求的时间百分比。

（3）满足服务连续性需求的可用性。指系统能为用户提供满足连续性需求的时间百分比。

从时空概念上，可用性又可以分为针对某一位置某一时刻的可用性（瞬时可用性）、针对同一位置不同时刻的可用性（单点可用性）和针对整个服务区内不同时刻的可用性（服务区可用性）。其中，服务区可用性将可用性的概念从一维的时间概念延伸到了二维的时间和空间概念上。

1.3　卫星导航系统故障因素

GNSS 定位的主要误差可分为三部分：与卫星有关的误差（星历误差和星钟误差）、接收机的误差（接收机噪声）以及电波信号传播路径带来的误差（电离层延迟误差、对流层延迟误差和多路径误差）。

卫星导航定位精度取决于星座几何和用户等效距离误差。用户等效距离误差主要包括卫星星历及星钟引入的误差、卫星信号引入的误差、电离层误差、对流层误差、用户端多路径和热噪声等。用户定位完好性风险主要由上述误差因素超出正常范围而引起。

卫星星历及钟差和信号的引入误差是卫星轨道及钟差参数和播发信号的综合影

响,一般称为空间信号误差(SISE)。北斗全球系统设计要求基本导航服务的空间信号误差 2h 龄期是 0.5m。通过广域差分改正,缩短广播参数更新周期,可以在一定程度上改善空间信号性能。另外,对空间信号异常因素进行监测,可以确保空间信号服务完好性。

卫星导航系统一般通过经验模型进行电离层延迟改正,能够改正 60% ~70% 的电离层延迟。通过播发格网电离层模型参数,可以使得电离层延迟改正达到约 0.5m。引入格网点电离层改正的同时,需要对异常状态进行完好性监测。

系统完好性监测用来发现卫星信号和导航电文性能异常,确保用户使用可靠性。影响信号性能的异常因素包括卫星钟异常、卫星信号调制异常、卫星发射功率异常等,影响电文性能的异常因素包括计算引起误差、电文误比特、未被估计卫星钟漂和轨道慢漂的累积误差等。卫星段可以监测卫星钟异常、卫星信号调制异常、卫星发射功率异常以及电文误比特等;利用星间链路和空地链路可以监测未被估计卫星钟漂和轨道慢漂的累积误差;利用地面独立监测站可以综合监测可视卫星的信号和电文误差。

GNSS 是一个复杂的系统,它是通过星座向用户发送信号。因此信号生成和传输的每个环节都有可能出错:信号的生成,信号的上传,信号的发射,信号的接收以及信号的处理。下面从系统、运行环境、用户端等三个方面列出有可能的异常因素。

1.3.1 系统级异常

系统级异常包括卫星星座的异常、地面监测站的异常和两者之间关系的异常。异常的原因有可能是卫星星座设计的不足,有可能是主控站的算法不足,最终表现在过大的距离误差。下面将系统级异常分成 6 类:与卫星钟运行状态相关的异常;与地面主控站故障和模型相关的异常;与卫星轨道相关的异常;与卫星有效载荷性能相关的异常;与空间飞行器性能相关的异常;与射频(RF)性能相关的异常。

与卫星钟运行状态相关的异常包括卫星钟突跳和卫星标准频率故障。这种异常可能引起数千米的伪距和载波相位误差。

与地面主控站故障和模型相关的异常包括轨道参数确定时使用的模型不正确和卡尔曼滤波无法收敛等。此类异常会引起卫星星历错误。

与卫星轨道相关的异常包括卫星轨迹突变、多普勒频移及其变化率超限、卫星姿态不稳定、卫星轨道计算错误。此类异常将引起约 30m 的测距误差。

与卫星有效载荷性能相关的异常包括主处理器重启、导航数据异常或误用。此类异常将引起导航数据和伪距出现错误。

与空间飞行器性能相关的异常包括姿态控制系统功能退化、信号发射功率波动、伪随机噪声(PRN)编码错误。

与射频性能相关的异常包括卫星射频滤波器异常、不稳定频率的射频延迟、星上多路径和信号反射、数据和码调制不同步、信号干扰和信号频偏。

第 1 章 绪论

1.3.2 运行环境异常

运行环境异常主要包括人为干扰和无意的干扰以及信号传播过程突变。人为干扰包括发射足够功率的无线电信号或发射类似 GNSS 欺骗信号；无意干扰包括射频发射的信号与 GNSS 信号频率相近，L5 的频率与现有的商用、军用频率重叠等；信号传播过程突变包括电离层异常波动、对流层引起信号弯曲、多路径效应产生干扰码和载波相位锁相环路。

1.3.3 用户端异常

用户端异常包括两部分：一是接收机异常；二是人工失误造成的异常。接收机异常包括电源系统故障或电源波动、软件不兼容、接收单元过热、石英钟频率不稳定、接收机损耗、接收机与其他导航设备结合时硬件不兼容、接收机处理算法错误等。人工失误造成的异常包括接收机使用方法不当和在受限制的空域使用接收机等。

🔺 1.4 卫星导航系统完好性概念

几乎在 GPS 建设的同时，民用航空领域的人士已经意识到 GPS 将逐渐取代现有的信标系统，成为未来空中交通管理系统的重要组成部分。1991 年，美国联邦政府正式向 ICAO 承诺，GPS 将在世界范围内持续可用，且不会直接向用户收费[3]。随后，国内外学者就 GPS 用于民用航空各个阶段展开了大量研究。作为与生命安全密切相关的应用，导航系统发生故障或定位误差过大时，都会给航空带来不可估量的损失，因此民用航空对卫星导航系统的完好性提出了很高的要求。

从完好性方面看，GPS 本身能进行一定程度的完好性监测，但告警时间太长，通常需几小时。从连续性和可用性方面看，GPS 虽然能保证所有地区都有 4 颗以上可视卫星，但卫星几何结构仍然存在较差情况，如果加上完好性要求，其可用性会更差。因此，旨在改善 GPS 完好性的各类监测方法也就应运而生[4]。

实现 GPS 完好性的方法可分为两类：一类是内部方法；另一类是外部方法。内部方法是用飞机内部传感器信息来实现完好性监测，例如用 GPS 接收机内部的余度信息，或者其他辅助信息，如气压高度表、惯导等。目前发展较为成熟的接收机自主完好性监测（RAIM）就属于内部方法，是利用接收机内部的余度测量来实现故障检测和识别。外部方法则是在地面设置监测站，监测 GPS 卫星的状况，当然也包括监测系统本身的故障因素，然后播发给用户。该方法最早称为 GPS 地面完好性通道（GIC）。随之出现的星基增强系统和地基增强系统，在确定误差改正数的同时，也必须给出改正数的完好性信息。

对于民航等可靠性要求高的应用来说，导航定位的处理过程必须伴随完好性监测。系统端或导航服务供应商向用户播发完好性信息，用户端基于系统监测播发信

11

息或用户端检测信息判断当前定位结果是否满足要求。当导航系统发生任何故障或误差超过允许限值时,应及时发出告警。系统应能够在规定的告警时间(TTA)内向用户发出告警。

完好性处理过程的严密性和不确定性是影响完好性的重要因素。如果系统发生故障而完好性监测系统未能及时告警,就会造成完好性风险(IR),容易产生灾难的危险误导信息(HMI),根据定位结果进行相应的导航操作,极有可能引发严重事故。完好性风险的确定是国内外学者面临的难题,在正式提供服务前需要进行大量的测试确定完好性风险。

用户端基于系统监测播发信息或用户端检测信息,可以对定位误差进行保守估计,确认最坏情况下是否会对用户产生风险。这种保守估计一般称为用户保护级,通过计算用户保护级判断当前定位结果是否满足要求。完好性关系示意图如图1.5所示。当计算位置误差超过水平保护级(HPL)时,系统需在告警时间内向用户发出告警。水平告警门限(HAL)为水平保护级的极限值,HAL 是由某一特定的导航阶段决定的。若HPL 超过某一导航阶段所规定的 HAL,则认为此时系统不支持该阶段的完好性性能需求。与高程方向相关的垂直告警门限(VAL)和垂直保护级(VPL)也有类似的关系。

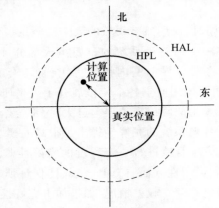

图 1.5　完好性关系示意图(见彩图)

用户保护级是对导航定位误差的保守估计,不仅反映了系统卫星星历、卫星钟及电离层延迟的误差,还反映了当前用户的局部观测误差及卫星几何条件,它将伪距域的完好性监测转换到定位域,以确定系统是否满足当前用户的限值规定。用户保护级的计算既要能准确将伪距域的误差反映到定位域,又不能过于保守。用户保护级大于导航定位误差时,完好性就可以得到保证。反之,就认为存在误导信息(MI)。对于不同的应用场景,完好性要求也不一样,对应的告警门限也不一样。如果用户保护级小于告警门限,则表明当前定位服务对该应用场景可用,否则不可用,与此同时,系统也就失去了连续性和可用性。若用户保护级既小于定位误差又小于告警门限,则存在危险误导信息,其百分比就是完好性风险概率。

如此,对于任何一种完好性监测技术,其最终信息表达判断都转化为对用户保护级的计算,用户保护级与定位误差及告警门限的关系则构成了对完好性是否满足需求的判断准则。为了确保用户不受影响,对于用户保护级的计算和可用判读必须成为一种标准程序。

同样地,对于不同的导航阶段来说,完好性监测的处理时间也不同,此即告警时间。若系统未能在规定的告警时间内向用户发出告警信息,则极有可能引发严重事故,影响系统连续性性能。在此情况下,对卫星导航系统可用性的评判有了更严格的标准。

在系统存在故障的情况下,未能及时发出告警信息,称为漏警(MD)。从用户的角度来说,漏警可能导致误导信息,也可能导致危险误导信息[5]。对于后一种情况来说,完好性风险也称为危险误导信息概率。

一般来说,分配的完好性风险可表示为

$$IR = \sum_{n=1}^{N} p_n P_{MD,n}$$

式中:p_n 为单个卫星的故障概率;$P_{MD,n}$ 为分配的单颗卫星完好性故障的漏警概率;N 为卫星数。

通常假定单颗卫星的故障概率和漏警概率是不变的。因此,漏警概率可表示为

$$P_{MD} = \frac{IR}{N \times p} = \frac{IR}{P_{fafa}}$$

对于 NPA 阶段来说,最大可允许的漏警概率为

$$P_{MD} = \frac{1 \times 10^{-7}/h}{1 \times 10^{-4}/h} = 1 \times 10^{-3}$$

若系统不存在故障,或者定位服务满足当前应用场景的需求,却向用户发出告警信息,则构成虚警事件。

告警信息无论真假均会影响系统的连续性。因此,理论上连续性应该平均分配给正确告警和误警。然而,对于航路——NPA 阶段来说,连续性要求被完全分配给了误警概率,即误警概率为 $1 \times 10^{-5}/h$。

同时,误警概率还可以被定义为连续性风险 CR 和相关时间 CT 的函数:

$$P_{fa} = CR \times CT = \frac{CR}{独立样本数}$$

通常,相关时间假定为 2min,即为平滑接收机噪声的时间常数。由此,可将误警概率转变为

$$P_{fa} = \frac{CR}{独立样本数} = \frac{1 \times 10^{-5}/h}{30} = 3.33 \times 10^{-7}/h$$

此即航空无线电技术委员会(RTCA)推荐的从航路到 NPA 阶段的误警概率。

◤ 1.5 卫星导航系统增强体系

GNSS 虽然有传统陆基无线电导航系统无法比拟的全球覆盖、高精度等性能,但目前在民用航空领域并没有得到普遍应用。这里既有技术上的原因,也有政治上的原因。技术上,GNSS 在精度、完好性、连续性及可用性四个方面都无法满足所有飞行阶段的需求。从精度方面看,GNSS 单点定位精度只有 10 ~ 15m,这种精度能满足到非精密进近阶段的要求(220m),但不能用于精密进近。从完好性方面看,GNSS 本身能进行一定程度的完好性监测,但告警时间太长,通常需几小时[6]。从连续性和可用性方面看,GNSS 虽然能保证所有地区都有 4 颗以上可视卫星,但卫星几何结构仍然存在较差情况,如果加上完好性要求,其可用性会更差。因此,旨在改善 GNSS 精度和其他性能的增强技术也就应运而生。

按不同服务性能的增强效果,增强技术可包括精度增强技术、完好性增强技术、连续性和可用性增强技术。精度增强技术主要运用差分原理,进一步可分为广域差分技术、局域差分技术、广域精密定位技术、局域精密定位技术。完好性增强技术主要运用完好性监测原理,进一步可分为系统基本完好性监测技术、卫星自主完好性监测技术、星间链路完好性监测技术、广域差分完好性监测技术、局域差分完好性监测技术、接收机自主完好性监测技术。连续性和可用性增强技术主要是增加导航信号源,进一步可分为空基 GEO 卫星增强技术、地基伪卫星增强技术。由广域差分技术、广域差分完好性监测技术、空基 GEO 卫星增强技术共同实现的系统又称星基增强系统(SBAS)。由局域差分技术、局域差分完好性监测技术、地基伪卫星增强技术共同实现的系统又称地基增强系统(GBAS)。各种增强技术体系如图 1.6 所示。

1.5.1 差分技术体系

差分技术包括广域差分、广域精密定位、局域差分、局域精密定位技术等,以下对相关概念进行描述,并简要介绍数据观测、处理、播发等流程和基本工作原理。GNSS 差分技术体系如表 1.5 所列。

广域差分技术是一种矢量化误差改正技术,一般是在方圆几千千米区域内布设 30 ~ 40 个参考站,主要利用伪距观测量(辅以载波观测量)进行可视卫星轨道、钟差以及空间电离层延迟精确测定,并向服务区域内用户实时广播相对于导航电文的星历、钟差和格网点电离层改正数,用户再利用导航卫星观测伪距和导航电文,以及所接收的改正参数进行差分定位处理。广域差分改正数一般是通过 GEO 卫星在服务区内集中式实时广播(如 WAAS、EGNOS),也有利用倾斜地球同步轨道(IGSO)卫星实时广播。现代化 GPS 在导航电文中也定义了 GNSS 星历和钟差改正数的播发协议,并将星历改正数由位置改正形式定义为轨道根数改正形式。经广域差分改正后,空间信号用户测距误差(URE)一般能优于米级,用户定位精度可达 3m 左右。

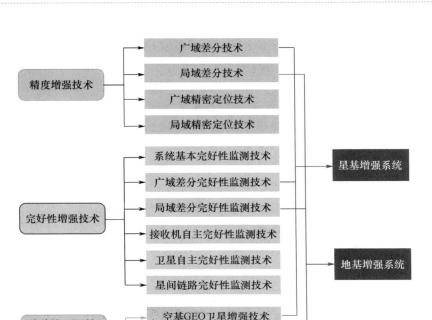

图 1.6　GNSS 增强技术体系

广域精密定位技术与广域差分技术的实现原理和工作过程基本相同。区别主要是利用参考站的载波观测量进行卫星轨道、钟差精密测定,用户也主要利用双频载波观测量进行精密单点差分定位处理。由于差分改正数精度可达分米级,用户又利用双频载波观测量定位处理,因此用户定位精度可达分米级左右。但载波观测量定位处理引入了初始化时间,一般需 20min。如果能在全球范围布设一定数量的参考站实现广域精密定位技术,则其服务性能可覆盖全球。广域精密定位信息一般由商业机构租用 GEO 卫星进行广播,Galileo 系统在 MEO 卫星中定义了商业服务信号(E6, 500bit/s)提供此类业务能力,日本准天顶卫星系统(QZSS)定义了 LEX 信号(2kbit/s)提供此类业务能力,当然基于地面互联网向用户提供广域精密定位信息也是一种非常有效的手段。广域精密定位信息内容也可进一步扩展为高实时性的卫星轨道和钟差参数、电离层改正参数、信号健康参数等。

局域差分技术是一种标量化误差改正技术,一般是在方圆几十千米区域内布设 3 ~ 4 个参考站,主要利用伪距观测量(辅以载波观测量)和距离计算量进行可视卫星伪距及导航电文误差综合改正处理,并向服务区域内用户实时广播这些改正参数,用户在利用导航卫星观测伪距和导航电文进行定位处理的同时,利用所接收的改正参数进行差分定位处理。局域差分改正数一般通过特高频/甚高频(UHF/VHF)链路播发。经局域差分改正后,用户定位精度一般可达亚米级。

局域精密定位技术是一定区域内一定数量的参考站对可视卫星进行连续观测,

区域内用户可申请获取相对较近参考站的原始载波观测量或经一定模式处理得到区域误差改正参数,再结合用户自身载波观测量进行相对定位处理。如果是单参考站,一般又称单基站实时动态(RTK)定位技术。如果是较大区域内较多参考站(参考站间距为几十千米)组网工作,一般又称网络 RTK 技术,所构成的系统又称连续运行参考站(CORS)系统。区域误差改正处理又可分虚拟参考站(VRS)技术、区域改正数(FKP)技术、主辅站(MAC)技术。VRS 技术采用双差方式解算基准站间模糊度,得到基准站间厘米级精度的误差改正信息。MAC 技术通过基准站间单差,将参考站的相位距离简化到一个公共的整周未知数水平,当组成双差时,整周未知数就被消除了。FPK 采用非差卡尔曼滤波算法将所有的误差作为参数进行解算,得到各种误差的改正参数。局域精密定位改正数一般通过通用分组无线服务(GPRS)或码分多址(CDMA)链路播发。局域精密定位精度一般在厘米级,初始化时间需 1~2min。

表 1.5　GNSS 差分技术体系

差分技术	观测数据	处理原理	播发链路	应用性能
广域差分技术	几千千米区域几十个参考站	状态域差分,主要基于伪距观测量(辅以载波),形成广播星历、钟差、格网点电离层改正数	GEO 卫星集中式播发,或无线电信标,RTCA 协议。MEO 导航电文也可播发	用户单频伪距差分定位精度可达 3m,无须初始化
广域精密定位技术	全球范围近百个参考站	状态域差分,主要基于载波观测量,形成广播星历、钟差改正数	GEO 卫星集中式播发,自定义协议。基于互联网也可播发	用户双频载波差分定位精度可达分米级,初始化时间约 20min
局域差分技术	几十千米区域几个参考站	观测值域差分,主要基于伪距观测量(辅以载波),形成伪距综合改正数	UHF/VHF 数据链播发,RTCA 或海事无线电技术委员会(RTCM)协议	用户单频伪距差分定位精度可达亚米级,无须初始化
局域精密定位技术	几十千米区域几个参考站,可扩展至较大区域几千个参考站	观测值域差分,主要基于载波观测量,区域内用户可申请获取经 VRS、FKP、MAC 等模式处理得到区域误差改正参数	GPRS/CDMA 通信链播发,海事无线电技术委员会(RTCM)协议	用户双频载波差分定位精度可达厘米级,初始化时间 1~2min

1.5.2　完好性技术体系

完好性技术包括系统基本完好性监测、广域差分完好性监测、局域差分完好性监测、接收机自主完好性监测、卫星链路完好性监测、星间链路完好性监测技术等,以下对相关概念进行描述,并简要介绍观测、处理、播发等流程和基本工作原理。GNSS完好性技术体系如表1.6所列。

表1.6　GNSS完好性技术体系

完好性技术	观测数据	处理原理	播发链路	应用性能
系统基本完好性监测技术	全球范围系统布设的十几或几十个参考站	对广播星历、钟差等对应的空间信号精度进行处理,形成用户测距精度(URA)或SISA、SISMA等参数	随各自卫星的导航电文	GPS告警时间为小时级至分级,风险概率为10^{-4}/h,Galileo系统告警时间为6s,风险概率为2×10^{-7}/(150s)
广域差分完好性监测技术	几千千米区域几十个参考站	对广播星历及钟差、格网点电离层改正数等进行完好性处理,形成UDRE、GIVE及补偿参数等	通过GEO卫星集中式播发,采用RTCA协议	告警时间为6s,风险概率为2×10^{-7}/(150s)
局域差分完好性监测技术	几十千米区域几个参考站	对局域差分伪距综合改正数进行完好性处理,形成完好性参数	通过VHF数据链,采用RTCA或RTCM协议	告警时间一般为2s,风险概率为2×10^{-9}/(15s)
接收机自主完好性监测技术	用户可视卫星的观测数据	利用多星冗余观测量进行故障卫星的检测和排除处理,直接得到定位完好性结果	无	几乎不存在告警时延,监测单星较大故障,会降低系统可用性,漏检概率为10^{-3}
卫星自主完好性监测技术	导航卫星的反馈监测数据	对发射信号功率异常、伪码畸变、时钟超差、导航数据错误等监测处理,形成完好性信息	随导航电文播发给用户	在星上直接监测,因而告警时延相对较小,一般可达2s,相应的完好性风险概率可达10^{-7}/h
星间链路完好性监测技术	星间链路观测数据	对导航电文的轨道及钟差异常等进行监测,形成完好性信息	随导航电文播发给用户	完好性尚难以明确

系统基本完好性监测技术是指在利用系统所布设的监测站观测数据进行卫星轨

道和钟差处理的同时,对导航电文中预报星历和钟差所对应的空间信号精度再进行实时分析处理,得到相应的完好性参数并随导航电文一起播发给用户,用户在进行定位处理的同时,利用所接收的完好性参数进行完好性处理。早期 GPS Ⅱ 在导航电文中播发用户测距精度(URA)、信号健康标志等参数,告警时间为小时级,系统完好性风险概率为 10^{-4}/h(自由故障概率),完好性性能较弱;现代化 GPS Ⅱ 通过改进运控完好性监测处理和增加卫星自主监测技术,在导航电文中将 URA 改进为 URAoe、URAocb、URAoc1、URAoc2 参数,基于运控系统完好性监测处理的单星 URA 告警时间提高到 10s,单星完好性风险概率 10^{-5}/h,基于卫星自主监测告警时间 6s,系统完好性性能尽可能满足 NPA 需求,另外,还定义了卫星星历差分改正和钟差差分改正相应的完好性参数用户差分测距精度(UDRA)及其变化率;GPS Ⅲ 计划通过改进卫星星钟性能,增加卫星间链路,改善运控完好性监测处理和卫星自主完好性监测技术,以及改进 URA 参数,实现空间信号完好性风险概率 10^{-7}/h,达到Ⅰ类精密进近性能要求;Galileo 系统将利用全球布设的 40 个监测站,在定轨与钟差处理的同时,并行分析处理全球完好性信息,包括空间信号精度(SISA)、空间信号监测精度(SISMA)、完好性告警标志共三个参数,更新率达到秒级,告警时间 5.2s,完好性风险概率为 2×10^{-7}/(150s),达到Ⅰ类精密进近性能要求,形成全球生命安全服务能力。

广域差分完好性监测技术是指在实现广域差分技术的同时,利用所布设监测站的并行观测数据,进行卫星星历、钟差以及格网点电离层改正数的完好性分析处理,得到相应的用户差分测距误差(UDRE)、格网点电离层垂直延迟改正数误差(GIVE)及补偿参数等完好性信息,随广域差分改正数一起播发给用户,用户在进行广域差分定位处理的同时,进行相应的完好性分析处理。现代化 GPS 在导航电文中定义了 GNSS 卫星星历和钟差差分改正相应的完好性参数 UDRA 及其变化率。广域差分完好性监测告警时间一般为 6s,完好性风险概率为 2×10^{-7}/(150s),达到Ⅰ类精密进近性能要求。

局域差分完好性监测技术是指在实现局域差分技术的同时,利用所布设监测站的并行观测数据,进行伪距观测量差分改正数的完好性分析处理,得到相应的完好性信息,随局域差分改正数一起播发给用户,用户在进行局域差分定位处理的同时,进行相应的完好性分析处理。局域差分完好性监测告警时间一般为 2s,完好性风险概率为 2×10^{-9}/(15s),达到Ⅱ、Ⅲ类精密进近性能要求。

接收机自主完好性监测(RAIM)技术是指用户接收机在利用所接收的多颗导航卫星观测量进行定位处理的同时,采用最小二乘或奇偶空间矢量算法原理对多星冗余观测量进行故障卫星的检测和排除分析处理,从而及时得到定位完好性结果。该技术虽然几乎不存在告警时延,但一般只能针对单卫星较大故障进行监测,而且会降低系统可用性,完好性监测性能相对较弱,一般只用于航路阶段。用户接收机如果组合了惯导或气压高度等辅助信息进行完好性监测处理又称辅助自主完好性监测技术。用户接收机引入星基增强系统信息,二者可实现优势互补,又称相对接收机自主完好性监测(RRAIM)技术。多卫星系统组合进行完好性监测处理又称先进接收机自主完好性监测(ARAIM)技术,完好性有望得到较大提高,可用于LPV(带垂直引导的航向定位性能)-200阶段。

卫星自主完好性监测(SAIM)技术是指导航卫星自身对所播发的导航信号通过多路直接反馈处理,进行发射功率异常、伪码信号畸变、载波和伪码相位一致性、额外的时钟加速度、导航数据错误等完好性监测处理,形成相应的完好性信息随导航电文播发给用户,用户在进行定位处理的同时,利用所接收的完好性信息进行相应的定位完好性处理。该技术目前尚处于研究阶段,由于在星上直接监测,因而告警时延相对较小,一般可达2s,相应的完好性风险概率可达10^{-7}/h。

星间链路完好性监测技术是指导航卫星在利用星间链路观测数据进行定轨和钟差处理的同时,对导航电文相应的轨道及钟差异常等进行完好性监测分析处理,形成相应的完好性信息随导航电文播发给用户。该技术目前尚处于研究阶段,主要可用于卫星自主导航模式,在地面运控模式下也可对上行注入的导航电文进行复核监测,相应的完好性尚难以明确。

1.5.3 增强体系架构

当前存在的各类增强技术主要是针对早期阶段的卫星导航基本系统而逐步发展形成的,随着卫星导航基本系统经历现代化阶段的发展建设以及未来体系阶段的全面发展建设,相应的增强技术需要进一步研究设计,增强技术体系也应根据需要增强的目标、对象及两者之间的差距要求进一步规划定义。

增强技术体系可以基于以下原则进行规划定义:米级精度性能和非精密进近完好性性能由基本系统在全球范围实现保证,分米级精度性能和Ⅰ类精密进近完好性性能由各个国家或地区进一步建设相应的星基增强系统在相应区域范围进行实现保证;分米和厘米级精度性能由各个国家或地区建设相应的局域精密定位增强系统实现保证;Ⅱ/Ⅲ类精密进近性能由各个用户建设相应的局域完好性增强系统实现保证;连续性和可用性性能由各个基本系统保持30颗卫星星座实现保证,且多个基本系统能互操作实现保证。

基于上述原则,增强技术体系可按全球系统层、广域增强层、局域增强层、用户终端层共四个层次进行规划定义,如图1.7所示。

全球系统层:由基本系统的空间星座几何和空间信号URE共同实现保证米级定位精度,将系统基本完好性监测技术与卫星自主完好性监测技术、星间链路完好性监测技术相融合,在全球范围第一层实现保证非精密进近完好性性能。

广域增强层:在基本系统的基础上,将广域差分技术、广域精密定位技术与广域差分完好性监测技术相融合,由各个国家或地区建设相应的星基增强系统,在相应区域范围第二层实现保证分米级精度性能和Ⅰ类精密进近完好性性能。

局域增强层:在基本系统的基础上,利用局域精密定位技术由各个国家或地区建

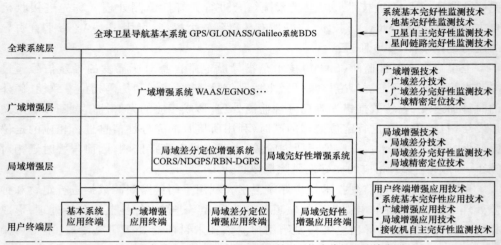

NDGPS—国家差分GPS；RBN–DGPS—基于无线电信标网的差分GPS。

图 1.7　GNSS 增强体系架构

设相应的局域精密定位增强系统实现保证分米和厘米级精度性能;利用局域完好性监测技术由各个用户建设相应的局域完好性增强系统实现保证Ⅱ/Ⅲ类精密进近完好性性能。

　　用户终端层:对应上述三层服务,进行相应的定位和完好性应用处理,并将接收机自主完好性监测技术作为辅助模式进行完好性分析处理。

参考文献

[1] 杨元喜. 北斗卫星导航系统的进展、贡献与挑战[J]. 测绘学报,2010,39(1):1-6.

[2] RTCA SC-159. Minimum operational performance standards for airborne supplemental navigation equipment using global positioning system:RTCA/DO-229D[S]. Washington DC:RTCA Inc. , 2006.

[3] MISRA P, ENGE P. 全球定位系统——信号、测量与性能:第2版[M]. 罗鸣,等译. 北京:电子工业出版社,2008.

[4] 陈金平. GPS 完善性增强研究[D]. 郑州:解放军信息工程大学测绘学院,2001.

[5] MASSIMO C. GNSS multisystem integrity for precision approaches in civil aviation [D]. Naples:Naples Federico Ⅱ University,2008.

[6] LEE Y, DYKE K, DECLEENE B, et al. Summary of RTCA SC-159 GPS integrity working group activities [J]. Journal of the Institute of Navigation, 1996, 43(3): 307-338.

第 2 章　星基增强系统

◣ 2.1　引　言

广域差分技术的基本思想是通过一定数量的地面参考站对 GNSS 观测量的误差源加以区分，并对每一个误差源加以模型化，将计算出来的每一个误差源的修正值通过数据通信链广播给用户[1]，对用户 GNSS 接收机的观测值误差加以改正，以改善用户定位精度。根据不同用户的应用需求，早期广域差分技术逐渐演化成两种技术体制：一种是针对静态或低动态用户，主要以提供高精度服务为目标；另一种是针对航空用户，主要以提供完好性服务为目标。美国的 WAAS、欧盟的 EGNOS、日本的多功能卫星增强系统(MSAS)等，除了能够实现精度增强，还能实现完好性、连续性增强等，并按照国际民航组织(ICAO)的统一规范设计实现，一般统称为星基增强系统(SBAS)。

星基增强系统的基本组成包括参考站、中心站、数据通信链和用户，其数据处理工作应在参考站、中心站及用户各组成部分分别进行。中心站数据处理工作量较大，包括卫星星历、卫星钟和电离层延迟三个部分，要形成这些误差的改正数并给出精度估计和完好性验证。卫星星历和卫星钟处理，最简单的方法是用"快照(snapshot)"法基于平滑伪距计算[2]。该算法简单快速，但对观测数据的质量非常敏感，引起确定误差估值的不精确性，而且卫星位置误差和卫星钟差的完全分离是很困难的。斯坦福大学 WAAS 研究组于 1995 年提出对轨道用简单的动态模型处理，能平滑星历改正，使星历和卫星钟较好分离，但仍然是一种几何处理方法。较精确的卫星星历和卫星钟的确定方法还是顾及卫星动力学模型的精密轨道确定法，卫星钟差的确定一般是基于中心站钟给出相对钟差，并分快变和慢变两部分。电离层延迟改正方法通常采用美国 MITRE 公司提出的格网修正法，根据 A. J. Mannucci 等人的处理，在正常电离层条件下，该方法得到的倾斜延迟精度能达到 $25 \sim 50 \mathrm{cm}$。电离层延迟处理必须顾及电离层闪烁等异常情况，如太阳活动高峰时期或赤道地区和高纬度地区(极光区)。A. Hansen 针对电离层异常，提出了相关结构分析方法，S. Skone 针对极光地区提出了自适应的格网法，采用的系统模型能很好地代表局部电离层异常[3-4]。美国喷气推进实验室开发的电离层格网软件 TRIN 基于卡尔曼滤波解算，以日心坐标系为参考框架，用三角格网，而且内频偏差能自动校正，有更高精度、更平滑的效果。

用户机数据处理包括广域差分定位处理和完好性告警处理。广域差分改正包括卫星星历、卫星钟和电离层三部分，用户应计算卫星钟延迟改正率，电离层延迟由格网改正内插计算。另外,用户无法测定气象参数,必须用近似模型计算对流层改正。完好性处理是将广播的伪距域完好性信息及时转换到定位域,以确定广域差分定位误差是否超过告警门限。考虑到局部误差影响及广域差分和完好性信息的丢失情况,用户机应该利用 RAIM 检测异常情况,以作为星基增强系统完好性监测的辅助。

本章首先介绍 GNSS 星基增强系统的基本组成和主要功能,然后重点介绍参考站、中心站及用户机的数据处理方法,对卫星星历及钟差改正、格网电离层延迟改正、接收机应用数据处理等有关算法进行分析和设计,最后简要介绍了 SBAS 的信息传输及电文格式。与星基增强系统完好性监测有关的内容见第 5 章。

2.2　系统组成及工作原理

导航用户,特别是航空导航用户,对导航系统有严格的性能需求,目前 GNSS 不论是在精度方面,还是在完好性、可用性、连续性方面均不能满足相应的需求。星基增强系统的设计目标就是通过一定数量的地面站和 GEO 增强 GNSS,以建立一个覆盖一定区域,在更大程度上满足导航用户需求的卫星导航系统[5]。星基增强系统通过三种服务来增强 GNSS:一是通过已知位置的地面参考站对 GNSS 连续观测,经过处理以形成差分矢量改正,并由同步卫星广播给用户,以增强 GNSS 的定位精度;二是通过参考站对 GNSS 卫星及其差分改正的数据质量进行监测,以增强 GNSS 的完好性;三是由同步卫星附加 GNSS 测距信号,以增强 GNSS 的可用性和连续性。星基增强系统的建成将改善 GNSS 的导航性能,为所覆盖区域导航用户提供全天候、高性能的导航定位服务。

2.2.1　系统基本组成

星基增强系统一般主要由空间部分、地面部分、用户部分以及数据链路组成。系统组成如图 2.1 所示。

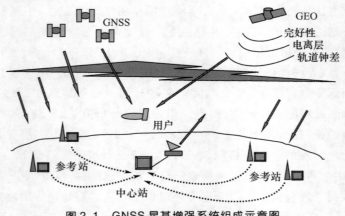

图 2.1　GNSS 星基增强系统组成示意图

空间部分包括 GNSS 卫星和 GEO 卫星。同步卫星用于转发广域差分改正信息和完好性监测信息,它也类似于 GNSS 卫星,作为测距源发射民用测距信号。

地面部分包括参考站和中心站。参考站布设的基本依据是系统所要完成的任务和达到的性能,即能有效确定各差分改正数和完成对 GNSS 卫星完好性的监测及对差分改正数的误差确定。参考站的主要任务是采集 GNSS 卫星及气象设备的观测数据,并对所采集的数据经过预处理后传送到中心站。中心站由数据收发子系统、数据处理子系统、监控子系统和配套设备组成,担负着全系统的信息收集、处理、加密、广播和工况监测任务。

用户部分即用户接收机,其主要任务是接收系统广播的差分信息,实现差分定位与导航功能;接收系统广播的完好性信息。

数据链路包括两个部分:参考站与中心站之间的数据传输、广域差分改正信息与完好性信息的广播。参考站与中心站之间的数据传输方式可以选择公用数据传输网或专用通信方式(如建立卫星通信专用网络)。广域差分改正信息与完好性信息的广播采用 GEO 卫星专用通信方式,广播信息按导航专用格式进行编码。

2.2.2　系统工作过程

系统基本工作过程是:分布在覆盖区域内的参考站监测全部可见 GNSS 卫星,将监测数据通过地面通信网络或卫通链路发送至中心站;中心站用这些数据计算确定 GNSS 卫星的差分改正数和完好性信息,并将这些信息通过上行注入设备上注到地球同步卫星,进而通过导航增强链路信号广播给用户;用户根据收到的信息和 GNSS 观测数据,获悉 GNSS 卫星及差分系统的完好性状况,计算得到精确的用户位置及导航参数[6]。其中,差分改正数包括卫星钟差、卫星星历、电离层延迟改正数等,完好性信息包括导航信号的用户差分测距误差(UDRE)、格网点电离层垂直延迟改正数误差(GIVE)、降效参数及其"不可用""未被监测"状态等信息。

2.2.3　广域差分原理

GNSS 广域差分技术是利用参考站(网)的监测数据,确定 GNSS 导航信号的误差,并通过数据链将其传递给用户,用户用以改正它们的观测量,以便得到更精确的定位位置。广域差分的误差改正采取卫星轨道改正、星钟改正和电离层改正的矢量形式。

用户根据收到的差分改正可得到消除卫星钟误差、电离层误差的伪距 ρ_i^j,即

$$\rho_i^j = R_i^j - (B^j - B^{(j,B)}) - I_i^j \tag{2.1}$$

式中:R_i^j 为接收机 i 至卫星 j 的伪距观测值;B^j 为卫星钟对 GNSS 时间的偏差,$B^{(j,B)}$ 为 GNSS 导航电文给出的钟偏差;I_i^j 为电离层延迟误差。B^j、I_i^j 由广域差分改正数计算得到。

伪距 ρ_i^j 可模型化为

$$\rho_i^j = \sqrt{(X_i - X^j)^2 + (Y_i - Y^j)^2 (Z_i - Z^j)^2} + b_i + T_i^j + \varepsilon_i^j \tag{2.2}$$

式中: X_i、Y_i、Z_i 为用户点的坐标; b_i 为用户接收机钟差,为未知参数; T_i^j 为对流层误差,可用模型计算; ε_i^j 为多路径及接收机噪声误差。

设 $(\Delta X^j$、ΔY^j、$\Delta Z^j)$ 是卫星的坐标改正,由广播的星历改正数计算得到,$(X^j$、Y^j、$Z^j)$ 是卫星经过改正后的坐标,由导航电文计算的卫星坐标加改正得到,即

$$\begin{bmatrix} X \\ Y \\ Z \end{bmatrix}^j = \begin{bmatrix} X \\ Y \\ Z \end{bmatrix}_B^j + \begin{bmatrix} \Delta X \\ \Delta Y \\ \Delta Z \end{bmatrix}^j \tag{2.3}$$

用户测得 4 颗或以上卫星的伪距,依据上面的模型,利用最小二乘法便可解出 4 个未知数 X_i、Y_i、Z_i、b_i,即可得到用户广域差分的定位结果。

星基增强系统差分处理的具体过程包括:参考站数据采集与处理、差分改正数形成及用户接收机差分定位计算。

参考站用双频接收机得到 L1 和 L2 的码伪距和载波相位,同时采集气压、温度、湿度气象参数,对这些数据的处理基本包括消除对流层误差,检测和消除相位周跳、相位平滑伪距,计算产生电离层延迟,最后将消除电离层和对流层后的平滑码伪距及电离层延迟发往中心站。

中心站对来自各参考站的数据集中处理,以形成卫星星历、卫星钟改正以及电离层改正。利用各参考站得到的 GNSS 平滑伪距,可以确定精密卫星轨道,与用 GNSS 广播星历计算的卫星位置比较,则得到广播星历卫星改正数,GNSS 卫星钟差也能相应确定。轨道误差属于慢变化,卫星钟差有快慢变化两个分量,主要区分卫星钟跳变、频率自然漂移等变化因素。电离层延迟改正一般以采用格网模型进行处理,即电离层影响集中在一假想的薄壳,在这个薄壳上按一定的间距形成格网,利用参考站视线的电离层延迟计算每个格网点的垂直电离层延迟。

用户接收机处理主要对接收的伪距观测量和广播星历进行差分改正计算,然后按一般的导航定位处理即可得到用户的差分定位结果。在差分改正时,用户视线电离层延迟应通过格网点的垂直延迟插值计算。

2.2.4 完好性监测原理

完好性是指当 GNSS 信号和本系统不可用于导航时,系统及时向用户提供告警的能力。星基增强系统在中心站除计算出差分改正数外,还应向用户提供完好性信息。即通过对 GNSS 信号的监测,对 GNSS 卫星和电离层格网点的完好性进行分析,发出"不可用"的告警信息。当系统不能确定 GNSS 卫星或电离层网点的完好性时,向用户发送"未被监测"信息。

监测的基本方法是:在每个参考站设置有独立天线的两台接收机,接收机天线位

置已知,两台接收机采集的数据分别送入中心站的两台处理机中,形成两条独立的数据流,最后把两条数据流的观测值和计算出的差分改正数送到中心站的数据验证处理器进行误差分离和改正数据误差确定。对平行处理的两条数据流一般用交叉验证结构,这一结构能有效监测不同类型误差,且可以显著减少不相同的硬件和软件的数量。

完好性监测应对与卫星有关的误差和格网点电离层误差分别处理,与卫星有关的误差以 UDRE 和 GIVE 表示。正常状态下,这些误差直接广播给用户。当差分改正数(卫星快变改正、卫星长期改正或电离层垂直延迟改正)超过电文结构的范围,或误差界限(UDRE 或 GIVE)超出电文结构的范围时,则视为存在告警条件,系统向用户送出告警电文。告警信息应在规定的告警时间内发出(6s),误差信息更新率按不同类型误差分别设置。

📐 2.3　参考站数据处理方法

参考站是星基增强系统的重要基础设施,它提供计算星基增强系统差分改正及完好性信息所需要的基本观测数据。参考站采取全自动工作方式,所有设备由参考站数据处理系统统一管理。来自双频 GNSS 接收机、气象传感器、通信终端等设备的数据均实时传送至参考站数据处理系统,经处理后将所需数据由通信终端发往中心站。下面介绍参考站数据处理的相关模型。

2.3.1　基本观测模型及处理流程

假定在参考站用双频接收机以每秒一次的采样率得到 L1 和 L2 的伪距和载波相位,则有伪距观测量 ρ_1 和 ρ_2 及相位观测量 φ_1 和 φ_2。由于相位观测比伪距观测受到多路径及观测噪声的影响要小,用双频相位观测可以平滑伪距观测量,同时产生电离层延迟的估值。载波平滑算法的输出是:已消除电离层延迟的平滑伪距估值和精确的电离层延迟估值。

平滑后,伪距估值可以模型化为

$$\rho_i^j = (\mid \boldsymbol{r}_i^j \mid - B^j + b_i) + T_i^j + \varepsilon_i^j \tag{2.4}$$

式中:$\boldsymbol{r}_i^j$ 为卫星 j 到测站 i 的距离;B^j 为卫星钟对 GNSS 时间的真偏差;b_i 为接收机钟差;T_i^j 为对流层误差;ε_i^j 为多路径及接收机噪声误差。从平滑的测量伪距中减去由导航电文数据和已知参考站位置计算的卫星到测站的距离,进一步消除由导航电文中给出的卫星钟偏差。这样,伪距残差表达为

$$\begin{aligned} \Delta\rho_i^j &= \mid \boldsymbol{r}_i^j \mid - \mid \boldsymbol{r}_i^{(j,B)} \mid + b_i - (B^j - B^{(j,B)}) + T_i^j + \varepsilon_i^j = \\ &\quad \Delta\boldsymbol{r}^j \cdot \mathbf{1}_i^j + b_i - (B^j - B^{(j,B)}) + T_i^j + \varepsilon_i^j = \\ &\quad \Delta\boldsymbol{r}^j \cdot \mathbf{1}_i^j + b_i - \Delta B^j + T_i^j + \varepsilon_i^j \end{aligned} \tag{2.5}$$

式中:$\Delta \boldsymbol{r}^j$ 为连接卫星真位置 $\boldsymbol{r}^j$ 和导航电文给出的卫星位置 $\boldsymbol{r}^{(j,B)}$ 的矢量;$\mathbf{1}_i^j$ 为从卫星 j 到参考站 i 的单位矢量;$B^{(j,B)}$ 为按照导航电文给出的卫星钟偏差。

根据高度角和气压、温度及湿度的测量值计算对流层延迟估值,并从伪距残差中减去。利用简单的平均算法估计参考站钟偏差,即同一测站所有观测卫星的伪距残差取平均,然后将其从平滑伪距残差中减去,得到

$$\Delta \rho_i^j = \Delta \boldsymbol{r}^j \cdot \mathbf{1}_i^j + \Delta b_i - \Delta B^j + \varepsilon_i^j \tag{2.6}$$

最后,这些伪距残差同电离层延迟估值一起送到中心站,整个处理流程见图 2.2。

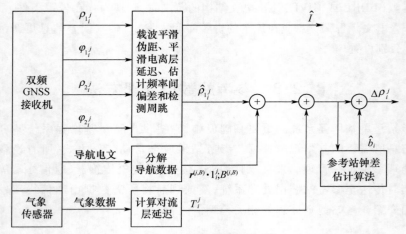

图 2.2   参考站数据处理方框图

总之,在参考站的数据处理包括下列工作:
(1) 计算 L1 伪距的接收机噪声;
(2) 相位平滑伪距及电离层延迟计算;
(3) 计算电离层延迟变率和检测相位序列周跳;
(4) 计算频率间偏差;
(5) 从伪距中减去到卫星的名义距离;
(6) 伪距加广播的卫星钟差改正;
(7) 伪距加电离层改正和对流层改正;
(8) 从所有可见卫星伪距估计参考站钟差;
(9) 计算伪距残差及其置信值。

2.3.2   相位平滑伪距和电离层延迟计算

消除对流层误差之后,GNSS 观测方程可表示如下:

$$\rho_1 = r + I - B + b + \varepsilon_{\rho_1} \tag{2.7}$$

$$\rho_2 = r + \gamma I - B + b + \varepsilon_{\rho_2} \tag{2.8}$$

$$\varphi_1 = r - I - B + b + N_1\lambda_1 + \varepsilon_{\varphi_1} \tag{2.9}$$

$$\varphi_2 = r - \gamma I - B + b + N_2\lambda_2 + \varepsilon_{\varphi_2} \tag{2.10}$$

式中：I 为 L1 的电离层延迟；$\gamma = f_1^2/f_2^2$，f_1、f_2 为 L1、L2 的频率；$N_1\lambda_1$、$N_2\lambda_2$ 为 L1、L2 的相位模糊度；φ_1 和 φ_2 以距离为单位；其他符号的含义同式（2.4）。

由于载波相位的噪声比伪距小得多，可以用一个平均滤波器利用连续的载波相位平滑伪距[7]。Hatch 滤波器就是这样的滤波器，其表达式如下：

$$\tilde{\rho}_{1_k} = \frac{k-1}{k}\left[\tilde{\rho}_{1_{k-1}} + \Delta\varphi_{1_k}\right] + \frac{1}{k}\rho_{1_k} \tag{2.11}$$

式中：$\Delta\varphi_{1_k} = \varphi_{1_k} - \varphi_{1_{k-1}}$；下标 k 代表历元，k 是平均常数。

由于电离层延迟对伪距和相位的影响符号相反，Hatch 滤波会因为连续历元电离层变化而发散。在式（2.11）中，引入电离层变化的补偿量以解决发散问题，可以得到非发散的 Hatch 滤波：

$$\tilde{\rho}_{1_k} = \frac{k-1}{k}\left[\tilde{\rho}_{1_{k-1}} + \Delta\varphi_{1_k} - \frac{2}{\gamma-1}\Delta(\mathrm{d}\varphi_k)\right] + \frac{1}{k}\rho_{1_k} \tag{2.12}$$

式中：$\mathrm{d}\varphi_k = \varphi_{2_k} - \varphi_{1_k}$；$\Delta(\mathrm{d}\varphi_k) = \mathrm{d}\varphi_k - \mathrm{d}\varphi_{k-1} = \Delta\varphi_{2_k} - \Delta\varphi_{1_k}$。

对于 L2 上的观测量，同样可得

$$\tilde{\rho}_{2_k} = \frac{k-1}{k}\left[\tilde{\rho}_{2_{k-1}} + \Delta\phi_{2_k} - \frac{2\gamma}{\gamma-1}\Delta(\mathrm{d}\phi_k)\right] + \frac{1}{k}\rho_{2_k} \tag{2.13}$$

式（2.12）和式（2.13）相减得伪距差的滤波：

$$\mathrm{d}\tilde{\rho}_k = \tilde{\rho}_{2_k} - \tilde{\rho}_{1_k} = \frac{k-1}{k}\left[\mathrm{d}\tilde{\rho}_{k-1} - \Delta(\mathrm{d}\phi_k)\right] + \frac{1}{k}\mathrm{d}\rho_k \tag{2.14}$$

利用最小二乘中的加权平均原理，非发散的 Hatch 滤波，将转换为加权的 Hatch 滤波。假定伪距 ρ 和伪距差 $\mathrm{d}\rho$ 的相关可以忽略，并已知它们的标准差 σ_{ρ_1} 和 $\sigma_{\mathrm{d}\rho}$，则加权 Hatch 滤波表示如下：

$$\tilde{\rho}_{1_k} = \frac{\tilde{\sigma}_{\rho_{1,k}}^2}{\tilde{\sigma}_{\rho_{1,k-1}}^2}\left[\tilde{\rho}_{1_{k-1}} + \Delta\phi_{1_k} - \frac{2}{\gamma-1}\Delta(\mathrm{d}\varphi_k)\right]\frac{\tilde{\sigma}_{\rho_{1,k}}^2}{\sigma_{\rho_{1,k}}^2}\rho_{1_k} \tag{2.15}$$

式中：$\tilde{\sigma}_{\rho_{1,k}}^2$ 为平滑伪距的方差，可按下式计算，即

$$\frac{1}{\tilde{\sigma}_{\rho_{1,k}}^2} = \frac{1}{\tilde{\sigma}_{\rho_{1,k-1}}^2 + \hat{\sigma}_{\Delta\varphi_{1,k}}^2} + \frac{1}{\sigma_{\rho_{1,k}}^2} \tag{2.16}$$

式中：$\hat{\sigma}_{\Delta\phi_{1,k}}^2$ 为相位差的方差估计。已知 L1 和 L2 载波相位噪声的标准差 $\sigma_{\varphi_{1,k}}$ 和 $\sigma_{\varphi_{2,k}}$，分别计算 $\sigma_{\Delta\varphi_{1,k}}^2 = \sigma_{\varphi_{1,k}}^2 + \sigma_{\varphi_{1,k-1}}^2$ 和 $\sigma_{\Delta\varphi_{2,k}}^2 = \sigma_{\varphi_{2,k}}^2 + \sigma_{\varphi_{2,k-1}}^2$，则 $\hat{\sigma}_{\Delta\varphi_{1,k}}^2$ 计算如下：

$$\hat{\sigma}^2_{\Delta\varphi_{1,k}} = \left(\frac{\gamma+1}{\gamma-1}\right)^2 \sigma^2_{\Delta\varphi_{1,k}} + \left(\frac{2}{\gamma-1}\right)^2 \sigma^2_{\Delta\varphi_{2,k}} \tag{2.17}$$

一般 $\hat{\sigma}^2_{\Delta\varphi_{1,k}}$ 很小,$\tilde{\sigma}^2_{\rho_{1,k}}$ 可近似计算如下:

$$\frac{1}{\tilde{\sigma}^2_{\rho_{1,k}}} \approx \frac{1}{\tilde{\sigma}^2_{\rho_{1,k-1}}} + \frac{1}{\sigma^2_{\rho_{1,k}}} \tag{2.18}$$

对于伪距差 $\mathrm{d}\rho = \rho_2 - \rho_1$,同理可得

$$\mathrm{d}\tilde{\rho}_k = \frac{\tilde{\sigma}^2_{\mathrm{d}\rho,k}}{\tilde{\sigma}^2_{\mathrm{d}\rho,k-1}} \left[\mathrm{d}\tilde{\rho}_{k-1} - \Delta(\mathrm{d}\varphi_k) \right] + \frac{\tilde{\sigma}^2_{\mathrm{d}\rho,k}}{\sigma^2_{\mathrm{d}\rho,k}} \mathrm{d}\rho_k \tag{2.19}$$

式中:$\tilde{\sigma}^2_{\mathrm{d}\rho,k}$ 可由 $\hat{\sigma}^2_{\Delta(\mathrm{d}\varphi),k} = \sigma^2_{\Delta\varphi_{1,k}} + \sigma^2_{\Delta\varphi_{2,k}}$ 按下式计算:

$$\frac{1}{\tilde{\sigma}^2_{\mathrm{d}\rho,k}} = \frac{1}{\tilde{\sigma}^2_{\mathrm{d}\rho,k-1} + \hat{\sigma}^2_{\Delta(\mathrm{d}\varphi),k}} + \frac{1}{\sigma^2_{\mathrm{d}\rho,k}} \approx \frac{1}{\tilde{\sigma}^2_{\mathrm{d}\rho,k-1}} + \frac{1}{\sigma^2_{\mathrm{d}\rho,k}} \tag{2.20}$$

这样,由载波平滑伪距差及其方差可以计算电离层延迟及方差,计算如下:

$$I_{1_k} = \frac{\mathrm{d}\tilde{\rho}_k}{\gamma-1} \tag{2.21}$$

$$\sigma^2_{I_{1,k}} = \frac{\tilde{\sigma}^2_{\mathrm{d}\rho,k}}{(\gamma-1)^2} \tag{2.22}$$

则消除电离层延迟的 L1 伪距估值及方差为

$$\rho_{1_k} = \tilde{\rho}_{1_k} - \tilde{I}_{1_k} \tag{2.23}$$

$$\sigma^2_{\rho_{1,k}} = \tilde{\sigma}^2_{\rho_{1,k}} + \left(\frac{1}{\gamma-1}\right)^2 \tilde{\sigma}^2_{\mathrm{d}\rho,k} \tag{2.24}$$

2.3.3 利用电离层延迟率检测和修复相位周跳

在利用载波相位平滑伪距之前,必须对载波可能出现的周跳进行检测和修复。由于 L1 和 L2 频率的连续载波相位可以很精确地计算电离层延迟率,其精度可达到 0.2mm/s,因而它可以用来精确检测相位周跳。由 L1 与 L2 相位差的历元间变化量 $\Delta(\mathrm{d}\varphi_k)$ 可给出电离层延迟率及方差为

$$\dot{I}_{1_k} = \frac{1}{\gamma-1} \cdot \frac{\Delta(\mathrm{d}\varphi_k)}{\Delta t} \tag{2.25}$$

$$\sigma^2_{\dot{I}_{1,k}} = \frac{\sigma^2_{\Delta\varphi_{1,k}} + \sigma^2_{\Delta\varphi_{2,k}}}{(\gamma-1)^2 \Delta t^2} \tag{2.26}$$

式中:Δt 为采样间隔(s)。则电离层延迟率的估计按下式处理:

$$\hat{\dot{I}}_{1_k} = \frac{\tilde{\sigma}^2_{\dot{I}_{1,k}}}{\hat{\sigma}^2_{\dot{I}_{1,k-1}}} \hat{\dot{I}}_{1_{k-1}} + \frac{\tilde{\sigma}^2_{\dot{I}_{1,k}}}{\sigma^2_{\dot{I}_{1,k}}} \dot{I}_{1_k} \tag{2.27}$$

式中:$\bar{\sigma}^2_{i_{1,k}}$ 和 $\hat{\sigma}^2_{i_{1,k-1}}$ 由以下两式计算:

$$\frac{1}{\bar{\sigma}^2_{i_{1,k}}} = \frac{1}{\hat{\sigma}^2_{i_{1,k-1}}} + \frac{1}{\sigma^2_{i_{1,k}}} \tag{2.28}$$

$$\hat{\sigma}^2_{i_{1,k-1}} = \bar{\sigma}^2_{i_{1,k}} + q_{\dot{i}_1} \Delta t^2 \tag{2.29}$$

式(2.28)表示观测量更新,式(2.29)表示时间更新,$q_{\dot{i}_1}$ 为电离层延迟的噪声协方差(经验值设为 $(10^{-6}) \mathrm{m}^2/\mathrm{s}^2$)。

如果满足以下不等式,则 L1 或 L2 发生周跳。

$$|\dot{I}_{1_k} - \hat{\dot{I}}_{1_{k-1}}| > \mathrm{SF} \cdot \sqrt{\sigma^2_{\dot{i}_{1,k}} + \hat{\sigma}^2_{\dot{i}_{1,k-1}}} \tag{2.30}$$

式中:SF 为安全因子(通常取 5)。

当发生周跳时,为了使周跳对电离层延迟及其变率的影响最小,式(2.27)和式(2.29)必须做如下替换:

$$\hat{I}_{1_k} = \hat{I}_{1_{k-1}} \tag{2.31}$$

$$\hat{\sigma}^2_{i_{1,k}} = \bar{\sigma}^2_{i_{1,k-1}} + q_{\dot{i}_1} (2\Delta t)^2 \tag{2.32}$$

对于 $\mathrm{d}\tilde{\rho}_k$,式(2.19)应有

$$\Delta(\mathrm{d}\varphi_k) = (\gamma - 1) \cdot \hat{\dot{I}}_{1_{k-1}} \cdot \Delta t \tag{2.33}$$

$$\sigma_{\Delta(\mathrm{d}\varphi),k} = (\gamma - 1) \hat{\sigma}_{\dot{i}_{1,k-1}} \Delta t \tag{2.34}$$

由上面的推导可以看到,电离层延迟处理非常细致,因此,对于 L1 或 L2 上发生的周跳,在电离层延迟及其变率估计的输出中几乎没有影响。

如果满足以下不等式,则周跳发生在 L1。

$$|(\rho_{1_k} - \varphi_{1_k}) - [(\tilde{\rho}_{1_{k-1}} - \varphi_{1_{k-1}}) + 2\hat{I}_{1_{k-1}} \Delta t]| > \sqrt{\sigma^2_{\rho_{1,k}} + \tilde{\sigma}^2_{\rho_{1,k-1}} + \sigma^2_{\Delta\varphi_{1,k}} + (2\tilde{\sigma}_{\dot{i}_{1,k-1}} \Delta t)^2} \tag{2.35}$$

当 L1 发生周跳。滤波方程(2.14)和方程(2.15)须重置为 $\tilde{\rho}_{1_k} = \rho_{1_k}$ 和 $\tilde{\sigma}_{\rho_{1,k}} = \sigma_{\rho_{1,k}}$。

如果不满足式(2.35),则周跳发生在 L2。为了使 L2 周跳的影响在 L1 伪距估计输出中很小,式(2.14)和式(2.15)必须做以下改变,即

$$\Delta(\mathrm{d}\varphi_k) = (r - 1) \hat{\dot{I}}_{1_{k-1}} \Delta t \tag{2.36}$$

$$\tilde{\sigma}^2_{\Delta\varphi_{1,k}} = \sigma^2_{\Delta\varphi_{1,k}} + (2\hat{\sigma}_{\dot{i}_{1,k-1}} \Delta t)^2 \tag{2.37}$$

2.3.4　频率间偏差校准

GNSS 信号在卫星发射和接收机接收时,均存在频率间偏差的影响,频间偏差

（IFB）将影响电离层延迟量的估计和载波平滑伪距，其影响量可达几米[8]。在前面的载波平滑伪距和电离层延迟量的估计中，没有考虑频率间偏差，如顾及其影响，则式（2.7）~式（2.10）表示为

$$\rho_1 = r + I + T_{gd}^j - B + b + \varepsilon_{\rho_1} \tag{2.38}$$

$$\rho_2 = r + \gamma I + \gamma T_{gd}^j + R_i - B + b + \varepsilon_{\rho_2} \tag{2.39}$$

$$\varphi_1 = r - I + \gamma T_{gd,\varphi}^j - B + b + N_1 \lambda_1 + \varepsilon_{\varphi_1} \tag{2.40}$$

$$\varphi_2 = r - \gamma I + \gamma T_{gd,\varphi}^j + R_{i,\varphi} - B + b + N_2 \lambda_2 + \varepsilon_{\varphi_2} \tag{2.41}$$

式中：T_{gd}^j 为实际的（而不是广播的）卫星 j 的 L1 码的发射机频率间偏差；R_i 为接收机 i 的 L2 码频率间偏差，因为接收机计时取决于 L1 的 C/A 码，L1 的频率间偏差为零；$T_{gd,\varphi}^j$ 和 $R_{i,\varphi}$ 为对相位观测量的偏离量；其他符号同前面的表达式。

双频电离层延迟测量可以从上述 GNSS 测量的以下两个线性组合得到。

$$I_{1_\rho} = \frac{\rho_2 - \rho_1}{\gamma - 1} = I + \left(T_{gd}^j + \frac{R_i}{\gamma - 1} \right) + \varepsilon_\rho \tag{2.42}$$

$$I_{1_\varphi} = \frac{\varphi_1 - \varphi_2}{r - 1} = I + AMB + \varepsilon_\varphi \tag{2.43}$$

式中：AMB 代表 L1 载波和 L2 载波相位模糊度的组合及所受频率间偏差的组合。T_{gd}^j 和 R_i 使电离层延迟测量有偏于电离层延迟的真值，在 I_{1_ρ} 中的 $T_{gd}^j + \dfrac{R^j}{r-1}$ 使我们不能得到真正的电离层延迟测量，将其定义为频间偏差（IFB）。

卫星频率间偏差可由导航电文广播得到，但不够精确。接收机可以通过硬件调整，但难以实现，且偏差影响会漂移，并随硬件不同而不同。因此，在参考站数据处理中，必须实时精确估计频率间偏差的大小，从而以软件的方法进行调整。

从伪距和载波相位得到的电离层延迟有不同的偏差。用伪距得到的电离层延迟包含频率间偏差，用相位得到的电离层延迟还包含模糊度偏差。但是载波相位测量的多路径和噪声都要小得多，所以用相位电离层延迟可校准含在伪距电离层延迟中的频率间偏差。式（2.43）略去噪声，用倾斜因子可以重写为

$$I_{1_\varphi} = Ob \cdot I_v + AMB \tag{2.44}$$

式中：$Ob = \sec(Z)$ 为电离层投影函数，$Z = \arcsin[\cos E/(1 + h/R)]$ 为 GPS 信号在电离层穿刺点处的天顶距，E 为卫星相对于参考站的仰角，R 为地球平均半径，h 为电离层高度（一般取 350km）；I_v 为穿刺点垂直电离层延迟。

定义一个太阳-地磁坐标系，这个坐标系的参考面为地磁赤道面。在太阳-地磁坐标系内电离层被假设在一段时间内是不变的，可达 2 ~ 3h[9]。球谐模型是在该球坐标系模型化不变电离层的理想模型。取至一阶的球谐模型，有

$$I_v(\bar{\phi}, \bar{\lambda}) = J_0 \sin\bar{\phi} + (C_{11}\cos\bar{\lambda} + S_{11}\sin\bar{\lambda})\cos\bar{\phi} \tag{2.45}$$

式中:$\bar{\phi}$ 和 $\bar{\lambda}$ 为电离层穿刺点在太阳-地磁坐标系坐标的纬度和经度;J_0、C_{11} 和 S_{11} 为常量系数。

频率间偏差校准的方法是,以式(2.44)为基础将球谐模型最小二乘拟合至相位电离层延迟,将电离层常数偏差(模糊度)分开。通常半小时的观测数据是必要的,以便提供足够的高度角变化,保证分开。一旦常数偏差与电离层延迟分开,可以将电离层延迟回代到式(2.42),得到

$$T_{\text{gd}}^{j} + \frac{R_i}{r-1} = I_\rho - \text{Ob} \cdot I_v - \varepsilon_\rho \qquad (2.46)$$

进一步通过多个历元的平均,我们便可得到频率间偏差的精确估值,即

$$\text{IFB} = \left\langle T_{\text{gd}}^{j} + \frac{R_i}{r-1} \right\rangle \qquad (2.47)$$

式中:算符〈·〉为时间平均。

下面给出电离层穿刺点的地理纬度和地理经度转换到地磁坐标系的算式。电离层穿刺点(图 2.3)地理经纬度 Λ'、Φ' 由下式给出:

$$\Phi' = \arcsin(\sin\Phi_0\cos\alpha + \cos\Phi_0\sin\alpha\cos A) \qquad (2.48)$$

$$\Lambda' = \Lambda_0 + \arcsin(\sin\alpha\sin A/\cos\Phi') \qquad (2.49)$$

式中:Φ_0、Λ_0 为参考站的地理纬度和地理经度;α 为地心与参考站连线和地心与电离层穿刺点连线之间的夹角,$\alpha = \pi/2 - E - Z$,E 为卫星相对于参考站的仰角,Z 为 GPS 信号在电离层穿刺点处的天顶距;A 为参考站到卫星星下点的方位角,后面将给出其算式。

假设 S 为观测时间 t 的太阳格林尼治时角,S_0 为某一参考时间 t_0 的太阳格林尼治时角,则电离层穿刺点对于参考站位置的地理经差为

$$\Delta\Lambda = (S + \Lambda') - (S_0 + \Lambda_0) \qquad (2.50)$$

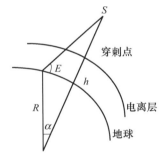

图 2.3 穿刺点示意图

下面将参考站和穿刺点的地理经纬度转化为地磁坐标(图 2.4),即由参考站和穿刺点的地理纬度 Φ、Φ' 转化为地磁纬度 ϕ、ϕ',同时获得两点的地磁经差 $\Delta\lambda$。

$$\cos\phi = \sin\Phi\sin\Phi_{\text{M}} + \cos\Phi\cos\Phi_{\text{M}}\cos(\Lambda_0 - \Lambda_{\text{M}}) \qquad (2.51)$$

$$\cos\phi' = \sin\Phi'\sin\Phi_{\text{M}} + \cos\Phi'\cos\Phi_{\text{M}}\cos(\Lambda' - \Lambda_{\text{M}}) \qquad (2.52)$$

$$\cos\Delta\lambda = \frac{\cos\sigma - \sin\Phi\sin\Phi'}{\cos\Phi\cos\Phi'} \qquad (2.53)$$

式中:$\Phi_{\text{M}} = 78.3°$(北);$\Lambda_{\text{M}} = 289.1°$(东);$\cos\sigma = \sin\Phi\sin\Phi' + \cos\Phi\cos\Phi'\cos\Delta\Lambda$。

电离层穿刺点的地磁经纬度(图 2.5)由下面的公式计算得到。

$$\cos A = \frac{\sin\phi - \sin\phi\cos\sigma}{\cos\phi\sin\sigma} \qquad (2.54)$$

$$sinA = cos\phi'sin\Delta\lambda / sin\sigma \tag{2.55}$$

$$sin\bar{\phi} = cos\phi sin\phi' - sin\phi cos\phi' cos\Delta\lambda \tag{2.56}$$

$$sin\bar{\lambda} = cos\phi'sin\Delta\lambda \tag{2.57}$$

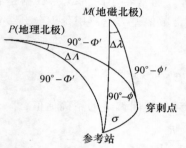

图 2.4　参考站和穿刺点地理坐标与地磁坐标关系

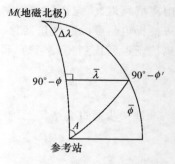

图 2.5　穿刺点地磁经纬度

2.4　卫星星历及钟差改正处理方法

在中心站上如何实时确定卫星星历误差和卫星钟差是卫星导航增强系统的核心问题之一。根据卫星轨道误差变化缓慢且具有系统性的事实,可以先用已消去电离层影响的双差观测值,确定并外推卫星轨道。然后把卫星轨道作为已知值,用伪距确定卫星钟差。这样可以将外推星历的剩余误差,合并到卫星钟差中,保证差分改正信息的一致性。本节着重讨论 GNSS 广播星历改正和卫星钟差改正的计算问题。

2.4.1　处理方法分析

来自各参考站的非差平滑伪距观测值中,已进行电离层延迟、对流层延迟改正,可以认为只含有卫星位置误差、卫星钟差和接收机钟差三种未知参数,模型如下:

$$\rho_i^j = \left[(r^j + dr^j) - r_i \right] \cdot e_i^j + db_i - dB^j + v_i^j \tag{2.58}$$

式中:$i = 1,2,\cdots,M$ 为参考站编号,M 为参考站总数;$j = 1,2,\cdots,K_i$ 为第 i 参考站可见卫星的编号,K_i 为第 i 参考站可见卫星总数;ρ_i^j 是第 i 参考站对第 j 卫星的已经消除电离层延迟和对流层延迟影响的平滑伪距;r^j 是第 j 卫星的广播星历位置矢量,r_i 是第 i 参考站的位置矢量,dr^j 是第 j 卫星的广播星历位置误差矢量,e_i^j 是第 i 参考站到第 j 卫星的单位方向矢量;db_i 是第 i 参考站接收机钟差;dB^j 是第 j 卫星的钟差;v_i^j 是相应伪距观测量的测量噪声。上式的集合形式写为

$$\left\{ \left\{ d\rho_i^j = \rho_i^j - \left[r^j - r_i \right] \cdot e_i^j = dr^j \cdot e_i^j + db_i - dB^j + v_i^j \right\}_{j=1}^{K_i} \right\}_{i=1}^{M} \tag{2.59}$$

一般的计算方法可以基于几何原理,就是将卫星位置误差、卫星钟差和接收机钟差都设为未知参数,利用最小二乘法一并求解。该算法简单快速,但对观测数据的质

量非常敏感,引起确定误差估值的不精确性,而且卫星位置误差和卫星钟差的完全分离是很困难的。对此方法的改进可以利用动态轨道模型法,即用最小范数解来处理不确定情况,用卫星运动动态模型提供平滑估计[10]。该方法虽然比几何法原理有所提高,但当卫星升落时,性能仍然较差。

根据卫星轨道误差变化缓慢且具有系统性的事实,可以先用双差组合方法,消去接收机钟差和卫星钟差参数,确定并外推卫星轨道。首先以中心站参考站 M 为基准作单差组合消去卫星钟差 $\mathrm{d}B^j$,得单差观测量:

$$\left\{ \left\{ \Delta \mathrm{d}\rho_{i,M}^j = \mathrm{d}\boldsymbol{r}^j \cdot (\boldsymbol{e}_i^j - \boldsymbol{e}_M^j) + \Delta \mathrm{d}b_{i,M} + v_{i,M}^j \right\}_{j=1}^{K_i} \right\}_{i=1}^{M-1} \qquad (2.60)$$

式中:Δ 为单差算子;$\Delta \mathrm{d}b_{i,M}$ 为第 i 参考站接收机钟相对于中心站 M 接收机钟的钟差。再以卫星 K_i 作为参考卫星,消去接收机钟差 $\Delta \mathrm{d}b_{i,M}$,形成相应双差观测量:

$$\left\{ \left\{ \nabla \Delta \mathrm{d}\rho_{i,M}^j = \mathrm{d}\boldsymbol{r}^j \cdot (\boldsymbol{e}_i^j - \boldsymbol{e}_M^j - \boldsymbol{e}_i^{K_i} + \boldsymbol{e}_M^{K_i}) + v_{i,M}^{j,K_i} \right\}_{j=1}^{K_i-1} \right\}_{i=1}^{M-1} \qquad (2.61)$$

式中:$\nabla \Delta$ 为双差算子。基于实时定轨结果外推精密星历,进行 GNSS 广播星历改正。然后把卫星轨道作为已知值,用消去了卫星钟差参数的单差伪距式(2.60)确定接收机钟差 $\Delta \mathrm{d}b_{i,M}$。最后用经过卫星星历和接收机钟差改正后的非差伪距观测值,确定卫星钟差 $\mathrm{d}B^j$。这样,可将外推星历的剩余误差合并到卫星钟差中,保证差分改正信息的一致性。

上述方法应用动力学模型和双差观测量确定卫星位置误差,既精确地模型化了轨道,又消除了轨道误差和钟误差的耦合,从而可以得到比较精确的星历误差。在得到精密轨道后,可以从无大气影响的观测伪距中分离出钟误差。

2.4.2　卫星位置改正数的处理

卫星位置改正数的计算过程包括:对观测值进行双差组合,形成双差观测式(2.61),并由卫星轨道确定处理模块完成精密轨道计算;利用实时外推精密星历,并结合已经确定的卫星轨道,内插改正数指定参考时刻的卫星位置和速度;根据GNSS 广播星历,计算出改正数指定参考时刻的各卫星的位置和速度;间隔一定时间(如 3min)计算一次精密星历与广播星历位置之差,获得卫星广播星历位置改正数,再由卫星广播星历改正数拟合计算其变化率。

双差观测值消除了接收机钟差和卫星钟差,仅含卫星位置误差参数,减少了未知参数个数。由于充分利用了最新的长弧观测资料,定轨精度一般优于 5m。在计算卫星广播星历改正数及其变化率时,采用精密星历与广播星历位置之差的方法,理论严密,计算直接简单,且精度较高。

GPS 卫星的定轨系统方程如下:

$$\ddot{\boldsymbol{X}}_{\mathrm{s}}(t) = -\frac{GM_{\mathrm{e}}}{|\boldsymbol{X}_{\mathrm{s}}(t)|^3}\boldsymbol{X}_{\mathrm{s}}(t) + \sum_{i=1}^{n} F_i(\boldsymbol{X}_{\mathrm{s}}(t), \overline{Q}(t)) \qquad (2.62)$$

$$Y(t) = G(X_S(t), R(t)(x_P(t) + \Delta x), P(t)) + W(t) \tag{2.63}$$

式（2.62）为卫星运动方程，右边第一项为质点地球引力加速度，第二项为作用在卫星上的摄动加速度，其中，$X_S(t)$ 为惯性系中的卫星位置矢量，GM_e 相乘为地心引力常数，$\bar{Q}(t)$ 为力模型参数。式（2.63）为观测方程，其中，$x_P(t)$ 为地固坐标系中的测站坐标，Δx 和 $R(t)$ 为地固系到惯性系的平移参数和旋转矩阵，$P(t)$ 为描述观测值中其他误差影响的模型参数，$W(t)$ 为观测噪声。

式（2.62）是一个二阶常微分方程组，其解由卫星轨道初值（卫星在某一时刻的位置和速度矢量）和力模型参数唯一确定。卫星定轨就是利用 GNSS 观测数据，根据式（2.63），求精确的卫星轨道初值和力模型参数。

为了将观测方程线性化，需要卫星位置矢量对卫星轨道初值和力模型参数的偏导数。将式（2.62）的右边记为 R，再就式（2.62）两边对卫星轨道参数和力模型参数（记为 Q）求偏导：

$$\frac{\partial \ddot{X}}{\partial Q} = \frac{\partial R}{\partial X}\frac{\partial X}{\partial Q} + \frac{\partial R}{\partial \dot{X}}\frac{\partial \dot{X}}{\partial Q} + \frac{\partial R}{\partial Q} \tag{2.64}$$

交换偏导和微分的顺序，并顾及 GNSS 卫星定轨中考虑的力模型都与卫星速度无关，即 $\partial \dot{X}/\partial Q = 0$，同时用 H 表示 X 对 Q 的偏导数，则得到卫星运动的变分方程：

$$\ddot{H} = \frac{\partial R}{\partial X}H + \frac{\partial R}{\partial Q} \tag{2.65}$$

这样，GNSS 卫星定轨的基本思想为：根据给定的卫星轨道初值和力模型参数的近似值，用数值积分的方法求出卫星运动方程和相应变分方程的数值解——卫星位置和速度矢量及其对卫星轨道初值和力模型参数的偏导数。然后根据式（2.63）建立相应的线性观测方程估计出精确的卫星轨道初值和力模型参数。最后，用估计出的卫星轨道初值和力模型参数对卫星运动方程积分得出精确的卫星轨道。

卫星轨道确定的精度主要取决于观测方程的精确度和力模型的精确度，也取决于决定误差积累和传递关系的卫星星座与跟踪站间构成的几何图形强度等。在这些影响精度的因素中，某些可以用观测值的线性组合或适当的布网和观测方案消除或降低其影响，某些必须用准确的数学模型处理。

星基增强系统用于实时定位服务，因此需要确定实时精密星历。实时精密星历只能根据卫星定轨的结果外推出来。最简单的方法是，通过卫星定轨得到精确的卫星轨道初值和力模型向外积分得到精密轨道。显然，外推时间越长，轨道精度越低。因此，除了基本的定轨问题外还要研究卫星轨道的快速预报。

用前三天的观测数据定轨得出的某个卫星的轨道初值和力模型参数（包括卫星三个位置参量、三个速度参量和三个太阳光压模型参数）为

$$X = \begin{bmatrix} X_1(t_0) & X_2(t_0) & X_3(t_0) & \dot{X}_1(t_0) & \dot{X}_2(t_0) & \dot{X}_3(t_0) & G_1 & G_2 & G_3 \end{bmatrix}^T$$

相应的外推轨道为

$$\boldsymbol{G}(t_i) = \begin{bmatrix} X_1(t_i) & X_2(t_i) & X_3(t_i) & \dot{X}_1(t_i) & \dot{X}_2(t_i) & \dot{X}_3(t_i) \end{bmatrix}^{\mathrm{T}}$$

式中：t_i 为外推轨道的历元时刻，此处历元间隔取 15min。

求出外推轨道对轨道初值和力模型参数的偏导数矩阵为 $\dfrac{\partial \boldsymbol{G}(t_i)}{\partial \boldsymbol{X}}$，由前三天的观测值和当天获得的观测值组成的法方程解出的初轨和力模型参数的改正数为

$$\delta \boldsymbol{X} = \begin{bmatrix} \delta X_1(t_0) & \delta X_2(t_0) & \delta X_3(t_0) & \delta \dot{X}_1(t_0) & \delta \dot{X}_2(t_0) & \delta \dot{X}_3(t_0) & \delta G_1 & \delta G_2 & \delta G_3 \end{bmatrix}^{\mathrm{T}}$$

由外推轨道对轨道初值和力模型参数的偏导数 $\dfrac{\partial \boldsymbol{G}(t_i)}{\partial \boldsymbol{X}}$ 及初轨和力模型参数的改正数 $\delta \boldsymbol{X}$ 外推下 2h 中任一 t_i 时刻的卫星轨道，即

$$\bar{\boldsymbol{G}}(t_i) = \boldsymbol{G}(t_i) + \frac{\partial \boldsymbol{G}(t_i)}{\partial \boldsymbol{X}} \cdot \delta \boldsymbol{X} \tag{2.66}$$

式中：$G(t_i)$ 为 t_i 时刻的参考轨道。

用上面的方法外推轨道，可用 1h 为一时段，取 15min 为外推间隔，外推下 2h 的卫星轨道，每颗卫星只需计算 8 次。由于这里采用微分方法外推轨道，避免了运动方程的积分，从而大大节省了计算量，有利于轨道的快速预报，能够满足实时性的要求。

2.4.3　卫星钟差改正数的处理

相对于卫星星历误差，卫星钟差影响大、变化快，所以确定卫星钟差的差分改正数是星基增强差分改正中的一项重要工作。在确定卫星轨道后，即可以将利用非差观测量式（2.59）来一并求解接收机钟差和卫星钟差。也可以将这两种未知参数分离求解，既可以简化计算，又便于质量控制。本节介绍分离求解方法。

在卫星位置改正后，先利用已消去卫星钟差的单差观测量式（2.60）直接求解接收机钟差。再利用已解得的接收机钟差代入非差观测量式（2.59）中，直接获得卫星钟差。由于卫星钟差是平滑伪距经卫星位置改正及参考站接收机钟差改正后的剩余量，它可以补偿外推星历的剩余误差，保证差分改正信息的一致性。但它不能补偿接收机钟差的剩余误差，所以要求接收机钟差精度较高。具体过程如下。

1）参考站接收机钟差计算

对观测值进行单差组合，形成单差观测方程，单差观测值消去了卫星钟钟差，不受选择可用性（SA）影响。经卫星位置改正后的单差伪距剩余量，即为各参考站相对于中心参考站 M 的接收机钟差：

$$\Delta \mathrm{d}b_{i,M} = \frac{1}{K_i} \sum_{j=1}^{K_i} \Delta \mathrm{d}\rho^j_{i,M} - \mathrm{d}r^j \cdot (e^j_i - e^j_M) \qquad i = 1, 2, \cdots, M-1 \tag{2.67}$$

在某一观测历元，各参考站平滑伪距观测值数量较小，精度较低，所得参考站钟差噪声较大，同时接收机钟差的剩余误差在后续的卫星钟差计算中得不到补偿，所以

它将对卫星钟差的精度产生较大影响。为了提高接收机钟差的精度,可以采用卡尔曼滤波算法,基于各参考站的持续测量,充分利用先验信息来平滑噪声,以获得精度较高的接收机钟差。

2)卫星相对钟差计算

将卫星位置改正和接收机钟差代入非差观测量式(2.59)中,得各卫星相对于中心参考站的钟差为

$$dB_M^j = dB^j - db_M = \frac{1}{M} \sum_{i=1}^{M} dr^j \cdot e_i^j + db_{i,M} - d\rho_i^j \qquad j = 1, 2, \cdots, K_i \quad (2.68)$$

将多个历元的卫星钟差拟合为一阶多项式 $dB_{M,S}^j = A_0 + A_1(t - t_0)$,即为卫星钟差慢变量。其中:$A_0$ 和 A_1 分别为卫星钟差慢变化的钟偏和钟漂;t 为测量历元时刻;t_0 为卫星钟差慢变化的参考时间。总的钟差值减去相应慢变化值,即为卫星钟差快变化:

$$dB_{M,F}^j = dB_M^j - dB_{M,S}^j \qquad\qquad (2.69)$$

一般每 3min 计算并更新一次慢变化 A_0 和 A_1,每 3s 更新一次快变化 $dB_{M,F}^j$。

2.4.4　数据处理质量控制

为了实时监控数据质量,并能及时剔除观测值中粗差的影响,应采用在数据处理之前就能检验数据质量的方法。由于实时外推精密星历精度较高,而且各参考站接收机钟差变化很稳定,将它们的预报值代入相应观测值中,观测值在没有粗差时,其相应残差(称为预报残差)应服从零均值正态分布。利用该性质可在数据处理之前进行质量检验。

1)双差观测值质量控制

双差观测值含有卫星位置参数,而实时定轨外推星历精度较高,将外推星历代入双差观测值,即可得双差观测值预报残差。无粗差预报残差应服从正态分布,利用该性质可实时监控双差数据的质量,及时剔除粗差的影响。

2)单差观测值质量控制

各参考站接收机钟的频率较稳定,钟差变化缓慢且平滑,可利用卡尔曼滤波预报残差来实时监控各参考站单差数据的质量,并事先剔除粗差的影响。单差观测值不含 SA 影响,可较好地反映出各卫星及各参考站观测数据质量。

3)非差观测值质量控制

卫星钟钟差是各参考站平滑伪距经卫星位置改正及参考站接收机钟差改正后的残差的平均值,相应方差反映了卫星钟差的精度。根据取均值后的各非差观测值的残差分布情况,判断并剔除观测值粗差的影响。

🔺 2.5　格网电离层延迟改正处理方法

电离层延迟是影响 GNSS 导航定位精度的主要误差源之一,是致使差分 GNSS 的

定位精度随用户和参考站间的距离增加而迅速降低的主要原因之一。双频技术可以有效地校正电离层延迟,但对于单频 GNSS 接收机,只能用电离层模型进行误差校正。由于电离层是随时间和地点而变化的,因此,还没有一种模型能非常准确地反映电离层变化的真实情况。另外,受 GNSS 接收机计算速度的限制,实用电离层模型也不可能太复杂。目前,单频 GPS 接收机通过 8 参数 Klobuchar 模型能修正 60% 的电离层误差[11]。

Klobuchar 模型计算垂直电离层延迟的表达式为

$$I_v = A_1 + A_2 \cos\left[\frac{2\pi(\tau - A_3)}{A_4}\right] \tag{2.70}$$

式中:$A_1 = 5 \times 10^{-9}$s(夜间值);幅度 $A_2 = \alpha_1 + \alpha_2\phi_M + \alpha_3\phi_M^2 + \alpha_4\phi_M^3$;$\tau$ 为当地时;初始相位 $A_3 = 50400$s(当地时 14:00);周期 $A_4 = \beta_1 + \beta_2\phi_M + \beta_3\phi_M^2 + \beta_4\phi_M^3$。其中 ϕ_M 为电离层穿刺点的地磁纬度,α_i 和 β_i($i = 1,2,3,4$)为卫星广播的电离层参数。

星基增强系统电离层改正处理,也可以利用 Klobuchar 模型改正法,即利用局部参考站观测数据计算上述 8 个参数,向用户广播,以改正区域内单频用户电离层延迟。这种区域性拟合参数法,有较少的参数传递,但不利于较大范围应用。当前普遍使用的电离层延迟改正方法是格网改正法,可以进一步提高电离层误差的校正精度。美国联邦航空管理局(FAA)的 WAAS 就是采用了这种电离层改正方法。

2.5.1　格网改正法基本思想

电离层延迟随时间、地点的改变而变化。为各个较小的区域分别提供实时电离层改正是提高精度的有效途径,格网电离层改正技术正是这样一种分别对各个小区域提供近乎实时电离层校正的方法。

格网电离层改正技术是基于一种人为规定的球面格网,如图 2.6 所示。该球面的中心与地心重合,半径 $r = r_E + h_I$,其中 r_E 为地球半径,h_I 是电离层电子密度最大处的平均高度(通常 h_I 为 350 ~ 400km)。在假想球面上也定义了相应的经线和纬线,格网点就分布在该假想球面上。在北纬 55° 和南纬 55° 之间,格网点的间隔一般为 5°,高纬度地区格网点的经差一般为 10° 及 15°[12]。如果地面监测网能近乎实时地提供各格网点的垂直电离层延迟改正数及相应的 GIVE 值,用户就可以利用格网内插法获得非常精确的电离层延迟改正及其用户电离层垂直延迟改正数误差(UIVE)。

格网改正法的大致过程如下:

(1)每个广域参考站用双频接收机测量可见卫星(高度角大于 5°)的电离层延迟,并转换为对应的穿刺点电离层垂直延迟及误差。电离层穿刺点(IPP)指广域参考站接收机天线至卫星天线的连线与假想电离层球面的交点。以上数据实时传送到广域中心站。

(2)广域中心站利用所有广域参考站的电离层数据估计出每个电离层格网点

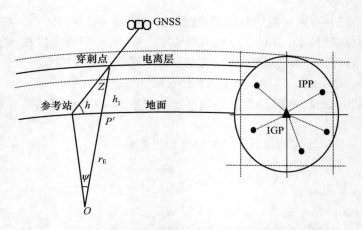

图 2.6　电离层延迟历经路径及电离层延迟格网图

（IGP）的垂直延迟及 GIVE 值。GIVE 定义为概率 99.9% 的误差限值（相当于 3.3σ）。

（3）这些格网点电离层改正数据经地面站上行传送给静地轨道卫星，数据更新周期为 2 ~ 5min。GEO 卫星再将改正数据播发给服务区内的用户。

（4）用户接收到这些格网点电离层改正数据后，利用其电离层穿刺点所在格网 4 个顶点的改正数据，用内插法求得用户的电离层延迟改正及误差。

2.5.2　格网点电离层延迟的确定

在星基增强系统的服务区域内，一定数量的地面参考站对 GNSS 卫星观测，则在格网面上形成许多离散的穿刺点。通过参考站数据处理，能按一定采样间隔给出这些穿刺点的垂直延迟值。对于格网面上任一格网点 j，用其周围一定范围的穿刺点，则可实时计算其相应的电离层垂直延迟值，同时得到延迟值的误差估计。

计算方法通常采用加权插值法，计算式如下：

$$I_{\mathrm{IGP},v}^{j} = \sum_{i=1}^{n} \left(\frac{I_{\mathrm{norm},j}}{I_{\mathrm{norm},i}} \right) \frac{W_{ij}}{\sum_{h=1}^{n} W_{kj}} I_{\mathrm{IPP},v}^{i} \qquad (2.71)$$

式中：$I_{\mathrm{norm},j}$ 和 $I_{\mathrm{norm},i}$ 是由 Klobuchar 电离层模型估算的格网点 j 及穿刺点 i 的垂直电离层延迟；n 为参与计算的穿刺点个数；W_{ij} 为穿刺点 $i(k)$ 至格网点 j 的权。应用 Klobuchar 模型，可反映地磁经纬度及时间季节的变化对电离层变化的影响，即用一名义延迟模型将穿刺点测量值运送到格网点位置，使得整个格网模型是连续的，其计算用 GNSS 广播星历给出的参数按式（2.70）进行[13]。

权 W_{ij} 一般简单地取为距离的倒数，即

$$W_{ij} = 1/d_{ij}^{\cdot} \qquad (2.72)$$

也可结合来自平滑的电离层延迟方差估计值 σ^2 赋权,即

$$W_{ij} = \sqrt{1/\sigma^2 + 1/d_{ij}^2} \tag{2.73}$$

式中:d_{ij} 的计算公式为

$$d_{ij} = (r_E + h_I)\arccos\left[\sin\phi_i\sin\phi_j + \cos\phi_i\cos\phi_j\cos(\lambda_i - \lambda_j)\right] \tag{2.74}$$

式中:ϕ_i、λ_i 为穿刺点 i 的纬度和经度;ϕ_j、λ_j 为格网点 j 的纬度和经度。当距离 d_{ij} 为 0 时,直接用该穿刺点的延迟值。

也可以利用电离层延迟方差估计值 σ^2 和距离相关因子 Δ 来定义权,即

$$W_{ij} = 1/\varepsilon_i^2 \tag{2.75}$$

式中:$\varepsilon_i = \sigma_i/\Delta_i$,$\Delta_i = 0.2 + 0.6 \cdot e^{-0.4d_{ij}/d_0}$,$\Delta$ 表示由误差传递引起的测量不确定性,d_0 为格网点间隔大圆距离(5°格网为 556km)。

需要说明的是,电离层的相关性是得出式(2.71)的依据。当距离很大时,相关性很小。因此,参与拟合计算的穿刺点的范围要限制在一定距离内,且要尽量均匀分布于格网点的四周。当电离层变化倾斜量不大时,距离取值范围可保证有 16 个格网点,如电离层变化倾斜量大于 1.6m/5°(5°为地心角),距离取值范围应保证有 4 个格网点。一般要求至少在格网点相连的 3 个区里存在穿刺点,这样可以保证用于拟合的穿刺点有足够密度,提高拟合效果。

GIVE 是星基增强系统完好性的一项重要指标,利用各参考站电离层延迟误差估计值可给出其计算式如下:

$$\mathrm{GIVE} = 1\left/\sqrt{\sum_{i=1}^{n}\varepsilon_i^2}\right. \tag{2.76}$$

更加准确的 GIVE 的计算需基于直接观测量采用统计验证方法,其与参考站的分布及双频接收机测量误差有着密切的联系。

2.5.3　用户电离层改正的内插

用户接收到星基增强系统广播的格网点电离层延迟后,可采用内插法计算用户穿刺点的电离层延迟,即利用穿刺点所在格网顶点的校正数据进行加权计算。用户穿刺点的垂直电离层延迟 I_u 计算公式为

$$I_u = \sum_{j=1}^{K} W_j \cdot I_{\mathrm{IGP,v}}^{j} \tag{2.77}$$

式中:K 为用于内插的格网点个数,一般为 4,见图 2.7。但当 4 个格网点中的某一个不可用时,如剩余的 3 个点包围了用户穿刺点,则用这 3 个点计算,见图 2.8。否则,按用户穿刺点的延迟值不可得到处理。

当 K 为 4 时,权可取为

$$\begin{cases} W_1 = W(x, y) \\ W_2 = W(1-x, y) \\ W_3 = W(1-x, 1-y) \\ W_4 = W(x, 1-y) \end{cases} \qquad (2.78)$$

式中：$x = \Delta\lambda / (\lambda_2 - \lambda_1)$；$y = \Delta\phi / (\phi_2 - \phi_1)$；权 $W(x, y)$ 可用简单的双线性模型计算，即

$$W(x, y) = xy \qquad (2.79)$$

也可用 Junkins 加权法，即

$$W(x, y) = x^2 y^2 (9 - 6x - 6y + 4xy) \qquad (2.80)$$

Junkins 加权法比简单双线性法的相关性更强一些，WAAS 推荐采用前者。根据分析，加上前面的距离倒数加权法，三种内插方法的效果基本一致。

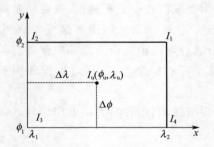

图2.7　4个点内插示意图

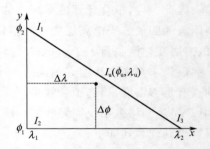

图2.8　3个点内插示意图

当 K 为 3 时，权取为

$$\begin{cases} W_1 = y \\ W_2 = 1 - x - y \\ W_3 = x \end{cases} \qquad (2.81)$$

利用用户穿刺点的倾斜因子 F_u，相应的倾斜电离层延迟估计为

$$I_{u,s} = F_u \cdot I_{u,v} \qquad (2.82)$$

用户视线方向的电离层延迟误差可用同样的插值方法计算，计算式如下：

$$\sigma_{\mathrm{UIVE}}^2 = \sum_{j=1}^{K} W_j \cdot \sigma_{\mathrm{GIVE},j}^2 \qquad (2.83)$$

$$\sigma_{\mathrm{UIRE}}^2 = F_u^2 \cdot \sigma_{\mathrm{UIVE}}^2 \qquad (2.84)$$

式中：$\sigma_{\mathrm{GIVE},j}^2$ 由 GIVE 得到；σ_{UIVE}^2 为用户穿刺点电离层垂直改正误差；σ_{UIRE}^2 为相应的电离层视线改正误差。

▲ 2.6　接收机应用数据处理方法

　　GNSS 星基增强系统的最终目的是通过用户接收机向导航用户提供高精度并有完好性保证的定位服务,因此,用户接收机是系统的重要组成部分。本节将介绍用户接收机的基本组成及各项处理功能。

2.6.1　主要功能及基本组成

　　星基增强用户接收机的基本任务是同时接收卫星的观测数据以及广播的差分改正及完好性信息,经差分改正信息处理、定位解算、完好性分析、坐标转换、导航处理等,最终得到实时 GNSS 差分定位导航结果和完好性信息。用户接收机信息处理主要功能模块包括:GNSS 卫星和同步卫星的观测数据接收,同步卫星差分及完好性信息的接收,差分改正信息处理及定位解算,完好性分析处理,空间及平面坐标转换,高程系统转换,导航参数计算,标准导航信息(NMEA-0183 格式)输出等。

　　星基增强用户接收机主要由以下几部分组成:天线单元、GNSS 信号接收单元、同步卫星信号接收单元、数据解码验证与差分定位处理单元(数据处理单元)、用户接口单元和电源单元。其总体结构如图 2.9 所示。

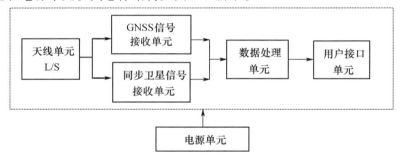

图 2.9　用户接收机总体结构图

　　1）天线单元

　　天线单元的基本功能是把来自卫星的极其微弱信号转化为相应的电流量,并经前置放大器送入射频部分进行频率变换,以便接收单元对信号进行跟踪、处理和量测。由于 GNSS 信号与同步信号需共用天线,因此对其提出了较高要求。

　　2）GNSS 信号接收单元

　　GNSS 信号接收机接收来自天线的微弱信号,进行低噪声放大、滤波和选频、偏移四相相移键控(OQPSK)解调、扩频解调以实现对卫星的捕获和锁定。数字信号处理器(DSP)能够处理多达 12 个信道的信息,即最多跟踪捕获 12 颗卫星,从而获得来自这些卫星的 GNSS 信号,并进行单点定位和数据输出。

　　3）同步卫星信号接收单元

　　一般同步卫星信号采用扩频方式、OQPSK 编码调制。同步卫星信号接收单元接收经过天线单元处理的空中信号,对其进行 OQPSK 解调、解扩、纠错译码,然后送给数据处理单元。

4)数据处理单元

数据处理单元依据 GNSS 信号接收单元和同步卫星信号接收单元所取得的观测信息和差分信息计算差分改正数,并进行差分定位解算和必要的坐标变换,最后将定位结果及相关信息传送至用户接口单元。此外还可进行键盘命令处理、设备自检、初始化和状态设定,数据掉电保护等。

5)用户接口单元

用户接口单元从数据处理单元取得广域差分定位信息和通信信息,对定位信息进行航线校对和导航计算,并在显示屏上输出导航结果或通过标准串口以NMEA-0183格式输出。用户接口单元还能通过键盘设置或输入相关信息,并能通过蜂鸣器实时报警。

6)电源单元

电源单元的主要功能是为各单元提供工作电压和为工作电池充电。用户机可外接直流电源供电,同时为工作电池充电。当外接电源掉电后可自动切换为电池供电。用户机有内嵌微电池,用于长期保存数据,并具有过压、过流保护和软启动功能。

2.6.2 广域差分定位处理过程

广域差分定位处理过程包括卫星位置计算及差分改正,卫星时钟快变、慢变改正计算,电离层延迟改正计算,广域差分单点定位解算。

1)计算 GNSS 卫星当前所处位置

利用接收得到的 GNSS 卫星广播星历参数计算观测时刻 t 对应卫星发射信号时刻 T^j 所处位置 (X^j, Y^j, Z^j),其计算步骤如下:

(1)计算卫星的真近点角和卫星相对升交点角距;

(2)计算摄动改正项;

(3)计算改正后的向径、真近点角、轨道倾角和升交点经度;

(4)计算卫星在轨道平面中的位置;

(5)计算卫星在地心坐标系中的位置。

2)改正 GNSS 卫星位置

利用同步卫星广播的 GNSS 卫星改正参数 $(\Delta X^j, \Delta Y^j, \Delta Z^j)$ 和 $(\Delta \dot{X}^j, \Delta \dot{Y}^j, \Delta \dot{Z}^j)$、参考时间 T_0、观测时刻 t 对应卫星发射信号时刻 T^j,修正前面计算的 GNSS 卫星所处位置。具体改正公式如下:

$$\begin{bmatrix} \delta X^j \\ \delta Y^j \\ \delta Z^j \end{bmatrix} = \begin{bmatrix} \Delta X^j \\ \Delta Y^j \\ \Delta Z^j \end{bmatrix} + \begin{bmatrix} \Delta \dot{X}^j \\ \Delta \dot{Y}^j \\ \Delta \dot{Z}^j \end{bmatrix} (T^j - T_0) \tag{2.85}$$

$$\begin{bmatrix} X^j \\ Y^j \\ Z^j \end{bmatrix}_{\mathrm{corr}} = \begin{bmatrix} X^j \\ Y^j \\ Z^j \end{bmatrix} + \begin{bmatrix} \delta X^j \\ \delta Y^j \\ \delta Z^j \end{bmatrix} \tag{2.86}$$

卫星位置改正数对应的伪距改正数为

$$\delta \rho_S^j = e_x^j \delta X^j + e_y^j \delta Y^j + e_z^j \delta Z^j \tag{2.87}$$

3）卫星钟差改正计算

依钟差改正快变分量 ΔT_f^j、钟差改正慢变分量 A_0^j 和 A_1^j、参考时间 T_0、观测时刻 t 对应卫星发射信号时刻 T^j 计算卫星钟钟差改正 δt^j。

$$\delta t^j = \Delta T_f^j + [A_0^j + A_1^j (T^j - T_0)]c \tag{2.88}$$

式中：c 为光速。

4）电离层延迟改正计算

基本处理步骤包括：计算用户视线电离层穿刺点的经纬度；确定穿刺点所在的格网单元；计算穿刺点处的电离层垂直延迟。

5）定位解算

定位解算为依改正后的伪距观测量和卫星位置进行单点定位解算,取得导航解。

2.6.3 完好性处理

在进行差分改正和单点定位解算时,同时对同步卫星广播的完好性信息进行分析处理,以确定观测卫星"不可用"或"未被监测"。若卫星处于告警状态、差分改正数及误差超限,或不能取得电离层延迟改正,则该卫星不参与差分处理。若导航定位解的精度估计值超出用户给定门限,则告警显示,报告用户。具体内容见第 5 章。

除了利用同步卫星广播的完好性信息进行完好性分析外,用户接收机还应能利用接收机自主完好性监测(RAIM)以检测局部观测误差的影响。具体处理方法见第 4 章。

2.6.4 对流层延迟改正处理

对流层延迟属于局部误差,用户接收机在进行广域差分改正时,应同时计算局部的对流层延迟改正,以提高伪距精度。

WAAS 采用的对流层延迟改正模型形式如下[14]：

$$TC_i = -(d_{\mathrm{hyd}} + d_{\mathrm{wet}}) \times m(El_i) \tag{2.89}$$

式中：$m(El_i)$ 为对流层改正的投影函数,与卫星高度角有关,对于大于 5° 高度角的卫星,可利用下式计算,即

$$m(El_i) = \frac{1.001}{\sqrt{0.002001 + \sin^2(El_i)}} \tag{2.90}$$

d_{hyd} 与 d_{wet} 分别表示对流层的干分量和湿分量,由用户高程及 5 个气象参数的估值计算。在计算 d_{hyd} 与 d_{wet} 之前应先计算相应天顶方向的值 T_{hyd} 与 T_{wet},计算模型如下:

$$Z_{hyd} = \frac{10^{-6} K_1 R_d p}{g_m} \tag{2.91}$$

$$Z_{wet} = \frac{10^{-6} K_2 R_d p}{g_m(\lambda + 1) - \beta R_d} \times \frac{e}{T} \tag{2.92}$$

$$d_{hyd} = \left(1 - \frac{\beta H}{T}\right)^{\frac{g}{R_d \beta}} \times Z_{hyd} \tag{2.93}$$

$$d_{wet} = \left(1 - \frac{\beta H}{T}\right)^{\frac{(\lambda+1)g}{R_d \beta} - 1} \times Z_{wet} \tag{2.94}$$

式中:$g = 9.80665 \text{m/s}^2$;$g_m = 9.784 \text{m/s}^2$;H 为海拔高度(m);$K_1 = 77.604 \text{K/mbar}$(1bar = 10^5Pa),$K_2 = 382000 \text{K}^2/\text{mbar}$;$R_d = 287.054 \text{J/(kg·K)}$。

气象参数:气压 p(mbar)、温度 T(K)、水汽压 e(mbar)、温度变化率 β(K/m)、水汽变化率 λ 可由当前观测所在纬度 ϕ 和年积日 D 插值计算,插值公式如下:

$$\xi(\phi, D) = \xi_0(\phi) - \Delta\xi(\phi) \cos\frac{2\pi(D - D_{min})}{365.25} \tag{2.95}$$

式中:$D_{min} = 28$(北纬)或 $D_{min} = 211$(南纬);$\xi_0(\phi)$ 和 $\Delta\xi(\phi)$ 分别是不同纬度的气象参数平均值和季节变化值,在表 2.1 条件下由下式插值得到:

$$\xi_0(\phi) = \xi_0(\phi_i) + [\xi_0(\phi_{i+1}) - \xi_0(\phi_i)]\frac{\phi - \phi_i}{\phi_{i+1} - \phi_i} \tag{2.96}$$

$$\Delta\xi(\phi) = \Delta\xi(\phi_i) + [\Delta\xi(\phi_{i+1}) - \Delta\xi(\phi_i)]\frac{\phi - \phi_i}{\phi_{i+1} - \phi_i} \tag{2.97}$$

对流层延迟改正误差计算如下:

$$\sigma^2_{trop,i} = [\sigma_{TVE} \times m(El_i)]^2 \tag{2.98}$$

式中:σ_{TVE} 表示对流层垂直误差,一般取为 0.12m。

表 2.1　对流层延迟的气象参数表

纬度/(°)	平均值				
	p_0/mbar	T_0/K	e_0/mbar	β_0/(10^{-3}K/m)	λ_0
≤15	1013.25	299.65	26.31	6.30	2.77
30	1017.25	294.15	21.79	6.05	3.15
45	1015.75	283.15	11.66	5.58	2.57
60	1011.75	272.15	6.78	5.39	1.81
≥75	1013.00	263.65	4.11	4.53	1.55

（续）

纬度/(°)	季节变化值				
	$\Delta p / \text{mbar}$	$\Delta T / \text{K}$	$\Delta e / \text{mbar}$	$\Delta \beta / (10^{-3} \text{K/m})$	$\Delta \lambda$
≤15	0.00	0.00	0.00	0.00	0.00
30	−3.75	7.00	8.85	0.25	0.33
45	−2.25	11.00	7.24	0.32	0.46
60	−1.75	15.00	5.36	0.81	0.74
≥75	−0.50	14.50	3.39	0.62	0.30

▲ 2.7 信息传输及电文格式

WAAS 主控站计算的差分改正数包括快变改正数、慢变改正数和电离层改正数，并实时将需要播发的信息打包成标准的"电文类型"格式。WAAS 电文的定义在 RTCA 的标准文件中有详细说明[12]，表 2.2 列出了电文信息的主要类型。每帧电文长度 250bit，主控站以 250bit/s 的信息速率向注入站传送[15]。注入站将电文信息转换为卷积码，并上注到地球同步静止卫星，最终将这种数据码与扩频码调制成导航信号向用户播发。

表 2.2 WAAS 电文信息主要类型

电文类型	内容	说明
0	保留	WAAS 测试
1	PRN 标识	用于标识卫星
2~5	快变改正数	顺序播发 13 颗卫星的快变改正数，Type2 为 1~13 号星的改正数，以此类推
6	完好性信息	所有卫星的完好性信息
7	快变改正数的降效因子	快变改正数随时间变化的降效参数
9	GEO 导航电文	GEO 卫星的星历
10	非快变改正数降效因子	其他改正数（电离层，慢变改正数，伪距变化率）随时间的降效参数
12	WAAS 网络时间和 UTC 的时间	GPS 周计数和周内秒计数，与 UTC 的时间偏差
17	GEO 卫星历书	包括 3 颗 GEO 卫星的历书
18	IGP 标识	显示每个分带哪些 IGP 为活跃点
24	混合快变/慢变改正数	与卫星相关误差，包括一组 6 颗卫星的快变改正数和 2 颗卫星的慢变改正数
25	慢变改正数	2~4 颗卫星的慢变改正数，包括误差变化率

（续）

电文类型	内容	说明
26	电离层延迟改正数	提供每个分带中 15 个 IGP 的电离层延迟改正数和 GIVE
27	WAAS 增值服务信息	在 WAAS 重点服务区内增加 UDRE 修正信息
28	星历协方差矩阵	提供 2 颗卫星详细的 UDRE 协方差矩阵
62	测试信息	用于境内测试
63	空帧	无内容

电文一方面提供有关卫星和电离层延迟改正数，另一方面还提供各改正数修正后的误差范围，这个误差范围由一个变量对应，该变量服从正态分布。

参考文献

[1] 刘经南,等. 广域差分 GPS 原理和方法[M]. 北京:测绘出版社,1999.

[2] BREIVIK K. Estimation of multipath error in GPS pseudorange measurements[J]. Journal of the Institute of Navigation, 1997, 44(1): 43-53.

[3] HANSEN A. Correlation structure of ionospheric estimation and correction for WAAS[C]//Proceedings of ION NTM-2000, Anaheim, January 26-28, 2000:454-463.

[4] SKONE S, CANNON. M. E. Auroral zone ionospheric considerations for WADGPS[J]. Journal of The Institute of Navigation, 1998, 45(2):117-127.

[5] 陶昆. 广域增强系统(WAAS)研究[D]. 北京:中国空间技术研究院,1998.

[6] LOH R,et al. The U. S. wide area augmentation system (WAAS) [J]. Journal of the Institute of Navigation, 1995,42(3):435-465.

[7] MALLA R, WU J T. The service volume model: its philosophy and implementation[C]//Proceedings of ION GPS-98,Nashville, September15-18, 1998:131-146.

[8] 袁运斌,欧吉坤. GPS 观测数据中的仪器偏差对电离层延迟的影响及处理方法[J]. 测绘学报,1999, 28(2):110-113.

[9] MULIER T. WADGPS ionospheric correction model performance simulation[C]//Proceedings of ION NTM-95, Anaheim, January 18-20,1995:1237-1246.

[10] KEE C, PARKINSON B W. Wide Area Differential GPS[C]//Proceedings of ION GPS-90, Colorado, September19-21 ,1990: 587-598.

[11] 袁运斌,欧吉坤. WAAS 系统下单频 GPS 用户电离层延迟改正新方法[J]. 测绘学报,2000 (S1):96-102.

[12] RTCA SC-159. Minimum operational performance standards for airborne supplemental navigation equipment using global positioning system: RTCA/DO - 208 [S]. Washington DC: RTCA Inc., 1991.

[13] 王刚,魏子卿. 格网电离层延迟模型的建立方法与试算结果[J]. 测绘通报,2000, (9): 1-2.

[14] DODSON A H, et al. Assessment of EGNOS tropospheric correction model[C]//Proceedings of ION GPS-99, Nashville, September 14-17, 1999: 1401-1408.

[15] 牛飞. GNSS 完好性增强理论与方法研究[D]. 郑州:解放军信息工程大学, 2008.

第3章　地基增强系统

△ 3.1　引　言

传统的基于信标的空中交通管理系统难以满足激增的空中交通需求。与信标系统相比,GPS 具有全天候、全球覆盖等优势。此外,与其他着陆系统相比,基于 GPS 的着陆系统建设成本更低,因而受到了民用航空的青睐。然而,仅依靠 GPS 等卫星导航系统本身尚无法满足民用航空各飞行阶段对精度、完好性等性能的需求。首先,由于卫星星历、卫星钟差、电离层延迟、对流层延迟等误差影响,GPS 的定位精度约为10m,不能满足飞机精密进近等应用的要求。其次,民用航空对完好性等性能要求颇高,单靠 GPS 本身提供的完好性信息难以满足其需求。

在局部地区,由于误差的强相关性,利用差分 GPS(DGPS)原理,可以得到比广域差分更高的精度。在不大于 150km 的作用距离内,伪距差分可以得到 5～10m 定位精度,如采用相位平滑伪距,定位精度能达到 1～5m。在作用距离不大于 30km 范围内,利用载波差分可以得到厘米级精度,即使准载波差分也可得到分米级精度[1]。因此,对于精度要求更高、只在机场范围应用的Ⅱ类、Ⅲ类精密进近,应基于 DGPS 技术进行增强。

在 DGPS 的体系架构下,FAA 推动发展了两种 GPS 的增强系统:广域增强系统(WAAS)和局域增强系统(LAAS)。尽管 LAAS 的作用距离远小于 WAAS,但它能为用户提供更高的定位精度,当出现故障时在更短时间通知用户,因此,LAAS 能更好地满足 CAT Ⅰ、CAT Ⅱ 和 CAT Ⅲ 精密进近的性能要求[2]。随着 LAAS 逐渐被国际民航组织(ICAO)吸纳为正式标准,局域增强系统被统称为地基增强系统(GBAS)。需要指出的是,尽管目前很多区域差分系统也称为地基增强系统,但本书内容仅涉及服务于民用航空应用的地基增强系统。

服务于民用航空应用的地基增强系统,基本组成包括机场伪卫星(APL)、地面监测站、中心处理站、VHF 数据链和飞机用户。地面监测站一般设立 3 个或 4 个,这样即使其中的一个站失效,系统仍能正常工作,而且多个站同时工作,各站分别得到的差分改正数取平均将进一步提高改正数的精度,各站差分改正数的相互比较,也将给出系统的完好性信息,并可检测和排除有较大误差影响的站。多路径是局域差分GPS 的最大误差源,较有效的解决方法是设计专门的接收天线。

另外,GPS 卫星全部分布于地面上空,因而垂直精度衰减因子(VDOP)较大。基于上述原因,有必要增强局域差分 GNSS 的信号源,以增强其导航应用的可用性。一种较好的方法是在地面设置少量发射源,该发射源类似于 GPS 卫星的功能,称为伪卫星[3]。由于伪卫星基于地面设置,使用户的定位几何发生较大变化,特别是在垂直方向,使 VDOP 将变得很小,因而不仅增加了用户的观测卫星数量,而且使几何性能有较大提高,能有效增强局域差分 GPS 的可用性。有关伪卫星的研究内容很多,包括顾及“远近”影响的信号设计、信号数据率、信号完好性监测、布置要求、时间同步以及用户天线的位置和灵敏度等。在 GPS 单系统条件下,通常需要布设伪卫星改善几何结构,提高导航定位的可用性。而随着 Galileo 系统等导航系统的建成,每个星座均将由 24～30 颗卫星组成,可见卫星数将大大增加,这一问题将明显改善。

作为民用系统,地基增强系统将支持终端区的飞行、精密进近和着陆。单频条件下,由于电离层延迟在伪距和相位观测中符号相反,所以由相位平滑伪距而引入的误差逐历元累计。如果电离层活动剧烈或平滑时间不当,就会出现滤波器发散,从而使得定位精度降低。随着 GPS 的现代化,未来 GPS 将播发 L5 民用信号。而欧盟的 Galileo 系统和我国的北斗等卫星导航系统均播发多频信号。与单频信号相比,多频信号将带来多方面的优势。对于地基增强系统来说,最重要的优势在于可以利用双频信号降低电离层异常带来的风险。Konno 研究了双频条件下,地基增强系统的数据处理策略[4]。

本章首先介绍局域差分 GNSS 的基本原理,包括伪距差分、载波平滑伪距差分、载波差分及准载波差分,然后综合国外正在建设的地基增强系统,给出其基本组成设计、数据处理过程以及基准站天线设计情况,概要介绍伪卫星的发展及服务于机场范围的 APL 信号设计、设置方法等关键技术,最后简要介绍 GBAS 的信息传输及电文格式。与地基增强系统完好性监测有关的内容见第 6 章。

◢ 3.2　系统组成及工作流程

基于单基准站的局域差分 GNSS 能提高 GNSS 的定位精度,也能在一定程度上提供完好性保证。但当基准站受到较大误差影响或不能工作时,系统将无法连续工作。如果引入多个基准站,则即使其中的一个站失效,系统仍将正常工作。而且多个站同时工作时,各站分别得到的差分改正数取平均将进一步提高改正数的精度。各站差分改正数的相互比较,也将给出系统的完好性信息,并可检测和排除有较大误差影响的站。另外,多路径是局域差分 GNSS 的最大误差源,最好的办法是对基准站的天线采用专门设计,以尽可能地减弱多路径误差的影响。

当前的 GNSS 卫星星座并不能满足精密导航的可用性需求。其卫星数量有限,而且卫星本身也有故障率,需要定期检测和排除。另外,GNSS 卫星全部分布于地面上空,因而 VDOP 较大。基于上述原因,有必要增强 GNSS 卫星星座,以增强 GNSS 导航的可用性。一种较好的方法是在地面设置少量发射源,该发射源类似于 GNSS 卫星的功能,称为机场伪卫星(APL)。由于伪卫星基于地面设置,使用户的定位几何发生较大变化,特别是在垂直方向,使 VDOP 变得很小,因而不仅增加了用户的观测卫星数量,而且使几何性能有较大提高,能有效增强 GNSS 的可用性。

在局域差分 GNSS 的基础上,采取上述各项增强措施,组成一个较复杂的地面系统,将能有效改善 GNSS 定位的精度、完好性、连续性及可用性,整个系统称为 GNSS 地基增强系统。

3.2.1　系统基本组成

地基增强系统的基本组成如图 3.1 所示,它主要包括 GNSS 卫星、机场伪卫星、地面参考站、中心处理站、数据链路及用户六大部分,下面分述除 GNSS 卫星外的其余部分具体内容。

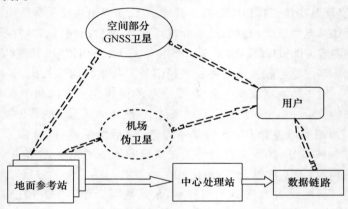

图 3.1　地基增强系统基本组成

1）机场伪卫星

服务于某机场精密进近的伪卫星称为机场伪卫星,它的引入是地基增强系统不同于局域差分 GNSS 的最主要改进。机场伪卫星是基于地面的信号发射器,能发射与 GNSS 一样的信号。设置机场伪卫星的目的是要提供附加的伪距信号以增强定位解的几何结构,因而提高导航可用性,使此机场的需求能被满足。伪卫星的数量及伪卫星的布置方案决定于机场的跑道设计及此机场的 GNSS 卫星几何情况。

2）地面参考站

地面参考站接收机能接收 GNSS 卫星及伪卫星信号。接收机数量决定于进近阶段及可用性需求,至少应有两个接收机。为支持Ⅱ、Ⅲ类精密进近的连续性需求,至少需要三个接收机。由于多路径误差是参考站接收机和用户接收机之间非共同误差的主要因素,多路径误差必须在参考站被有效抑制,以获得更好的精度。因此,参考站天线应专门设计,以抑制干扰直接信号的地面反射信号。天线应放置于不易产生多路径影响的位置,各天线应有一定距离,以避免各天线多路径影响的相关性。

3）中心处理站

中心处理站接收各参考站传输来的观测数据,经统一处理后,送数据链路。处理工作包括计算并组合来自每个接收机的差分改正数,确定广播的差分改正数及卫星空间信号的完好性,执行关键参数的质量控制统计,验证广播给用户的数据正确性。改正数观测误差值通过多参考站一致性检查计算得到,并与门限比较以检测和排除受到较大误差影响的观测量。

4）数据链路

数据链路包括参考站与中心站的数据传输和中心站向用户的数据广播。数据传输可以采用数传电缆。数据广播通过其高频(VHF)波段,广播内容包括差分改正及完好性信息。RTCA SC-159 开发的 VHF 数据广播,频率为 108 ~ 117.95 MHz,带宽为25 kHz,这将能为精密进近和着陆提供有效覆盖[5]。操作方式为时分多址(TDMA),速率为 2 帧/s,每帧包含 8 个时隙。调制方法为 31.5 kbit/s 的差分 8 相移键控(D8PSK),差分改正数更新率为 2 Hz。

5）用户

用户主要包括信号接收设备、用户处理器和导航控制器。信号接收设备不仅接收来自 GNSS 的信号,还要接收来自伪卫星的信号和地面站广播的差分改正及完好性信息。用户处理器对 GNSS 观测数据进行差分定位计算,同时确定垂直及水平定位误差保护级,以决定当前的导航误差是否超限。导航控制器主要用来控制显示导航参数,进一步与自动驾驶仪连接后实现飞机自动进近着陆。

3.2.2　系统工作流程

地基增强系统的处理工作主要包括地面和用户两部分。地面部分被设计用于向航空用户提供广播数据,并确保所有广播数据的完好性和可靠性。下面主要讨论六方面的处理功能。

1）空间信号(SIS)接收和解码

该功能负责在地面获得伪距和载波相位观测量,并且对来自 GNSS 卫星和 APL的导航电文进行解码。GNSS 接收机应有 0.1 m 级的伪距精度(载波平滑),并且需要有专门减小多路径误差的手段。接收和解码应重复执行 2 ~ 4 次,这决定于精密进近类别及可用性需求。

2）载波平滑和差分改正计算

该功能负责在地面计算伪距改正数及载波相位的变化量。具体处理包括:用载波相位变化量平滑伪距观测量,以减弱伪距观测量的快变误差(如由于接收机噪声的高频误差);用平滑伪距与由参考站和卫星已知坐标得到的计算伪距取差,产生伪距改正数;消除伪距改正数中的参考站接收机钟差的影响;对同一卫星不同参考站的改正数取平均。

3）完好性监测

该功能负责在地面确保伪距和载波相位差分改正数不会包含危险误导信息。它包括：信号质量监测，即监测由于参考站和用户不同的接收机处理技术引起的不能通过差分改正数消除的 GNSS 或伪卫星信号异常；电文数据检查，即检查是否所有参考站接收了相同的数据，并比较当前星历数据与以前的一致性；观测量质量检测，即检测伪距和载波相位观测数据是否有较大粗差，如伪距突变、载波周跳等；多参考站一致性检查，即比较每个参考站形成的改正数以检测各参考站可能存在的接收机故障和异常多路径。

4）性能分类

该功能负责在地面决定地面子系统的性能级别，它是基于地面站的健康状态（即参考接收机的可用数量），而不是卫星的可用性。

5）VHF 数据广播

该功能负责按一定格式对所有广播数据进行编码（信息＋误差控制）。它应有完好性保证功能，即在数据发射前后监测其正确性。广播的信息类型包括伪距观测量改正数、完好性参数、地面站性能类别。

6）用户处理

该功能负责在用户终端给出差分定位解，并确定结果的误差门限，即对用户接收机的观测数据和地面站广播的改正数进行差分改正定位计算。同时，对地面站广播的完好性信息通过完好性方程在定位域计算垂直及水平保护级，保护级与相应的 VAL 及 HAL 比较，以决定空间信号是否支持当前的导航，如果超限，应中止导航。

3.3 局域差分改正处理方法

GNSS 观测所受到的误差影响中，卫星星历、电离层、对流层是空间强相关的，卫星钟差是时间强相关的，因此，间隔在一定距离内（一般不超过 150km）的两个站，同步观测同一颗卫星，则两个站上的观测值可以认为包含相同的误差。如果将一个站设为基准站，其坐标已知，该站的实时观测数据通过通信链路传输到另一个站，即用户站，则用户站同时差分处理来自两个站的观测数据，可消除共同误差的影响。以伪距差分为例，将基准站所观测的每一颗 GNSS 卫星的伪距误差按伪距比例改正的信息（一般还需加上伪距改正变化率信息）通过数据通信链传输至邻近的用户站，用户站利用这一信息对其所观测的伪距进行改正，即可提高用户站定位精度。若利用载波相位观测量，则定位精度可以进一步提高，但技术比较复杂，而且基准站的作用范围目前一般不大于 30km。局域差分 GNSS 技术削弱用户站定位误差是基于同步同轨性原理的，即认为基准站和用户站的误差都与同一时空强相关，所以对基准站和用户之间的距离间隔和时间延迟都有较大限制。

局域差分 GNSS 技术的出现对 GNSS 应用有了极大推动,可以使 GNSS 广泛应用于引航、水下测量等工程。1983 年 11 月,国际海事无线电委员会(RTCM)为推广应用差分 GPS 业务设立了 SC-104 专门委员会,以便论证用于提供差分 GPS 业务的各种方法,并制定各种数据格式标准[6]。

除了获得较好的定位精度外,通过对 GNSS 信号的监测改正,差分 GNSS 还能提高导航的可靠性,甚至当 GNSS 卫星显示不健康信号时仍能工作[7]。由于基准站在卫星测距信号无法校正时,能立刻通知用户,所以改进了系统的完好性。

3.3.1　实时伪距差分

伪距差分是差分 GNSS 定位技术中应用最广泛的方法,其基本原理是:在坐标精确已知的基准站上,安装 GNSS 接收机,连续测量出全部卫星的伪距 ρ^i,并收集全部卫星的星历 $(A, e, \omega, \Omega, i, t)$。利用已采集到的轨道参数,计算出卫星在某一时刻的瞬间位置 (X_s, Y_s, Z_s)。由于基准点的坐标精确已知 (X_b, Y_b, Z_b),这样,利用卫星和基准站的坐标就可以计算出卫星到点位的真实距离 R^i 为

$$R^i = \sqrt{(X_s^i - X_b)^2 + (Y_s^i - Y_b)^2 + (Z_s^i - Z_b)^2} \tag{3.1}$$

式中:上标 i 表示卫星号。

由于轨道误差、SA 影响和电离层效应等,基准站 GNSS 接收机直接测量的伪距存在误差,与真距不同。两者之间的差值就是伪距改正数:

$$\Delta\rho^i = R^i - \rho^i \tag{3.2}$$

同时,利用前后历元的伪距改正数可求出其变化率:

$$\Delta\dot{\rho}^i = \frac{\Delta\rho^i(t) - \Delta\rho^i(t-1)}{\Delta t} \tag{3.3}$$

基准站将 $\Delta\rho^i$ 和 $\Delta\dot{\rho}^i$ 传送给用户站,用户站将对测量出的伪距进行修正,得到改正后的伪距:

$$\rho_{\text{corr}}^i(t) = \rho_{\text{meas}}^i(t) + \Delta\rho^i(t) + \Delta\dot{\rho}^i(t - t_0) \tag{3.4}$$

利用改正后的伪距,则可以计算出用户站的坐标。其观测方程如下:

$$\rho_{\text{corr}}^i = R^i + c \cdot d\tau + \upsilon = $$
$$\sqrt{(X_s^i - X)^2 + (Y_s^i - Y)^2 + (Z_s^i - Z)^2} + c \cdot d\tau + \upsilon \tag{3.5}$$

式中:$d\tau$ 为接收机钟差;υ 为接收机噪声。

利用改正后的伪距计算的用户站坐标,已经消除了卫星轨道误差和 SA 政策引起的卫星钟差,并大大减弱了电离层效应的影响。这种差分方法的优点是:

(1) 改正数可在 WGS-84(1984 世界大地坐标系)上计算,也可在当地坐标系上计算。前者用于大范围地区导航,后者则可用于小范围内测量,直接得到当地坐标。

(2) 同时提供伪距改正数和伪距改正数变化率,当某些原因导致差分信号短暂

丢失时,能够利用伪距改正数变化率继续进行差分定位。

(3) 基准站能够提供全部观测到的卫星的伪距改正数给用户,这样,就能允许用户选用共同观测卫星进行定位,不必考虑两站观测卫星是否完全相同。

3.3.2 单频相位平滑伪距

为提高伪距差分改正数的精度,通常采用相位平滑技术,这样使定位精度能达到1m。载波相位值的测量精度比码相位值的测量精度高出 2 个数量级。如果能知道载波频率的整周数,那么就获得了近乎无噪声的伪距值。一般情况下,无法获得载波相位整周数,但能获得载波多普勒频率计数。实际上,载波多普勒频率计数测量反映了载波相位变化信息,即反映了伪距变化率。在 GNSS 接收机中,一般利用这一信息作为用户的速度估计。考虑到载波相位测量的高精度,并且精确反映了伪距的变化,因此,利用这一信息来辅助码伪距测量,就可以获得比单独采用码伪距测量更高的精度。这一思想称为相位平滑伪距测量,又可将其分为载频多普勒计数平滑伪距和载波相位平滑伪距。这是由观测量的量纲不同而分类的。前者以频率周数为单位,后者以载波波长为单位。两者利用平滑技术进行伪距差分的方法是相同的。下面叙述相位平滑伪距差分原理。

根据式(3.5),伪距和相位的观测方程为

$$\rho^i = R^i + c \cdot d\tau + v \tag{3.6}$$

$$\lambda(\varphi^i + N^i) = R^i + c \cdot d\tau + v \tag{3.7}$$

式中:ρ^i 为经差分改正的用户站到第 i 个卫星的伪距;$d\tau$ 为钟差;φ^i 为观测的相位小数;N^i 为相位整周数;λ 为波长;R^i 为用户站到第 i 个卫星的真距离,其中包括用户站的三维坐标;v 为接收机测量噪声。

式(3.7)中包括相位整周数 N,又称为相位模糊度。在一次测量中是未知的,但卫星一旦锁定就保持不变。在动态测量中,利用这一特性完成历元间相位变化来平滑伪距。

现取 t_1、t_2 两时刻的相位观测量之差,即

$$\delta\rho^i(t_1,t_2) = \lambda[\varphi^i(t_2) - \varphi^i(t_1)] =$$
$$R^i(t_2) - R^i(t_1) + c[d\tau(t_2) - d\tau(t_1)] + v \tag{3.8}$$

若基准站和用户站 GPS 相位测量的噪声误差为毫米级,则对伪距而言,可视 $v=0$。

此时,在 t_2 时刻的伪距观测量为

$$\rho^i(t_2) = R^i(t_2) + c \cdot d\tau(t_2) + v \tag{3.9}$$

将式(3.8)代入式(3.9)中,得

$$\rho^i(t_2) = R^i(t_1) + c \cdot d\tau(t) + \delta\rho^i(t_1,t_2) + v \tag{3.10}$$

考虑到差分伪距观测值的噪声呈高斯白噪声,平均值为零,则由式(3.10)的 t_2

时刻差分伪距观测量经相位变化量回推出 t_1 时刻的差分伪距观测量,即

$$\rho^i(t_1) = R^i(t_2) + \delta\rho^i(t_1, t_2) \tag{3.11}$$

由式(3.11)看出,可以由不同时段的相位差回推求出 t_1 时刻的伪距值。假定有 k 个历元的观测值 $\rho^i(t_1), \rho^i(t_2), \cdots, \rho^i(t_k)$,利用相位观测量可求出从 t_1 到 t_k 的相位差值 $\delta\rho^i(t_1, t_2), \delta\rho^i(t_1, t_3), \cdots, \delta\rho^i(t_1, t_k)$。利用式(3.11)的关系,可求出 t_1 时刻 k 个伪距观测值,即

$$\begin{cases} \rho^i(t_1) = \rho^i(t_1) \\ \rho^i(t_1) = \rho^i(t_2) - \delta\rho^i(t_1, t_2) \\ \qquad\qquad \vdots \\ \rho^i(t_1) = \rho^i(t_k) - \delta\rho^i(t_1, t_k) \end{cases} \tag{3.12}$$

对由同一时刻推求的伪距值取平均,便得到 t_1 时刻的伪距平滑值,即

$$\overline{\rho^i(t_1)} = \frac{1}{k}\Sigma\rho^i(t_1) \tag{3.13}$$

式(3.13)为相位平滑的伪距观测量,大大减小了噪声误差。于是,平滑后的伪距值的误差方差为

$$\sigma^2(\bar{\rho}) = \frac{1}{k}\sigma^2(\rho) \tag{3.14}$$

求得 t_1 时刻的伪距平滑值后,可推求其他时刻的平滑值,即

$$\overline{\rho^i(t_k)} = \overline{\rho^i(t_1)} + \delta\rho^i(t_1, t_k) \qquad k = 2, 3, \cdots, n \tag{3.15}$$

显然,以上的推导仅适用于数据的后处理。为了用于实时差分的需要,采用一种类似于滤波形式的平滑方法。设初始条件为

$$\overline{\rho^i(t_k)} = \rho^i(t_1) \tag{3.16}$$

则可推求出 t_k 时刻的伪距值,即

$$\rho^i(t_k) = \frac{1}{k}\rho(t_k) + \frac{k-1}{k}\left[\rho^i(t_k - 1) + \delta\rho^i(t_{k-1}, t_k)\right] \tag{3.17}$$

式(3.17)可理解为,相位平滑的差分伪距值是直接差分伪距观测量与推算量的加权平均。

假定各颗卫星的伪距观测量是等精度的,则求解点位时观测方程的权阵只与平滑次数有关,对于 N 个卫星而言,其权阵为

$$\begin{bmatrix} k_1 & 0 & 0 & 0 & 0 \\ 0 & k_2 & 0 & 0 & 0 \\ 0 & 0 & \ddots & 0 & 0 \\ 0 & 0 & 0 & \ddots & 0 \\ 0 & 0 & 0 & 0 & k_n \end{bmatrix} \tag{3.18}$$

在得到平滑的伪距值后,可利用式(3.5)来求解用户站的坐标。

3.3.3　双频相位平滑伪距

前面简要介绍了局域增强系统中常用的改善伪距差分定位精度的方法——单频相位平滑(SFCS)伪距。从滤波的角度来说,相位平滑伪距的本质是低通滤波器,利用噪声小得多的载波观测量通过平均的方式减弱伪距多路径及观测噪声的影响。本节从电离层延迟影响的角度分析单频相位平滑伪距的缺点,然后介绍利用双频观测量消除电离层影响的两种相位平滑伪距算法。

如图 3.2 所示,单频相位平滑伪距的输入观测量为伪距 ρ 和载波相位 ϕ,两者相减可得如下观测量:

$$\chi_{\text{SFCS}} = 2I_{\text{L1}} - N_{\text{L1}} + \varepsilon_{\text{L1}} \tag{3.19}$$

式中:电离层项 $2I_{\text{L1}}$ 称为码相发散(code-carrier divergence)。

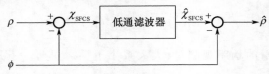

图 3.2　单频相位平滑滤波示意图

经过低通滤波平滑后有

$$\hat{\chi}_{\text{SFCS}} = 2\hat{I}_{\text{L1}} - N_{\text{L1}} + \hat{\varepsilon}_{\text{L1}} \tag{3.20}$$

与载波观测量组合可得平滑后的观测量

$$\hat{\rho}_{\text{SFCS}} = R + (2\hat{I}_{\text{L1}} - I_{\text{L1}}) + \hat{\varepsilon}_{\text{L1}} \tag{3.21}$$

如果电离层延迟 I_{L1} 是不变的,则低通滤波器对其没有影响,即 $\hat{I}_{\text{L1}} = I_{\text{L1}}$。反之,如果电离层延迟是随时间变化的,则滤波器会对其产生一定的影响。

假定原始码观测量中的电离层延迟是随时间变化的,即

$$I_{\text{L1}}(t) = I_{\text{const}} + \dot{I}t \tag{3.22}$$

若记平滑后观测量中的电离层延迟 $2\hat{I}_{\text{L1}} - I_{\text{L1}}$ 为 $\hat{I}$,则有

$$\hat{I} = I_{\text{const}} + 2\tau\dot{I} \tag{3.23}$$

式中:τ 为平滑时间。

无论是用户端还是地面参考站均可能受到电离层时变异常的影响,因此两者观测量平滑后的电离层延迟可分别记为

$$\hat{I}_{\text{a}} = I_{\text{a}} + 2\tau\dot{I}_{\text{a}} \tag{3.24}$$

$$\hat{I}_{\text{g}} = I_{\text{g}} + 2\tau\dot{I}_{\text{g}} \tag{3.25}$$

经过差分改正后,残余的电离层延迟可以表示为

$$\Delta\hat{I}_{\text{SFCS}} = \hat{I}_{\text{a}} - \hat{I}_{\text{g}} = (I_{\text{a}} - I_{\text{g}}) + 2\tau(\dot{I}_{\text{a}} - \dot{I}_{\text{g}}) \tag{3.26}$$

根据 Konno 的推导,式(3.26)可以变换为

$$\Delta \hat{I}_{\text{SFCS}} = \hat{I}_a - \hat{I}_g = \alpha \cdot (d_{\text{gu}} + 2\tau v_{\text{air}}) \tag{3.27}$$

式中:α 为电离层梯度;d_{gu} 为用户到地面参考站的距离;v_{air} 为飞机速度。

由式(3.27)可以更方便地分析残余的电离层延迟的影响。设飞机进近时速度为 0.07km/s,在判决点至地面参考站的距离为 5km。考虑最坏的情况,最大电离层延迟约为 0.4m/km,则最大残余电离层延迟影响为

$$\max(\Delta \hat{I}_{\text{SFCS}}) = 0.4(\text{m/km}) \times [5(\text{km}) + 2 \times 100(\text{s}) \times 0.07(\text{km/s})] = 7.6(\text{m}) \tag{3.28}$$

尽管这只是最坏的情况,但这样的误差显然会给飞机进近带来风险,因此,为确保可靠性这一风险须予以考虑。针对上述情况,有学者研究了基于双频观测量的相位平滑伪距方法——消电离层(ionosphere free)相位平滑伪距和码相无发散(divergence free)相位平滑伪距[8]。

1)双频消电离层相位平滑伪距

如图 3.3 所示,采用消电离层组合时,滤波器的输入观测量为

$$\rho_{\text{IF}} = \rho_{\text{L1}} - \frac{1}{\xi}(\rho_{\text{L1}} - \rho_{\text{L2}}) \tag{3.29}$$

$$\phi_{\text{IF}} = \phi_{\text{L1}} - \frac{1}{\xi}(\phi_{\text{L1}} - \phi_{\text{L2}})$$

式中:$\xi = 1 - f_1^2/f_2^2$。

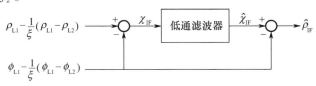

图 3.3　消电离层相位平滑滤波示意图

消电离层组合消除了电离层延迟的影响,因此不管电离层变化是否存在异常,差分改正后的残余电离层延迟为零,即

$$\Delta \hat{I}_{\text{IF}} = 0 \tag{3.30}$$

需要注意的是,消电离层组合也放大了噪声及多路径效应。这可能导致定位精度下降,从而影响可用性。

2)双频码相无发散相位平滑伪距

如图 3.4 所示,采用码相无发散组合时,滤波器的输入观测量为

$$\rho_{\text{L1}} = R + I_1 + \varepsilon_{\rho_1}$$

$$\phi_{\text{DF}} = \phi_{\text{L1}} - \frac{2}{\xi}(\phi_{\text{L1}} - \phi_{\text{L2}}) \tag{3.31}$$

则滤波后的差值和伪距观测值为

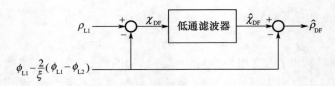

图 3.4   码相无发散相位平滑滤波示意图

$$\chi_{DF} = \varepsilon_{\rho_1} - N_{LC,DF} \tag{3.32}$$

$$\hat{\rho}_{DF} = \hat{\chi}_{DF} + \phi_{DF} = R + \hat{\varepsilon}_{\rho_1} + I_1 \tag{3.33}$$

由式(3.33)可以看出,与单频相比,采用码相无发散组合不会因为相位平滑引入新的误差,而与消电离层组合相比,该组合没有放大接收机噪声和多路径误差。

对于码相无发散平滑的方式来说,由于不受滤波器的影响,差分后的残余电离层延迟可表示为

$$\Delta \hat{I}_{DF} = \hat{I}_a - \hat{I}_g = \alpha \times d_{gu} \tag{3.34}$$

在最坏的情况下,残余的电离层延迟为

$$\max(\Delta \hat{I}_{DF}) = \alpha \times d_{gu} = 0.4 \text{m/km} \times 5 \text{km} = 2 \text{m} \tag{3.35}$$

3.3.4   实时载波相位差分

载波相位差分又分为相位差分和准相位差分。前者实时将一个站的载波相位观测量传送给另一个站,共同求解出基线分量。这种差分技术定位精度能达到厘米级,但存在着实时求解相位模糊度的关键问题。后者是由基准站发送伪距和相位改正数,使用户利用相位改正数进行点位计算,这种方法可达到分米级。两者特性差别如下:

(1) 相位差分发送的是整个相位原始观测量,其相位值范围为 ±8388608,而准相位差分发送的是相位改正数,其值范围为 ±32768。两者相比,数据的动态范围前者较后者大三个数量级以上。无疑,这样高的动态范围给所用的设备提出了非常高的要求。

(2) 相位改正数的数据长度较短。这一优点使得改正数变化率非常缓慢,由延迟引起的改正数误差也就不大,对基准站和用户接收机的时间同步要求也不高,这就不要求计算改正数的时间与利用改正数的时间严格一致。同时,由于时间测量不要求一致,对数据的延迟和数据链的可靠性的要求可以放松。因为数据变化率缓慢,用户可以允许在失效前应用这些数据。

(3) 准载波相位改正数可以采用较低的发送速率,如 1200bit/s,因改正数动态范围小,低发送率并不影响定位精度。例如,要保证 50cm 的定位精度,可以向前一分钟预推算出改正数及其变化率,只要求每分钟发送一次改正数及其变化率的新值,当然 SA 政策会严重降低向前预推的精度。而相位差分发送速率一般不得低于 9600bit/s。

（4）相位差分要求用户应用基准站相位原始观测值及精确位置,才能计算出用户的精确位置,因此要求计算机速度快、容量大。而相位改正数不要求计算卫星到用户的距离,只要求由于大气折射差值引起的基准站位置变化,而电离层和对流层效应的影响已经包括在发送电文中,这样就大大简化了数据处理的时间和复杂性。

（5）相位改正数要求用户站与基准站具有整体性和一致性,这就是说,在基准站上的全部计算必须与用户站上的计算完全兼容。例如,基准站计算出卫星到该站的精确距离,用户站也要进行同样的计算。

综上所述,发送相位改正数的准载波相位差分 GNSS 具有伪距差分的可靠性和具有与相位差分相接近的精度,是一种实用的高精度动态定位技术。

准载波相位差分传送的是载波相位改正数,而不是载波相位观测量,这样,要求的动态范围小、频带窄,因为载波相位改正数比载波相位观测量要小得多。以下推导求解载波相位改正数的算法。

在计算载波相位改正数时,首先要计算出整数 K_i^j,即

$$K_i^j \approx \frac{\rho_i^j(1) - \varphi_i^j(1)}{\lambda} \qquad (3.36)$$

式中:ρ 为伪距值;φ 为载波相位值;上标 j 代表卫星编号;下标 i 代表测站编号,在差分 GPS 定位中,$i = b$ 为基准站,$i = m$ 为流动站;(1)代表第 1 个历元;λ 为载波波长。于是式(3.36)变为

$$K_b^j \approx \frac{\rho_b^i(1) - \varphi_b^j(1)}{\lambda} \qquad (3.37)$$

式中:$\rho_b^j(1)$ 为 j 卫星在基准站 B 的第 1 个历元的伪距值;$\varphi_b^j(1)$ 为 j 卫星在基准站 B 的第 1 个历元的比例化的相位值。载波相位测量中并不能确定出相位整周模糊度 $N_b^j(1)$,这是因为此值是由计数器任意设定的。定义载波相位对应的距离值 $\Omega_b^j(1)$ 为

$$\Omega_b^j(1) = \varphi_b^j(1) + \lambda K_b^j \qquad (3.38)$$

式(3.38)中,由于整数 K_b^j 已经确定,因此载波相位距离的数字解接近于伪距。

在基准站上,可利用静态方法测定其地心坐标。这样,对每一颗卫星都根据基准站坐标和由星历计算的卫星坐标求出真正的站心距离 $P_b^j(1)$,同时根据式(3.38)计算出载波相位距离 $\Omega_b^j(1)$。这两者存在着不符值,即

$$L_b^j(1) = P_b^j(1) - \Omega_b^j(1) = \Delta N_b^j + \Sigma \qquad (3.39)$$

式中:ΔN_b^j 是由于 K_b^j 为近似值而存在的;Σ 为包括卫星钟差、接收机钟差、电离层效应、对流层效应、多路径效应等在内的误差总和。这里,并不要求知道精确的 K_b^j 值。因为 ΔN_b^j 很小,计算出的 $L_b^j(1)$ 值也很小,所要求传送的数据量也就很小。

对于每一颗卫星,我们计算出第 1 历元的平均不符值为

$$\mu_{\mathrm{b}}(1) = \frac{1}{n}\sum_{j=1}^{n} L_{\mathrm{b}}^{j} \tag{3.40}$$

式中:n 为卫星数。于是求得历元 1 的载波相位改正值为

$$\Delta\Omega_{\mathrm{b}}^{j}(1) = P_{\mathrm{b}}^{j}(1) - \Omega_{\mathrm{b}}^{j}(1) - \mu_{\mathrm{b}}(1) \tag{3.41}$$

由此推广之,从历元 t 到历元 $t-1$,此不符值将变为

$$L_{\mathrm{b}}^{j}(t,t-1) = L_{\mathrm{b}}^{j}(t) - L_{\mathrm{b}}^{j}(t-1) =$$
$$\left[P_{\mathrm{b}}^{j}(t) - P_{\mathrm{b}}^{j}(t-1) \right] - \left[\Omega_{\mathrm{b}}^{j}(t) - \Omega_{\mathrm{b}}^{j}(t-1) \right] \tag{3.42}$$

在历元 t 时的平均不符值为

$$\mu_{\mathrm{b}}(t) = \mu_{\mathrm{b}}(t-1) + \frac{1}{n}\sum_{j=1}^{n} L_{\mathrm{b}}^{j}(t,t-1) \tag{3.43}$$

式中:n 为在历元 t 时观测的卫星数。在历元 t 时 j 卫星的相位改正值为

$$\Delta\Omega_{\mathrm{b}}^{j}(t) = P_{\mathrm{b}}^{j}(t) - \Omega_{\mathrm{b}}^{j}(t) - \mu_{\mathrm{b}}(t) =$$
$$P_{\mathrm{b}}^{j}(t) - \left[\varphi_{\mathrm{b}}^{j}(t) + \lambda K_{\mathrm{b}}^{j} \right] - \mu_{\mathrm{b}}(t) \tag{3.44}$$

式(3.44)为准相位差分 GPS 发送的载波相位改正数。由数据链将此改正数传送到移动站供移动站计算坐标用。

在移动站收到基准站发送的相位改正数后,首先对测得的相位值进行改正,即

$$\overline{\Phi}_{\mathrm{m}}^{j}(t) = \varphi_{\mathrm{m}}^{j}(t) + \Delta\varphi_{k}^{j}(t) \tag{3.45}$$

然后,类似于静态测量求解基线一样,计算出基准站与移动站之间的单差观测值,即

$$\varphi_{\mathrm{b}}^{j}(t) - \varphi_{\mathrm{m}}^{j}(t) = \left[\rho_{\mathrm{b}}^{j}(t) - \rho_{\mathrm{m}}^{j}(t) \right] + \lambda N_{\mathrm{b,m}}^{j}(1) + \Sigma \tag{3.46}$$

利用式(3.39)和式(3.46),可以得到

$$-\varphi_{\mathrm{m}}^{j}(t) - \varphi_{\mathrm{b}}^{j}(t) = -\rho_{\mathrm{m}}^{j}(t) + \lambda\left[N_{\mathrm{b,m}}^{j}(1) + K_{\mathrm{b}}^{j} \right] - \mu_{\mathrm{b}}(t) + \Sigma \tag{3.47}$$

式(3.47)左端是已改正载波相位改正数 $\overline{\Phi}_{\mathrm{m}}^{j}(t)$ 的负值,利用两颗卫星之间的差值构成双差观测量,即

$$\overline{\Phi}_{\mathrm{m}}^{j,j+1}(t) = \overline{\Phi}_{\mathrm{m}}^{j+1} + \overline{\Phi}_{\mathrm{m}}^{j} =$$
$$\rho_{\mathrm{m}}^{j+1}(t) + \rho_{\mathrm{m}}^{j}(t) + \lambda\left[N_{\mathrm{b,m}}^{j,j+1}(1) + K_{\mathrm{b}}^{j} - K_{\mathrm{b}}^{j+1} \right] \tag{3.48}$$

在作业中,移动站至少观测 5 颗卫星,可以构成类似于式(3.48)的 4 个方程,可以求解出移动站经过相位差分改正的精确坐标,精度达到分米级。这种准相位差分技术与静态测量双差解不同,它应用的是经过修正的相位模糊度,即

$$\overline{N}_{\mathrm{b}}^{j,j+1}(1) = N_{\mathrm{b,m}}^{j,j+1}(1) + K_{\mathrm{b}}^{j} - K_{\mathrm{b}}^{j+1} \tag{3.49}$$

而不是 $N_{\mathrm{b,m}}^{j,j+1}(1)$ 值。这样,在计算移动站坐标时,就不需要知道基准站的坐标值,而只需在基准站上求出相位改正数。这样求出的移动站坐标精度比静态方法求出的稍

低,可达到分米级,但兼有伪距差分的优越性,因而成为实用有效的测量技术。为使不符值 $L_b^j(1)$ 尽量小,必须要求平均值 $\mu_b(t)$ 和载波相位改正数 $\Delta_b^j(t)$ 也要小,这就保证了数据传输负载小。如果增大传送相位改正数之间的时间间隔,则更会进一步使传送数据负载减小。换句话说,如果两历元间不符值的变化小于移动台测量精度,或者不符值的变化小到足以满足移动站定位精度的最低要求,就可以将一段时间内的相位改正数取平均后发送出去,即发送相位改正数的变化率 $\delta\Delta\varphi/\Delta t$,以实现差分功能。假定以 t_0 作为参考历元,移动站可用时间内插求出定位时刻的相位改正数,即

$$\Delta\varphi_k^j(t) = \Delta\varphi_k^j(t_0) + \frac{\delta\Delta\varphi_k^j}{\delta t}(t - t_0) \tag{3.50}$$

3.3.5　海基 JPALS 算法

3.3.4 节介绍了发送相位改正数的准载波相位差分定位原理,该方法的定位精度可以达到分米级。在正确估计整周模糊度的前提下,基于载波的相对定位可以获得高精度的定位结果。美国海军主导的舰载相对 GPS(SRGPS),又称为海基联合精密进近着陆系统(JPALS)或舰载 JPALS,即一种基于载波观测量的精密着陆系统,用户利用舰载设备传输的观测数据实现高精度的动态相对定位结果[9]。这里简要介绍其算法原理。

JPALS 通常配备双频的接收机,因此,参考站或用户端的 GNSS 观测量可表示为[10]

$$
\begin{cases}
P_1 = \rho + c(\mathrm{d}t_r - \mathrm{d}t_s) + T_{trop} + I_1 + M_{P_1} + d_a + \varepsilon_{P_1} \\
P_2 = \rho + c(\mathrm{d}t_r - \mathrm{d}t_s) + T_{trop} + \frac{f_1^2}{f_2^2}I_1 + M_{P_2} + d_f + d_a + \varepsilon_{P_2} \\
\phi_1 = \rho + c(\mathrm{d}t_r - \mathrm{d}t_s) + \lambda_1 N_1 + T_{trop} - I_1 + M_{\phi_1} + d_a + d_{\phi w,1} + \varepsilon_{\phi_1} \\
\phi_2 = \rho + c(\mathrm{d}t_r - \mathrm{d}t_s) + \lambda_2 N_2 + T_{trop} - \frac{f_1^2}{f_2^2}I_2 + M_{\phi_2} + d_a + d_{\phi w,2} + d_f + \varepsilon_{\phi_2}
\end{cases} \tag{3.51}
$$

式中:P_i 为伪距观测量;ϕ_i 为以距离表示的载波观测量;ρ 为接收机到卫星的真实几何距离;c 为真空中的光速;$\mathrm{d}t_r$ 为接收机钟差;$\mathrm{d}t_s$ 为卫星钟差;T_{trop} 为对流层延迟;I_1 为 L1 载波的电离层延迟;f_1、f_2 分别为 L1 和 L2 载波信号频率;M_P、M_ϕ 分别为多路径误差;d_a 为天线相位中心偏差;ε_P 和 ε_ϕ 分别为伪距和载波接收机噪声;d_f 为频间偏差;λ_1、λ_2 分别为 L1 和 L2 载波信号波长;N_1、N_2 分别为 L1 和 L2 载波整周模糊度,单位为周;$d_{\phi w,1}$、$d_{\phi w,2}$ 分别为 L1 和 L2 载波相位缠绕误差。

为了保证稳健性,JPALS 相对定位算法通常同时综合无几何和基于几何冗余两者的优势。在飞机进入或尚未进入服务范围内时,可以先形成无几何的观测量 Z_{GF}。

由式(3.51)中的伪距和载波观测量可分别形成窄巷伪距和宽巷载波观测量为

$$P_n = \left(\frac{P_1}{\lambda_1} + \frac{P_2}{\lambda_2} \right) \left(\frac{\lambda_1 \lambda_2}{\lambda_1 + \lambda_2} \right) =$$

$$\rho + c(dt_r - dt_s) + \frac{\lambda_1}{\lambda_2} I_1 + \left(\frac{\lambda_1}{\lambda_1 + \lambda_2} \right) d_f +$$

$$\left(\frac{\lambda_1 \lambda_2}{\lambda_1 + \lambda_2} \right) \left[\left(\frac{M_{P_1}}{\lambda_1} + \frac{M_{P_2}}{\lambda_2} \right) + \left(\frac{\varepsilon_{P_1}}{\lambda_1} + \frac{\varepsilon_{P_2}}{\lambda_2} \right) \right] \qquad (3.52)$$

$$\phi_w = \left(\frac{\phi_1}{\lambda_1} - \frac{\phi_2}{\lambda_2} \right) \left(\frac{\lambda_1 \lambda_2}{\lambda_2 - \lambda_1} \right) =$$

$$\rho + c(dt_r - dt_s) + \frac{\lambda_1}{\lambda_2} I_1 + \left(\frac{\lambda_1 \lambda_2}{\lambda_1 + \lambda_2} \right)(N_1 - N_2) - \left(\frac{\lambda_1 \lambda_2}{\lambda_2 - \lambda_1} \right) d_f +$$

$$\left(\frac{\lambda_1 \lambda_2}{\lambda_2 - \lambda_1} \right) \left[\left(\frac{M_{\phi_1}}{\lambda_1} - \frac{M_{\phi_2}}{\lambda_2} \right) + \left(\frac{d_{a\phi_1}}{\lambda_1} - \frac{d_{a\phi_2}}{\lambda_2} \right) + \left(\frac{\varepsilon_{\phi_1}}{\lambda_1} - \frac{\varepsilon_{\phi_2}}{\lambda_2} \right) \right] \qquad (3.53)$$

由宽巷载波观测量减去窄巷伪距观测量,可得

$$Z_{GF} = \phi_w - P_n =$$

$$\left(\frac{\lambda_1 \lambda_2}{\lambda_2 - \lambda_1} \right)(N_1 - N_2) + d_{GF} + \varepsilon_{GF} =$$

$$\lambda_w N_w + d_{GF} + \varepsilon_{GF} \qquad (3.54)$$

式中:Z_{GF}为无几何观测量;P_n为窄巷伪距观测量;ϕ_w为宽巷载波观测量;λ_w为宽巷波长;N_w为宽巷整周模糊度;d_{GF}为残余的频间偏差和天线相位中心偏差,可以表示为

$$d_{GF} = \left(\frac{\lambda_1 \lambda_2}{\lambda_2 - \lambda_1} \right) \left(\frac{d_{a\phi_1}}{\lambda_1} - \frac{d_{a\phi_2}}{\lambda_2} \right) \qquad (3.55)$$

ε_{GF}为残余的接收机噪声和多路径误差,其方差σ_{GF}^2可表示为

$$\sigma_{GF}^2 = \left(\frac{\sigma_{\phi_1}^2}{\lambda_1^2} + \frac{\sigma_{\phi_2}^2}{\lambda_2^2} \right) + \left(\frac{\lambda_1 - \lambda_2}{\lambda_1 + \lambda_2} \right)^2 \left(\frac{\sigma_{P_1}^2}{\lambda_1^2} + \frac{\sigma_{P_2}^2}{\lambda_2^2} \right) \qquad (3.56)$$

式中:$\sigma_{P_1}^2$、$\sigma_{P_2}^2$为 L1 和 L2 伪距观测量噪声方差;$\sigma_{\phi_1}^2$、$\sigma_{\phi_2}^2$为 L1 和 L2 相位观测量噪声方差。

利用无几何观测量的一个优势在于可以在飞机进入服务区之前即可对其进行平滑。然而,由于残余的频间偏差和天线相位中心偏差 d_{GF} 的存在,宽巷整周模糊度 N_w 无法确定,必须在飞机进入服务区后形成双差观测量:

$$\frac{\nabla \Delta \bar{Z}_{GF}^{i,k}}{\lambda_w} = \nabla \Delta N_w^{i,k} + \varepsilon_{\nabla \Delta \bar{Z}_{GF}}^{i,k} \qquad (3.57)$$

式中:$\nabla \Delta$ 为双差运算符;$\nabla \Delta \bar{Z}_{GF}^{i,k}$为平滑后的双差无几何观测量;$\nabla \Delta N_w^{i,k}$为平滑后的双差整周模糊度;$\varepsilon_{\nabla \Delta \bar{Z}_{GF}}^{i,k}$为平滑后的噪声。

L1 和 L2 的模糊度解需要基于几何冗余的方式进行解算。对于 JPALS 来说,飞机的精密进近真正要求比较严格的过程发生在最后 1n mile。此时,电离层、对流层延迟的影响可以忽略不计。

式（3.57）还可以表示为

$$\frac{\nabla\Delta\overline{Z}_{GF}^{i,k}}{\lambda_w} = \nabla\Delta N_w^{i,k}\varepsilon_{\nabla\Delta\overline{z}_{GF}}^{i,k} = \nabla\Delta N_{L1}^{i,k} - \nabla\Delta N_{L2}^{i,k} + \varepsilon_{\nabla\Delta\overline{z}_{GF}}^{i,k} \tag{3.58}$$

L1 和 L2 的双差观测量可以表示为

$$\nabla\Delta\phi_{ru,L1}^{i,k} = \Delta e_r^{i,k} \cdot x_{ru} + \lambda_{L1}\nabla\Delta N_{L1}^{i,k} + \varepsilon_{\nabla\Delta\phi_{L1}}^{i,k} \tag{3.59}$$

$$\nabla\Delta\phi_{ru,L2}^{i,k} = \Delta e_r^{i,k} \cdot x_{ru} + \lambda_{L2}\nabla\Delta N_{L2}^{i,k} + \varepsilon_{\nabla\Delta\phi_{L2}}^{i,k} \tag{3.60}$$

式（3.58）~式（3.60）还可以表示为

$$\begin{bmatrix} \nabla\Delta\overline{Z}_{GF}/\lambda_w \\ \nabla\Delta\phi_{L1} \\ \nabla\Delta\phi_{L2} \end{bmatrix} = \begin{bmatrix} 0 & I & -I \\ \Delta e_r^T & \lambda_{L1}I & 0 \\ \Delta e_r^T & 0 & \lambda_{L2}I \end{bmatrix} \begin{bmatrix} x_{ru} \\ \nabla\Delta N_{L1} \\ \nabla\Delta N_{L2} \end{bmatrix} + \begin{bmatrix} \varepsilon_{\nabla\Delta\overline{z}_{GF}} \\ \varepsilon_{\nabla\Delta\phi_{L1}} \\ \varepsilon_{\nabla\Delta\phi_{L2}} \end{bmatrix} \tag{3.61}$$

由此，可以利用整数最小二乘模糊度降相关平差法来求解模糊度。

图 3.5 总结了 JPALS 相对定位算法的整个流程[11]。该算法融合了无几何和几何方式的优点，可以得到 3 种定位结果，一是基于双差宽巷的定位结果，二是基于几何冗余的宽巷解，三是基于几何冗余的双差 L1 和 L2 导航解。显然，基于几何冗余的双差 L1 和 L2 导航解的精度最高。

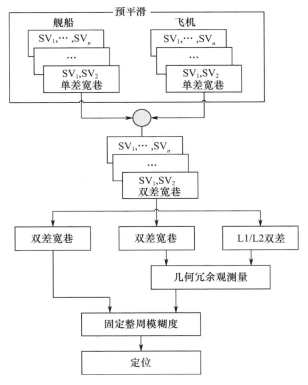

图 3.5　JPALS 相对定位算法示意图

◣ 3.4 参考站天线多路径抑制

参考站和用户之间非共同误差的最大误差是地面参考站天线的多路径误差,这种误差无法被差分改正数取消。通过载波平滑伪距,观测噪声误差将小于 0.1m,而多路径误差可能是几米或更大。因此,多路径是 GBAS 的主要误差源。

由于地面反射是参考站多路径误差的主要来源,除了在参考站设站时考虑环境的影响外,接收机天线应不同于一般的接收天线,而要就机场情况专门设计。俄亥俄大学研制了一种专门用于 GBAS 的参考站天线[12],此天线能抑制地面发射信号,同时仍能维持全面的垂直覆盖。为了获得这种性能,需要两个天线,一个天线有较好的接收较低高度角卫星(5°~30°)的性能,另一个有较好的接收较高高度角卫星(30°~90°)的性能。两个天线均是 360°方位全向覆盖。天线垂直增益特征的推荐需求如图 3.6 和图 3.7 所示。图 3.6 是较低高度角天线的增益需求,图 3.7 是较高高度角的增益需求,这些增益特征与组成卫星高度角函数的需要信号(D)和不需要信号(U)的强度比率有关。既然参考站高度角限制设为 5°,对于作为多路径主要误差源的低高角度卫星,较低的天线对地面发射情况下的需求信号可以提供 30~35dB 的增益。

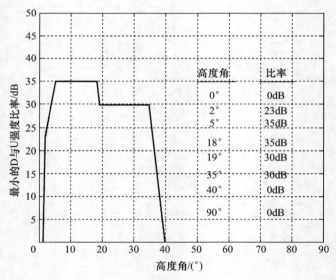

图 3.6　较低高度角天线的推荐需求

基于理论计算,对于连接到 16MHz 带宽的窄相关接收机的一般天线,由地面发射信号会导致 5m 伪距误差,而多路径限制天线将仅有约 0.2m 的误差。

俄亥俄大学通过双极子天线阵(适用于低高度角卫星)获得了需要的天线结果,天线系统近 2m 高度。在天线屏蔽管的里面,较低的天线包含 14 个圆形偶极振子的

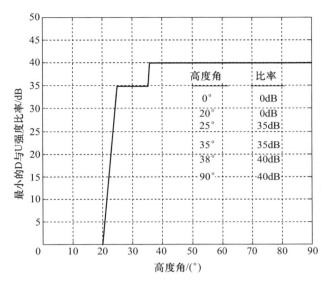

图 3.7　较高高度角天线的推荐需求

堆栈阵列,每个振子由一对圆环组成。虽然天线相位中心随卫星高度角偏移,但它是可重复的,并且能够被补偿。

另外,双天线配置能在一定程度上避免地面射频干扰,因为干扰信号一般不会被上面的天线接收。

◢ 3.5　机场伪卫星设计与布置

为了能满足精密进近较高的精度、完好性、连续性和可用性需求,基于地面的伪卫星必须被应用,以全面增强局域差分 GNSS,这是地基增强系统的关键所在。有关伪卫星的研究内容很多,包括顾及"远近"的信号设计、布置要求、信号数据率、信号完好性监测以及用户天线的位置和灵敏度等。本节主要简单介绍信号设计、适合机场的布置方法、时间同步及用户天线的位置等问题。

3.5.1　机场伪卫星的应用发展

早在 GPS 的开发阶段,就用一种地面信号发射机来补充在轨工作的 GPS 卫星,进行有关的试验研究。这些地面信号发射机称为伪卫星。此后,有关伪卫星辅助GPS 导航定位的各种应用方法不断被提出[3]。

最早提出的是一种直接测距的伪卫星,它发射与 GPS 几乎一样的伪距、载波相位和电文数据,用户接收后,采用与 GPS 数据同样的处理方法,区别仅在于它是放在地面的。增加伪卫星,使卫星数量得到增加,提高了导航的可用性,特别是对于故障检测和排除,作用更加明显。另外,伪卫星也改善了卫星的几何结构,特别是垂直方向,由于伪卫星放置在地面,使 VDOP 值明显变小。但伪卫星必须与 GPS 时间系统保持一致,需要配备高稳定性的钟,一般用原子钟,因而较为昂贵。

为用于军事导航的测试,如 GPS 在敌方严重干扰条件下的导航性能测试,移动式伪卫星被提出。它是将伪卫星放在移动目标上,一定数量的地面固定站同时接收来自 GPS 和伪卫星的信号,然后由中心站统一进行差分处理,即可精确确定移动目标的位置。它不需要钟同步。

差分 GPS 需要通过数据链广播差分改正信息,如利用伪卫星作为数据链,它的数据编码可以和 GPS 电文格式完全一样,因而不需要改变硬件对信号的接收和处理,使用户接收机更加简单。

对于高精度的用户,需利用载波相位进行差分定位,而载波相位观测量处理的关键问题是整周模糊度。利用伪卫星可以更加快速方便地进行整周模糊度的初始化,这是因为伪卫星离用户更近,因而几何变化很大。这一应用被广泛研究,美国斯坦福大学对布置在进近路线两侧各一个伪卫星所组成的完好性信标登录系统进行了实验,并取得了满足Ⅲ类精密进近要求的结果。

对于来自 GPS 的信号,伪卫星接收后可以实时转发给用户,用户接收后将转发信号与直接观测的 GPS 信号进行组差处理,即可消除相关性误差,因而也实现了差分定位。这种伪卫星称为同步伪卫星,它取代了差分参考站及数据链,也能对载波相位进行初始化。如果有多个同步伪卫星,即使一颗 GPS 卫星也能进行导航定位。

3.5.2　机场伪卫星信号设计

关于机场伪卫星(APL)的信号设计问题,需考虑频率的选择、码的选择、两种信号的干扰、多路径的影响等问题。这里简单介绍 RTCA SC-159 推荐的 APL 信号一些特性[12],如表 3.1 所列。

表 3.1　推荐的 APL 信号特性

特征	值
频率	GPS L1(1575.42MHz)
负载周期	2% ~5%
调制码	二进制相移键控(BPSK)10.23Mchip/s
调制信息	50bit/s
码/载波一致性	1chip/154 载波周数

L1 频率(1575.42MHz)是 GPS 标准定位服务的中心频率,APL 也利用 L1 频率,可使接收机及天线的硬件不需怎么改变,因而能节约接收机的成本。由于 APL 信号强度依用户到 APL 的距离变化在较大范围变化,如距离减半,则信号强度增加 4 倍。因此,在用户同时接收两种信号时,必然存在 APL 信号对 GPS 信号的干扰。这个问

题一般称为"远近"问题。为防止这种干扰,采取的措施是 APL 信号以较低的负载周期(脉冲保持时间与间歇时间之比)脉冲化,这样,即使 APL 信号在一个脉冲内使 GPS 卫星信号不能正常接收,但信号丢失的短暂间隔对接收机信号跟踪误差的影响可以忽略。当前所设计的 APL 信号适宜在一个机场设置 2 ~ 4 个 APL,而接收机信噪比降级小于 1dB。APL 脉冲信号包含的码选择为宽带伪随机噪声码,它与 GPS 的 P 码相似。

由于参考站或用户在接收 APL 信号时容易受到多路径的影响,应采取两个措施:其一,选择使用宽带码,因为在反射源不是非常靠近发射或接收天线的情况下,宽带码会形成阻止多路径的窄相关函数峰值,即此时宽带码不易受多路径的影响;其二,APL 发射天线应采用与 GPS 参考站天线相同的方法,以限制地面对信号的反射。参考站与 APL 的理想布局是参考站环绕 APL 设置,这样会有畅通的 APL 信号路径。

3.5.3　机场伪卫星设置方法

用机场伪卫星(APL)构建 GBAS,必须解决 APL 怎样设置的问题,即用多少个和怎样放置。APL 的设置方法对 GBAS 的性能有直接影响,必须保证用户导航性能需求的满足。APL 的设置还必须考虑到机场范围的限制、用户的可视性,以及多路径影响。如果将 APL 放置在机场的塔台上,就能有较好的用户可视性。但这种情况下,在塔台高度以下的 APL 信号会有较大的多路径影响。这样,只能支持决断高度在 200ft(1ft≈0.305m)或 100ft(决定于塔台的高度)的 Ⅰ 类或 Ⅱ 类精密进近应用,而不能支持 Ⅲ 类应用。根据分析,仅用一个 APL,GBAS 的导航性能有提高,但 Ⅲ 类应用的可用性需求不能满足,长时间的导航中断仍然存在,所以必须用多个伪卫星。APL 的设置方法应根据对各个机场可用性提高结果进行确定,可以通过一个或两个 APL 方位角的不同取值进行可用性分析,然后取最大提高的方位角,APL 到飞机的高度角根据飞行高度确定[13]。

一般认为,设置多个 APL 仅以每个 APL 相同的利益来提高整体性能,实际上,多个 APL 可以获得更大的提高。如果适当地设置两个 APL,使两个 APL 载波相位差的整周部分能被估计,则两个 APL 载波观测量之间的差可看作新的观测量,而有效提高垂直方向精度。一种设置方法是在一个塔台的顶端和底端各放置一个 APL,如图 3.8 所示。

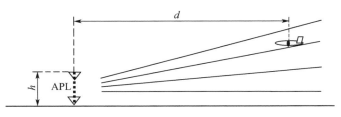

图 3.8　垂直设置的 APL 分布示意图

如果两个 APL 天线的垂直偏差已被调整,则两个 APL 的载波观测量取差可得

$$\varphi = \left| X - r_{APL2} \right| - \left| X - r_{APL1} \right| + N + \delta\varphi \tag{3.62}$$

式中:X 为飞机用户相对参考站的位置;r_{APL_i} 为第 i 个 APL 相对参考站的位置;N 为相位差模糊度;$\delta\varphi$ 为观测量 φ 的误差。

式(3.62)表明,取相位差为常数,则其对应为双曲面的表达式。如果用户离 APL 较远,则双曲面近似为许多直线。不同的整周模糊度对应不同的直线,称这些直线为常值相位线。各直线的间距,在用户离 APL 远时较大,靠近 APL 时,则变小并汇聚。这样,在用户距 APL 一定距离时,基于伪距的差分 GNSS(DGNSS)定位结果可以确定用户应在哪条直线上,从而可以求解整周模糊度。

将式(3.62)对 X 求导,得

$$\frac{\mathrm{d}\varphi}{\mathrm{d}X} = e_2 - e_1 \equiv \Delta e \tag{3.63}$$

式中:e_i 为用户到第 i 个 APL 的单位矢量;Δe 反映了定位误差与相位误差的相对关系,$\dfrac{1}{|\Delta e|}$ 定义为定位误差的精度因子,$\dfrac{1}{|\Delta e|}$ 乘以相位波长等于代表不同模糊度的各直线的间距。$|\Delta e|$ 又可用下式表达:

$$|\Delta e| \approx \frac{h}{d} \tag{3.64}$$

式中:h 为塔高;d 为用户到 APL 的距离。用户离 APL 一定距离时,$|\Delta e|$ 会较小,代表不同模糊度的直线可相应确定,并相距较远。例如 $h = 50\mathrm{ft}$,$d = 10000\mathrm{ft}$,则直线间隔距离近似为 40m。DGNSS 定位解的精度要高于这个精度,因而用 DGNSS 定位解可以确定当前用户在哪条直线上,一旦确定所在的直线,则相位差的整周数可以相应确定。在实际操作中,对于 1500ft 的距离,36ft 的塔高,如果 φ 有 1.5cm 误差,则垂直定位误差大约 60cm。这就提供了能保证约 60cm 定位误差的新观测量,把它与已得到的 DGNSS 定位结果组合,垂直定位估计将得到提高。

Δe 的大小和方向是非常重要的。在一定距离上,如果 Δe 足够小,则在求解整周模糊度后,Δe 的增加能增强效果,即塔越高效果越好,如 500m,而这在实际中是不可能的。Δe 的方向应该近乎垂直,可提高垂直方向性能。如图 3.9 所示的设置方法,能符合上述要求。

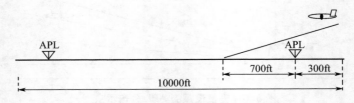

图 3.9　水平设置的 APL 分布示意图

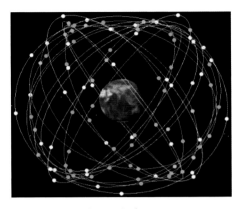 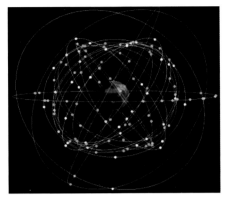

(a) 仅MEO星座　　　　　　　　　　　　(b) GEO/IGSO/MEO混合星座

图 1.1　GNSS 球体架构

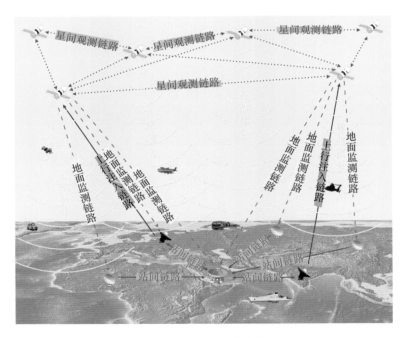

图 1.2　GNSS 网络架构

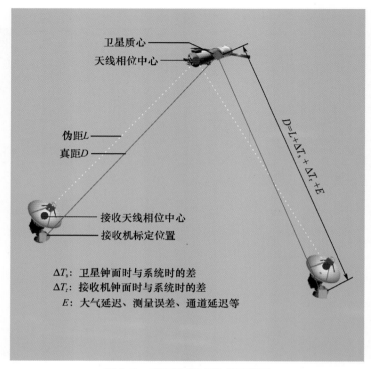

图 1.3　GNSS 组成节点示意图

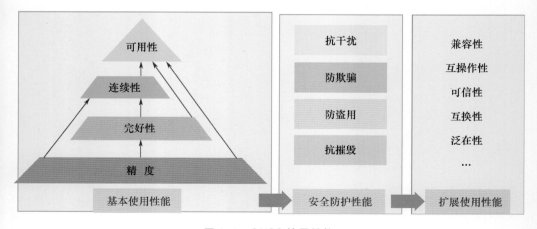

图 1.4　GNSS 使用性能

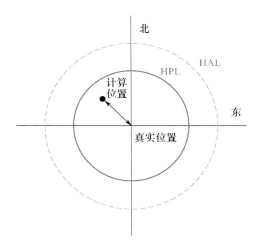

图1.5　完好性关系示意图

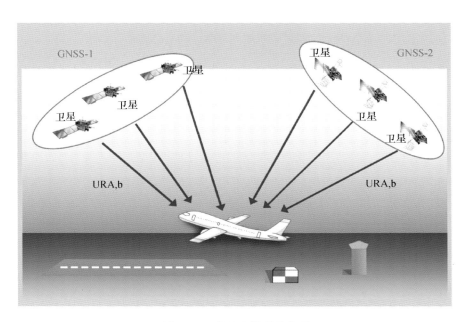

图4.4　ARAIM 原理示意图

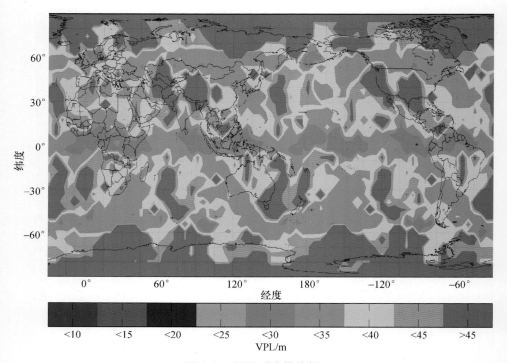

图 4.6 GPS 垂直保护级

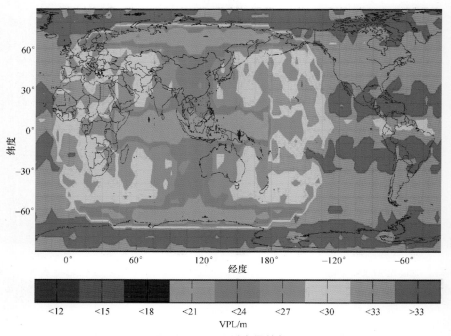

图 4.7 BDS 垂直保护级

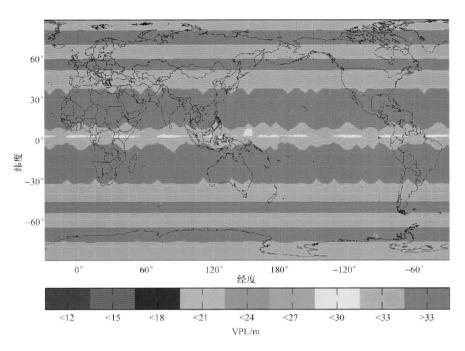

图 4.8　Galileo 系统垂直保护级

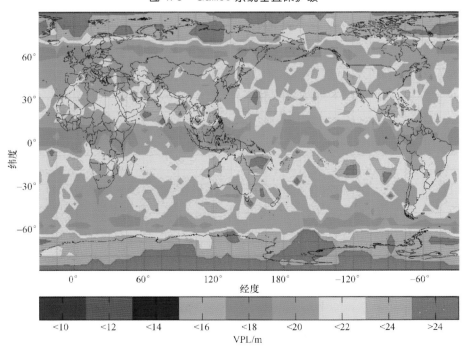

图 4.9　GPS + Galileo 系统(方案四)垂直保护级

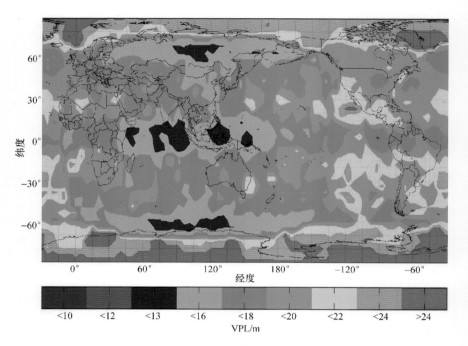

图 4.10　GPS + BDS(方案五)垂直保护级

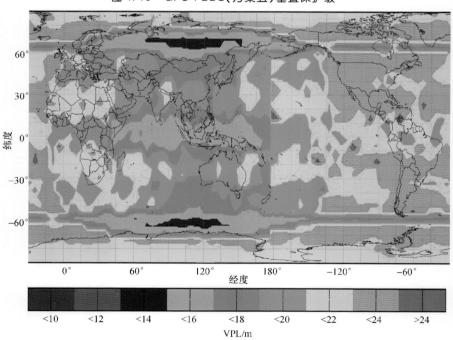

图 4.11　BDS + Galileo 系统(方案六)垂直保护级

60°
30°
0°
纬度
-30°
-60°
0°
60°
120°
180°
-120°
-60°
经度
<10
<12
<14
<16
<18
<20
<22
<24
>45
VPL/m

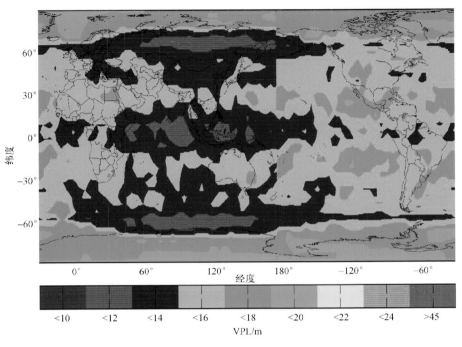

图 4.12　GPS + BDS + Galileo 系统(方案七)垂直保护级

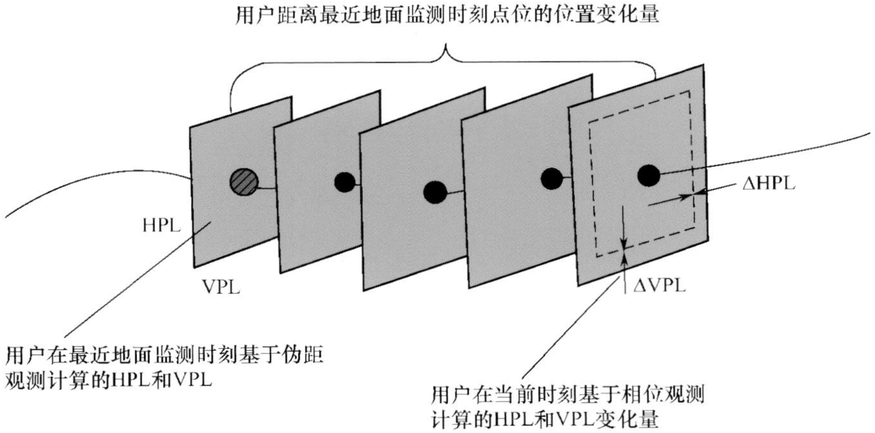

用户距离最近地面监测时刻点位的位置变化量
HPL
VPL
ΔHPL
ΔVPL
用户在最近地面监测时刻基于伪距观测计算的HPL和VPL
用户在当前时刻基于相位观测计算的HPL和VPL变化量

图 4.13　RRAIM 处理原理示意图

图 5.4　模拟参考站分布图

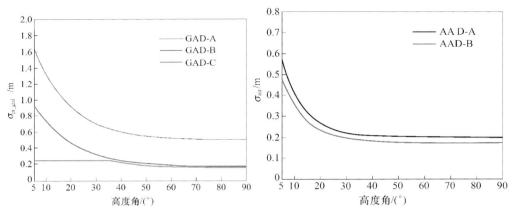

图 6.3　地面接收机精度指标　　　　图 6.4　机载接收机精度指标

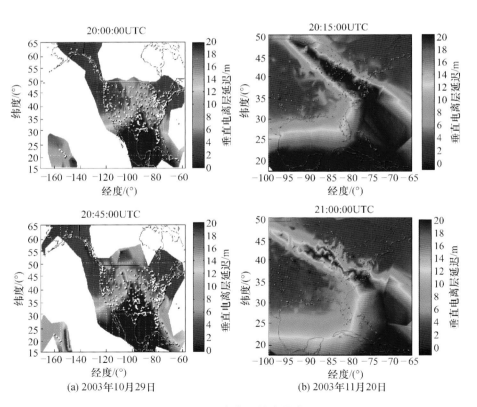

(a) 2003年10月29日　　　　(b) 2003年11月20日

图 6.11　电离层梯度异常

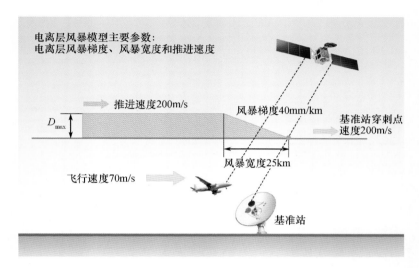

图 6.12　电离层异常模型示意图

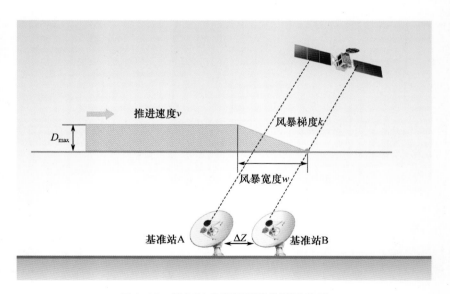

图 6.13　地面站电离层异常监测示意图

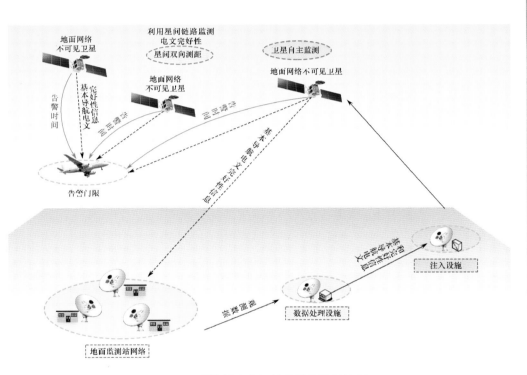

图 7.1　系统基本完好性监测的运行过程

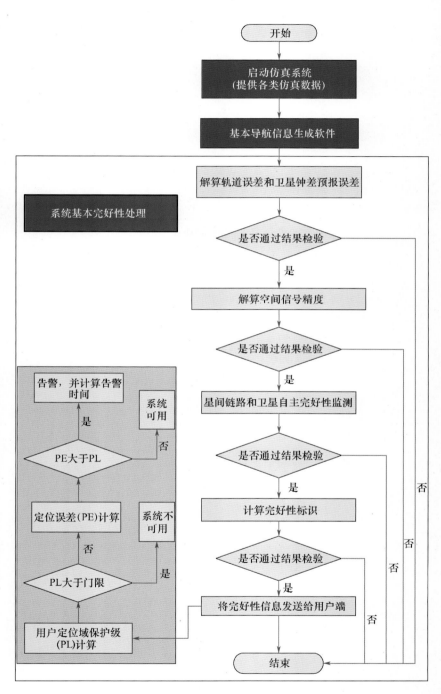

图 7.2 系统基本完好性监测处理流程

图 8.1 星间链路示意图

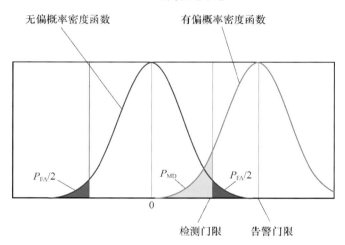

无偏概率密度函数   有偏概率密度函数

$P_{FA}/2$ P_{MD} $P_{FA}/2$

0

检测门限   告警门限

图 8.6 星上时频稳定性监测的完好性监测参数

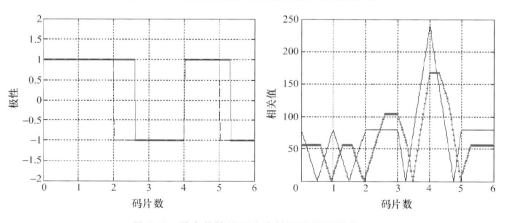

图 8.7 数字故障模型失真波形及相关输出图

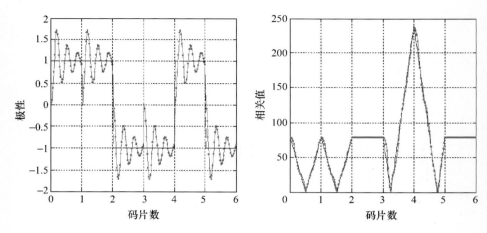

图 8.8　模拟故障模型失真波形及相关输出图

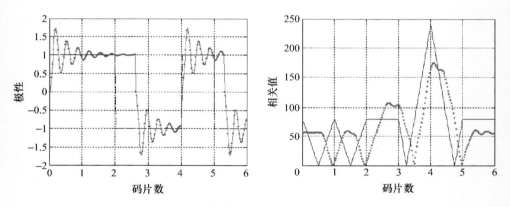

图 8.9　混合故障模型失真波形及相关输出图

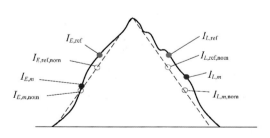

图 8.10　窄相关并行处理图

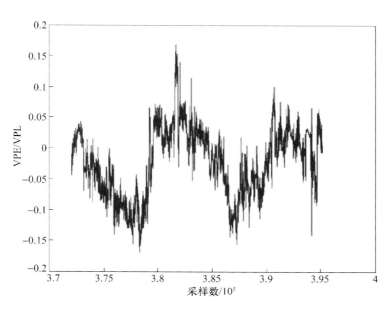

图 9.1　垂直定位误差与垂直方向保护级比值

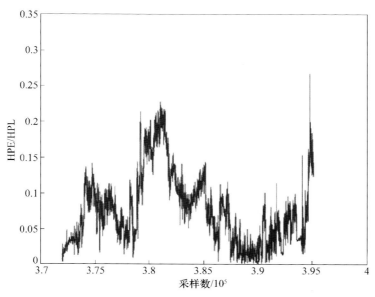

图 9.2　水平定位误差与水平方向保护级比值

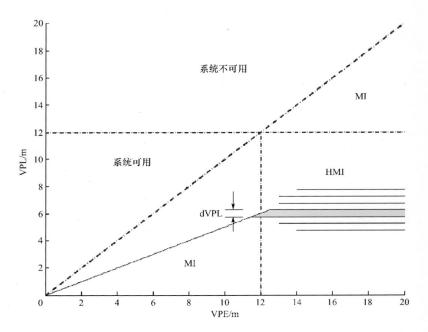

图 9.4 获取 HMI 概率的积分元素

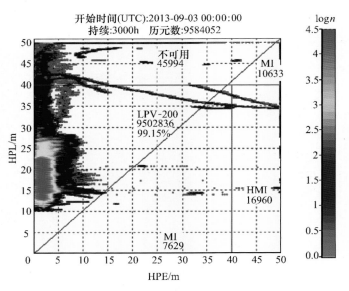

图 9.7 斯坦福标准统计图

下面给出 APL 差分载波相位观测量与伪距 DGNSS 定位解的组合对定位性能提高的分析。假设伪距 DGNSS 定位的协方差为

$$\boldsymbol{P}_X = \begin{bmatrix} \sigma_h^2 & 0 \\ 0 & \sigma_v^2 \end{bmatrix} \tag{3.65}$$

差分 APL 相位观测量的方差为 σ_φ^2。由于 Δe 不是确切垂直的，APL 观测量必须和由 DGNSS 提供的水平信息组合来产生垂直定位估计，结果为

$$\sigma_{V_{APL}}^2 = \frac{\sigma_\varphi^2}{|\Delta e|^2} + \theta^2 \sigma_h^2 \tag{3.66}$$

式中：θ 为 Δe 和垂直方向的夹角。综合的垂直误差方差为

$$\sigma_{V_{com}}^2 = \frac{1}{\dfrac{1}{\sigma_v^2} + \dfrac{1}{\sigma_{V_{APL}}^2}} \tag{3.67}$$

例如，当用户高度为 75ft 时，可得到 $\Delta e = \begin{pmatrix} 0.0043 \\ 0.0860 \end{pmatrix}$，即 $\dfrac{1}{|\Delta e|} = 11.6, \theta = 0.05 \text{rad}$。假设 $\sigma_h = 1\text{m}, \sigma_v = 1.5\text{m}, \sigma_\varphi = 0.02\text{m}$，则计算得到 $\sigma_{V_{com}} = 23\text{cm}$。这表明，在 75ft 高度的用户，可得到 23cm 的垂直定位精度，比单 DGNSS 的精度提高 6 倍。

3.5.4　机场伪卫星的时间同步

把 APL 钟同步到 GNSS 时间有两种方法：其一，APL 与基准接收机共置；其二，APL 远离基准接收机，基准接收机跟踪 APL 的发射信号。在后一种情况，基准接收机发送校正到远离的副 APL，供其自动校正，并将电文数据（如基于码和/或载波的差分校正）发送出去。在共置配置中，基准接收机与 APL 共享收发天线，APL 也进行自身校准。

配置类型的选用取决于在一个给定局部区域是否有多于 1 个的 APL。如果只有 1 个 APL，那么共置方法更好些，尤其是在到基准接收机的视线有问题时。如果有 1 个以上的 APL，那么与用作同步的公共基准接收机远离的配置则较好。然而，如果存在视线受阻，则将基准接收机与每一个 APL 共置，以便用共视 GPS 时间传递技术进行钟的同步。不过只有其中一个基准接收机能够用作基准站导出 GPS 卫星的差分校正。在这种情况下，主和副 APL，都应指示来自主钟的时间，如中心基准接收机导出的钟差校正，并将其发布给各远离的 APL，从而达到各 APL 的钟与中心基准接收机的钟同步。

1）主 APL 的配置

基准接收机和 APL 的信号产生器根据同一稳定的频率标准导出它们的相干定时。该信号产生器用脉冲发生器电子模块发送 APL 脉冲信号，以便对局内和局外的 GNSS 接收机干扰最小，这种多路复用也允许基准接收机使用同一部天线接收卫星

信号。实际上,通过提供合适的路径校准,基准接收机还能跟踪信号产生器的输出。用这种方法,共置的 APL 进行自身校准,发射的 APL 信号与用于产生差分 GNSS 校正的同一个钟同步。就是在采用多个 APL 的情况也是如此,这时副 APL 接收的差分校正来自主 APL。在这种情况下,副 APL 接收机的时间解将以主 APL 的钟为基准,因为差分校正是相对于那个钟计算的。

2)副 APL 的配置

如果副 APL 能被基准接收机跟踪,那么它就不必安装接收机。基准接收机只供给 APL 经数控振荡器校正其自身钟的校正和提供用于调制 APL 信号的卫星差分校正,因为基准接收机能连续地修正 APL,高质量的晶体振荡器可作为它的频率基准。此外,它的配置与共置配置一样,但没有基准接收机和自校准路径。

3.5.5　飞机用户的天线位置

用户接收的 APL 信号受飞机天线位置和 APL 相对于进场路径的位置的影响。理想情况下,由安装在机身顶部的天线接收 APL 信号,与接收卫星信号采用同一部天线。为此应将 APL 天线架设适当高度,并偏离下滑线。即使到 APL 的视线是在飞机天线水平以下,增加 APL 附近的信号电平将有助于抵消天线增益的损失。

如果飞机直接在 APL 上空飞过,那么就会有更大的角度梯度可用,以支持定位处理。然而,在机身底部安装天线和需要单独的前端接口用于连接天线和接收机,底部安装天线结构对地面反射的多路径和干扰更加敏感。顶部安装天线则会较不敏感,因为机上反射机相对于 C/A 码宽(293m)是相当小的。此外,采用底部安装天线会引入由杆臂不定性以及飞机姿态信息附加的敏感问题。飞机天线位置问题,需要通过一种或几种方法的实际分析和测试最终确定。

3.6　信息传输及电文格式

数据传输系统担负着参考站与用户端之间的数据通信任务。数据通信的质量直接影响整个系统效能的发挥。数据传输系统的主要功能包括差分信息数据调制及解调、差分信息及完好信息的无误发送及接收。目前,LAAS 等地基增强系统主要通过甚高频频段来广播差分信息。RTCA SC-159 制定了 VHF 数据广播的报文结构[14]。频率为 108~117.95MHz,带宽为 25kHz,采用 TDMA 模式,传播速度为 2 帧/s,每帧包含 8 个时间段。本节对 GBAS VHF 数据广播电文进行简单介绍。

目前已定义的有 10 种电文(表 3.2),其中 Type1、Type11 这 2 种电文可用于区域差分增强系统(表 3.3、表 3.4)。Type 7 留为军用,Type 8 留作测试用。

表 3.2　GBAS VHF 数据广播电文及播发速率

Type	电文名称	最小播发速率	最大播发速率
1	差分改正数,100s 平滑	对于每种观测值类型,所有观测值数据块,一帧一次	对于每种观测值类型,所有观测值数据块,一帧一次
2	GBAS 相关数据	每 20 个连续帧一次	一帧一次
3	空	N/A	N/A
4	最后着陆相关数据	—	—
	终端区相关数据		
5	测距源可用性(可选)	—	—
6	为载波差分改正数预留	—	—
7	为军用预留	—	—
8	为测试预留	—	—
11	差分改正数,30s 平滑	对于每种观测值类型,所有观测值数据块,一帧一次	对于每种观测值类型,所有观测值数据块,一帧一次
101	GRAS 伪距改正数	—	—

表 3.3　Type 1 格式

数据内容	比特位	范围	分辨率
修正 Z 计数	14	$0 \sim 1199.9\text{s}$	0.1s
附加信息标记	2	$0 \sim 3$	1
观测值数目	5	$0 \sim 18$	1
观测值类型	3	$0 \sim 7$	1
星历相关参数	8	$0 \sim 1.275 \times 10^{-3}\text{m/m}$	$5 \times 10^{-6}\text{m/m}$
星历循环	8	—	—
冗余校验(CRC)	8		
数据源可用持续时间	8	$0 \sim 2540\text{s}$	10s
观测值数据块			
测距源 ID	8	$1 \sim 255$	1
数据版本号	8	$0 \sim 255$	1
伪距改正数	16	327.67m	0.01m
伪距改正数变化率	16	32.67m/s	0.001m/s
$\sigma_{\text{pr\_gnd}}$	8	$0 \sim 5.08\text{m}$	0.02m
B_1	8	$\pm 6.35\text{m}$	0.05m
B_2	8	$\pm 6.35\text{m}$	0.05m
B_3	8	$\pm 6.35\text{m}$	0.05m
B_4	8	$\pm 6.35\text{m}$	0.05m

表 3.4　Type 11 格式

数据内容	比特位	范围	分辨率
修正 Z 计数	14	$0 \sim 1199.9s$	0.1s
附加信息标记	2	$0 \sim 3$	1
观测值数目	5	$0 \sim 18$	1
观测值类型	3	$0 \sim 7$	1
星历相关参数	8	$0 \sim 1.275 \times 10^{-3}$ m/m	5×10^{-6} m/m
观测值数据块			
测距源 ID	8	$1 \sim 255$	1
伪距改正数	16	327.67m	0.01m
伪距改正数变化率	16	32.67m/s	0.001m/s
$\sigma_{pr\_gnd,100}$	8	$0 \sim 5.08m$	0.02m
$\sigma_{pr\_gnd,30}$	8	$0 \sim 5.08m$	0.02m

Type 1 发送经过100s相位平滑伪距的差分改正数及改正数变化率信息。改正数及改正数变化率各占16个比特位，伪距改正数精度为0.01m，范围是327.67m；改正数变化率精度为0.001m/s，范围是32.67 m/s。改正数的变化范围相对原始观测值要小得多。除了改正数信息外，Type 1 还播发地面接收机的标准差及 B 值信息，用以完成完好性计算。

Type 11 发送经过30s相位平滑伪距的差分改正数及改正数变化率信息。与 Type 1 类似，改正数及改正数变化率各占16个比特位，伪距改正数精度为0.01m，范围是327.67m；改正数变化率精度为0.001m/s，范围是32.67m/s。该电文信息主要用于单频情况下的电离层异常监测。

当前，在 Type 1 和 Type 11 中，对于不同卫星导航系统的改正数信息主要是通过测距源 ID 来标识的。在电文中只定义了 GPS 及 GLONASS 及 GBAS 改正数信息范围。

参考文献

[1] 李洪涛,等. GPS 应用程序设计[M]. 北京:科学出版社,1999.

[2] 甘兴利. GPS 局域增强系统的完善性[D]. 哈尔滨:哈尔滨工程大学,2008.

[3] COBB H S. GPS pseudolites: theory, design and applications[D]. Palo Alto:Stanford University, 1997.

[4] KONNO H. Design of an aircraft landing system using dual-frequency GNSS [D]. Palo Alto:Stanford University,2007.

[5] BRAFF R. Description of the FAA local area augmentation system(LAAS)[J]. Journal of the Insti-

tute of Navigation, 1997, 44(4):411-423.

［6］ RTCA SC-159. Minimum aviation system performance standards for DGNSS instrument approach system：special category I(SCAT-I)：RTCA/DO-217［S］. Washington DC：RTCA Inc. ,1993.

［7］ SWIDER R, et al. Recent development in the LAAS program［C］//Proceedings of IEEE PLANS98, San Francisco, June 1-3,1998:441-470.

［8］ HWANG Y, MCGRAW A, BADER R. Enhanced differential GPS carrier-smoothed code processing using dual frequency measurements ［J］. NAVIGATION, 1999, 46 (2)：127-138.

［9］ KATANIK T, SIMON S, BETT C, et al. Interoperability between civil LAAS and military JPALS precision approach and landing systems［C］//ION GPS2001, Salt Lake City, September 11-14, 2001:1179-1189.

［10］何海波. 高精度 GPS 动态测量及质量控制［D］. 郑州:信息工程大学测绘学院,2002.

［11］ HEO M. Robust carrier phase DGPS navigation for shipboard landing of aircraft ［D］. Illinois:Illinois Insititute of Technology, 2004.

［12］ VAN DIERENDONCK A J, et al. Proposed airport pseudolite signal specification for GPS precision approach LAAS［C］//Proceedings of ION GPS-97, Kansas City, September 16-19,1997:1-11.

［13］ KLINE P, et al. LAAS availability assessment:the effects of augmentations and critical satellites on service availability［C］//Proceedings of ION GPS-98, Nashville,September15-18,1998: 503-516.

［14］ RTCA SC-159R. Minimum operational performance standards for GPS local area augmentation system airborne equipment：RTCA/DO-253C［S］. Washington DC：RTCA Inc. , 2008.

第4章 接收机自主完好性监测

◢ 4.1 引　言

在用户端利用冗余观测量进行卫星故障快速监测的方法称为接收机自主完好性监测（RAIM）方法。RAIM需要解决两个问题：卫星是否存在故障和故障存在于哪颗卫星。RAIM通过多余的GNSS观测量来解决这两个问题，当观测到5颗卫星时，就可以利用故障检测（FD）功能来解决前一个问题，当观测到6颗卫星时，就可以利用故障排除（FE）功能来解决后一个问题[1]。对于辅助导航只需要第一个功能，一旦检测到故障，可以启用其他导航手段。对于唯一导航，必须具备第二个功能，以排除发生的故障，使导航继续而不终止。

关于RAIM的算法，较早出现的有卡尔曼滤波方法[2]和定位解最大间隔法[1]。卡尔曼滤波方法可以利用过去观测量提高效果，但必须给出先验误差特性，而实际误差特性很难准确预测，如果预测不准，反而会降低效果。定位解最大间隔法的数学分析过程较复杂，故障检测的判决门限不易确定。较好的RAIM算法还是仅利用当前伪距观测量的"快照（snapshot）"方法，包括伪距比较法[3]、最小二乘残差法[4]和奇偶矢量法[5]。这三种方法对于存在一个故障偏差的情况都有较好效果，并且是等效的。奇偶矢量法最早由M. A. Sturza引入，后被Honeywell公司应用于其制造的航空用GPS/INS（惯性导航系统）组合传感器，并取得较好的飞行测试结果。相对而言，奇偶矢量法计算较简单，因而被普遍采用，并被RTCA SC-159推荐为基本算法[6]。

故障检测和排除与用户卫星几何有一定关系，为了保证故障检测和排除的性能需求，卫星几何结构必须具有一定的质量保证。类似于定位解对水平精度衰减因子（HDOP）的要求，M. A. Sturza引入最大精度因子变化δH_{MAX}表达故障检测对卫星几何的要求[7]。由于不同卫星数时，δH_{MAX}可能相同，因而不能给出很好保证。R. G. Brown基于一个故障并存在于最难检测卫星假设，提出了近似径向误差保护（ARP）方法[8]，G. Y. Chin等人用蒙特卡罗模拟针对辅助导航需求给出了由ARP计算水平保护级（HPL）的系数值为1.7[9]，J. Sang用概率方法基于最小二乘理论推导了相应的ARP限值[10]。由于ARP限值的确定与需求参数有关，因而参数变化时，要进行不同的模拟。Y. Lee提出通过分析方法计算HPL，从而给出卫星几何保证[11]。

水平保护级（HPL）确定了满足完好性需求的卫星几何,对于引起 HPL 超限的卫星几何则视为不可用。应该注意,这些不良的几何结构也可能产生较好的导航解,只是没有适当的冗余性来提供好的完好性监测。由于故障检测和排除对卫星几何提出了更高要求,因而必须对卫星配置进行分析,以确定服务区内的 RAIM 可用性。

目前,GNSS 正蓬勃发展,考虑到 GNSS 的发展对 RAIM 的影响,美国航空局 GNSS 演化架构研究小组的研究报告建议加强 RAIM 在航空进近中的作用,尤其是在具有 LPV-200 阶段中的作用,并提出了先进接收机自主完好性监测（ARAIM）的概念[12]。根据 GNSS 演化架构小组的研究,仅依靠目前 GPS 24 颗卫星无法在世界范围内提供 LPV 200 阶段的完好性服务。因此,有学者分析了多星座情况下,利用 ARAIM 为具有垂向引导能力的航空进近阶段提供完好性服务的前景和前提[13]。为了进一步改善 ARAIM 的性能,也有学者提出了将 ARAIM 与地面监测相结合的相对接收机自主完好性监测（RRAIM）算法。

本章首先介绍基本的 RAIM 算法,给出其相应的完好性保证的推导模型;然后对不同的 HPL 计算方法进行模拟分析,以探讨改进的 HPL 计算方法,并给出不同飞行阶段不同星座配置下 RAIM 可用性分析;最后,对多星座多频条件下的增强型接收机自主完好性监测和相对接收机自主完好性算法进行简要介绍。

◢ 4.2　故障检测排除（FDE）处理过程

RAIM 是指用户接收机利用多余观测量为定位解自主提供完好性监测,其基本功能包括故障检测（FD）及故障排除（FE）两个部分。故障检测部分检测对于当前飞行阶段不可接受的定位误差,在检测基础上,故障排除部分识别并排除导致定位误差的故障源,使导航继续而不中断。

由于算法的原因,故障检测和故障排除都有可能出现误判或漏判情况。对于故障检测,在无定位故障时可能会出现误检,即检测判断存在故障;在有定位故障时可能会出现漏检,即故障并没有被检测到。漏检将直接漏警,而误检如能被排除,可正常操作,如没有被排除,将导致误警。对于故障排除,可能出现三种结果,即正确排除、不能排除和错误排除。不能排除指故障被检测到,并在告警时间内检测超限一直存在,结果导致告警。误排指故障被检测到,排除后故障仍然存在但没有检测到,结果为漏警。有关 FDE 的处理过程和结果如图 4.1 所示。

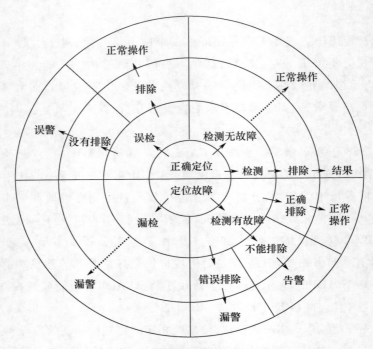

图 4.1　FDE 的处理过程和结果

◢ 4.3　基于最小二乘残差的 RAIM 算法

利用最小二乘原理进行定位解算的同时,可对最小二乘残差进行粗差探测。根据这一原理,本节介绍基于残差平方和的开方检验进行系统级的 GNSS 故障检测和基于残差元素的高斯检验进行单元素的 GNSS 故障识别方法,并推导相应的完好性保证模型。

4.3.1　基本模型

GNSS 伪距观测模型可表示为

$$y = Gx + \varepsilon \tag{4.1}$$

式中:y 为观测伪距与近似计算伪距差值的 n 维矢量,n 为卫星数;G 为 $n \times 4$ 维的系数矩阵;x 为 4 维待估参数矢量,包括 3 个用户位置改正参数和 1 个接收机钟偏改正参数;ε 为 n 维观测伪距噪声矢量,若存在偏差,则以 $\varepsilon + b$ 表示。y 的 $n \times n$ 维观测伪距权矩阵用 W 表示。依据最小二乘原理,可算得用户状态的最小二乘解为

$$\hat{x} = (G^{\mathrm{T}}WG)^{-1}G^{\mathrm{T}}Wy = x + (G^{\mathrm{T}}WG)^{-1}G^{\mathrm{T}}W\varepsilon \tag{4.2}$$

令 $(G^{\mathrm{T}}WG)^{-1}G^{\mathrm{T}} = A$,由上式得用户状态误差为

$$\delta \boldsymbol{x} = \boldsymbol{A} \boldsymbol{W} \boldsymbol{\varepsilon} \tag{4.3}$$

伪距残差矢量为

$$\boldsymbol{v} = \boldsymbol{y} - \hat{\boldsymbol{y}} = (\boldsymbol{I} - \boldsymbol{G}(\boldsymbol{G}^{\mathrm{T}} \boldsymbol{W} \boldsymbol{G})^{-1} \boldsymbol{G}^{\mathrm{T}} \boldsymbol{W}) \boldsymbol{y} = (\boldsymbol{I} - \boldsymbol{G}(\boldsymbol{G}^{\mathrm{T}} \boldsymbol{W} \boldsymbol{G})^{-1} \boldsymbol{G}^{\mathrm{T}} \boldsymbol{W}) \boldsymbol{\varepsilon} \tag{4.4}$$

伪距残差矢量的协因数阵为

$$\boldsymbol{Q}_v = \boldsymbol{W}^{-1} - \boldsymbol{G}(\boldsymbol{G}^{\mathrm{T}} \boldsymbol{W} \boldsymbol{G})^{-1} \boldsymbol{G}^{\mathrm{T}} \tag{4.5}$$

将式(4.5)代入式(4.4),则伪距残差矢量表示为

$$\boldsymbol{v} = \boldsymbol{Q}_v \boldsymbol{W} \boldsymbol{y} = \boldsymbol{Q}_v \boldsymbol{W} \boldsymbol{\varepsilon} \tag{4.6}$$

综合伪距残差矢量得验后单位权中误差为

$$\hat{\sigma} = \sqrt{\boldsymbol{v}^{\mathrm{T}} \boldsymbol{W} \boldsymbol{v} / (n-4)} = \sqrt{\mathrm{SSE}/(n-4)} \tag{4.7}$$

4.3.2　基于残差平方和的故障检测

验后单位权中误差 $\hat{\sigma}$ 由伪距残差平方和(SSE)计算得到。在系统正常情况下,各伪距残差是比较小的,因而 $\hat{\sigma}$ 也较小;当在某个测量伪距中存在较大偏差时,$\hat{\sigma}$ 会变大,这便是需要检测的伪距故障情况。若伪距误差矢量 $\boldsymbol{\varepsilon}$ 中的各个分量是相互独立的正态分布随机误差,均值为 0,方差为 σ_0^2(有 SA 时通常取 33.3m),依据统计分布理论,SSE/σ_0^2 服从自由度为 $n-4$ 的 x^2 分布;若 $\boldsymbol{\varepsilon}$ 的均值不为 0,则 SSE/σ_0^2 服从自由度为 $n-4$ 的非中心化 x^2 分布,非中心化参数 $\lambda = E(\mathrm{SSE})/\sigma_0^2$。可作二元假设:

H_0(无故障):$E(\boldsymbol{\varepsilon}) = 0$,则 $\mathrm{SSE}/\sigma_0^2 \sim x^2(n-4)$。

H_1(有故障):$E(\boldsymbol{\varepsilon}) \neq 0$,则 $\mathrm{SSE}/\sigma_0^2 \sim x^2(n-4,\lambda)$。

在无伪距故障时,系统应该处于正常检测状态,如果出现检测告警,则为误警。因此,给定误警概率 P_{FA},应有下面的概率等式成立:

$$P(\mathrm{SSE}/\sigma_0^2 < T^2) = \int_0^{T^2} f_{x_{(n-4)}^2}(x) \,\mathrm{d}x = 1 - P_{\mathrm{FA}} \tag{4.8}$$

通过式(4.8)确定了 SSE/σ_0^2 的检测门限 T,则 $\hat{\sigma}$ 的检测门限为 $\sigma_T = \sigma_0 \times T/\sqrt{n-4}$。$\sigma_T$ 可事先给定,导航解算时,将实时计算的 $\hat{\sigma}$ 与 σ_T 比较,若 $\hat{\sigma} > \sigma_T$,则表示检测到故障,向用户发出告警。

4.3.3　故障检测的完好性保证

基于残差平方和进行故障检测,只有当观测卫星的数量(≥5)足够时,才会有效。我们知道,单 GPS 星座条件下,即使所有 GPS 卫星都正常工作,仍然有很多地区的卫星几何条件不够理想。这种较差的几何条件也许对导航定位是足够的,而对于可靠地发现观测值的问题缺少稳健性。因此,在故障检测之前,首先要判定卫星几何条件是否满足故障检测的需要,即要给出完好性保证。

假设第 i 颗卫星存在故障,其偏差为 b_i,则检验统计量 SSE/σ_0^2 服从非中心化的 x^2 分布,忽略正常误差影响,其非中心化参数可表达为

$$\lambda = E(\mathrm{SSE})/\sigma_0^2 = E(\boldsymbol{\varepsilon}^\mathrm{T} \boldsymbol{W} \boldsymbol{Q}_v \boldsymbol{W} \boldsymbol{\varepsilon})/\sigma_0^2 = \boldsymbol{Q}_{v_{ii}} \boldsymbol{W}_{ii}^2 b_i^2/\sigma_0^2 \tag{4.9}$$

式(4.9)分子、分母同乘以 $A_{1i}^2 + A_{2i}^2$,则

$$\lambda = (A_{1i}^2 + A_{2i}^2) \boldsymbol{W}_{ii}^2 b_i^2/\sigma_0^2 \left(\frac{A_{1i}^2 + A_{2i}^2}{\boldsymbol{Q}_{v_{ii}}} \right) \tag{4.10}$$

令 $(A_{1i}^2 + A_{2i}^2) \boldsymbol{W}_{ii}^2 b_i = \mathrm{RPE}_i$,$\mathrm{RPE}_i$ 表示由偏差 b_i 产生的径向定位误差。可以证明有如下关系式成立:

$$\frac{A_{1i}^2 + A_{2i}^2}{\boldsymbol{Q}_{v_{ii}}} = \mathrm{HDOP}_i - \mathrm{HDOP} \tag{4.11}$$

式中:HDOP 表示所有观测卫星的水平精度衰减因子;HDOP_i 表示去掉第 i 颗卫星后的水平精度衰减因子。令 $\mathrm{HDOP}_i - \mathrm{HDOP} = \delta\mathrm{HDOP}_i$,则称 $\delta\mathrm{HDOP}_i$ 为水平精度衰减因子变化。若 $\delta\mathrm{HDOP}_i$ 越大,则其对应的卫星出现故障时越难检测。按上面定义,式(4.10)表示为

$$\lambda = \mathrm{RPE}_i^2/\sigma_0^2 \delta\mathrm{HDOP}_i^2 \tag{4.12}$$

当存在卫星故障时,检验统计量 SSE/σ_0^2 应大于检验限值 T^2,若 SSE/σ_0^2 小于 T^2,则为漏检。给定漏警概率 P_{MD},应满足如下概率等式:

$$P(\mathrm{SSE}/\sigma_0^2 < T^2) = \int_0^{T^2} f_{x^2(n-4,\lambda)}(x) \, \mathrm{d}x = P_{\mathrm{MD}} \tag{4.13}$$

由式(4.13)可求得非中心化参数 λ。对于式(4.12),若 RPE_i 以水平告警门限 HAL 代替,则可得水平精度衰减因子变化的门限为

$$\delta\mathrm{HDOP}_\mathrm{T} = \mathrm{HAL}/(\sigma_0\sqrt{\lambda}) \tag{4.14}$$

故障检验前,实时计算各卫星对应的 $\delta\mathrm{HDOP}_i$ 值,并取其中的最大值为 $\delta\mathrm{HDOP}_{\max}$。若 $\delta\mathrm{HDOP}_{\max} < \delta\mathrm{HODP}_\mathrm{T}$,表示在出现一个卫星故障并存在于最难检测的卫星的假设下,能够保证漏警概率 P_{MD}。因此,$\delta\mathrm{HDOP}_{\max}$ 可保证故障检测的可靠性。

若式(4.12)以 $\delta\mathrm{HDOP}_{\max}$ 代入,则可得水平保护级 HPL 为

$$\mathrm{HPL} = \delta\mathrm{HDOP}_{\max} \times \sigma_0 \times \sqrt{\lambda} \tag{4.15}$$

通过 HPL 和 HAL 的比较,同样能给出故障检测的完好性保证。由于 $\delta\mathrm{HDOP}_{\max}$ 仅与卫星几何有关,而不同卫星数量时可能有相同的 $\delta\mathrm{HDOP}_{\max}$,因此,应采用 HPL。

4.3.4　基于残差元素的故障识别

GNSS 用于辅助导航,RAIM 只需具备故障检测功能,一旦有故障告警,可启用其他导航系统。对于唯一导航,RAIM 不仅需要检测故障,还要能够识别并排除故障,

以便系统能继续工作而不中止导航。设计识别方法,容易想到的是在系统级检测方法的基础上,采用逐个剔除可见卫星的方法。首先对所有观测卫星计算 $\hat{\sigma}$,在检测出故障后,从 n 颗可见卫星中依次剔除一颗可见卫星,用余下的 $n-1$ 颗卫星再计算 $\hat{\sigma}$,然后将其与 $n-1$ 颗卫星对应的门限进行比较,如果超过门限,则被剔除的卫星不是故障源,反之,则被剔除的卫星是故障源。显然,这种方法只是检测方法的简单扩展,计算工作量大,影响 GNSS 完好性对监测时间的要求。

巴尔达提出的数据探测法是较好的粗差识别方法[14],其思想是基于最小二乘残差矢量构造统计量,该统计量服从某种分布,给定显著水平,则可通过对统计量的检验来判断某残差是否存在粗差。由残差和观测误差的关系式,可令统计量为

$$d_i = \frac{|v_i|}{\sigma_0 \sqrt{Q_{v_{ii}}}} \qquad (4.16)$$

对统计量 d_i 作二元假设:

H_0 (无故障): $E(\varepsilon_i) = 0, d_i \sim N(0,1)$ 。

H_1 (有故障): $E(\varepsilon_i) \neq 0, d_i \sim N(\delta_i, 1)$ 。

其中, δ_i 为统计量偏移参数,如第 i 颗卫星的伪距偏差为 b_i ,则

$$\delta_i = \sqrt{Q_{v_{ii}}} W_{ii} b_i / \sigma_0 \qquad (4.17)$$

n 颗卫星可得到 n 个检验统计量,给定总体误警概率为 P_{FA} ,则每个统计量的误警概率为 P_{FA}/n 。这样,有下面的概率等式成立:

$$P(d > T_d) = \frac{2}{\sqrt{2\pi}} \int_{T_d}^{\infty} e^{-\frac{x^2}{2}} dx = P_{FA}/n \qquad (4.18)$$

通过上式可计算得到检测限值 T_d 。对于每个检验统计量 d_i ,分别与 T_d 比较,若 $d_i > T_d$,则表明第 i 颗卫星有故障,应将其排除在导航解之外。

4.3.5　故障识别的完好性保证

类似于式(4.9),可将统计量偏移参数表示为

$$\delta_i = RPE_i / \sigma_0 \times \delta HDOP_i \qquad (4.19)$$

给定漏警概率 P_{MD} ,由正态分布,可求得统计量偏移参数 δ 。若已知 HAL,则卫星几何完好性保证的限值为

$$\delta HDOP_T = HAL / (\sigma_0 \times \delta) \qquad (4.20)$$

若选择 $\delta HDOP_i$ 中的最大值 $\delta HDOP_{max}$,则水平保护级为

$$HPL = \delta HDOP_{max} \times \sigma_0 \times \delta \qquad (4.21)$$

该式与式(4.15)相似,区别在于 δ 根据正态分布求得,而 λ 根据开方分布求得。

4.4 基于奇偶空间矢量的 RAIM 算法

利用系数矩阵的正交三角分解,可将观测量粗差以奇偶矢量表达,这样可相对简单直观地进行粗差的检测和识别。对于 GNSS 故障,根据这一原理进行识别将能更好地满足性能需求。本节介绍这一基本方法,给出其完好性保证模型,并证明它与最小二乘残差方法在数学上是等效的。

4.4.1 奇偶空间矢量的形成

假设无观测误差,则 GNSS 伪距观测模型表达式(4.1)表示为

$$y = Gx \tag{4.22}$$

对 $n \times 4$ 阶系数矩阵 G 进行正交三角分解,即令

$$G = QR \tag{4.23}$$

式中:Q 为 $n \times n$ 阶正交矩阵;R 为 $n \times 4$ 阶上三角矩阵。式(4.23)代入式(4.22),两边左乘 Q^T,得

$$Q^T y = Rx \tag{4.24}$$

又 Q^T 和 R 可分别表示为

$$Q^T = \begin{bmatrix} Q_x \\ Q_p \end{bmatrix}, \quad R = \begin{bmatrix} R_x \\ 0 \end{bmatrix} \tag{4.25}$$

式中:Q_x 为 Q^T 的前 4 行;Q_p 为剩下的 $n-4$ 行;R_x 为 R 的前 4 行。则

$$\begin{bmatrix} Q_x \\ Q_p \end{bmatrix} y = \begin{bmatrix} R_x \\ 0 \end{bmatrix} x \tag{4.26}$$

由式(4.26)可得待求参数 x 的解为

$$\hat{x} = R_x^{-1} Q_x y \tag{4.27}$$

并有如下表达式:

$$0 = Q_p y \tag{4.28}$$

考虑观测误差的影响,即 $y = Gx + \varepsilon$,则

$$p = Q_p \varepsilon \tag{4.29}$$

式中:Q_p 为奇偶空间矩阵;矢量 p 由观测误差被奇偶空间矩阵 Q_p 投影得到,一般称为奇偶空间矢量,它能直接反映故障卫星的偏差信息。Q_p 具有以下性质:①Q_p 的行与 G 的列正交;②Q_p 的行相互正交;③Q_p 的行都进行了标准化,每一行的大小都是单位阵。

4.4.2　基于奇偶矢量的故障检测和识别

由于奇偶矢量 $\boldsymbol{p}$ 直接反映了观测误差信息,基于奇偶矢量可构造检验统计量,进行故障检测和识别。类似于最小二乘残差矢量,奇偶矢量的数量积 $\boldsymbol{p}^{\mathrm{T}}\boldsymbol{p}$ 可作为检验统计量,后面将给出证明,它与最小二乘残差的平方和 SSE 相等,因而两者的检验相同。由于观测误差是通过奇偶空间矩阵 $\boldsymbol{Q}_p$ 的每一列反映到奇偶矢量,因此,奇偶矢量与 $\boldsymbol{Q}_p$ 的列有着必然的联系,可以以它们之间的几何性质进行故障卫星的识别,也可以以它们为基础构造统计量进行故障检验和识别。

假设共观测 6 颗卫星,在第 4 颗卫星上有偏差 b_4,忽略观测值噪声影响,则偏差的投影可表示如下:

$$\begin{bmatrix} p_1 \\ p_2 \end{bmatrix} = \begin{bmatrix} q_{14} \\ q_{24} \end{bmatrix} b_4 \tag{4.30}$$

式中:q_{14} 和 q_{24} 为 $\boldsymbol{Q}_p$ 的第 4 列元素。由式(4.30)可以看到,作用在第 4 颗卫星上的偏差引起的奇偶量肯定位于一条斜率是 q_{24}/q_{14} 的直线上,一般称这条直线为奇偶矢量特征偏差线,如图 4.2 所示。

每颗卫星都有自己的特征偏差线,其斜率由矢量 $\boldsymbol{Q}_p$ 各列的元素决定,即第 i 颗卫星的特征偏差线斜率 = q_{2i}/q_{1i},$i = 1, 2, \cdots, 6$。

由此可得故障识别法则:含有粗差的卫星就是那颗特征偏差线与观测的奇偶矢量 $\boldsymbol{p}$ 重合的卫星。

为最大化偏差的可视性,将奇偶矢量投影到 $\boldsymbol{Q}_p$ 的每一列,并进行标准化,可得到观测量:

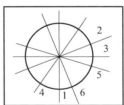

图 4.2　奇偶矢量特征偏差线

$$r_i = \frac{|\boldsymbol{p}^{\mathrm{T}}\boldsymbol{Q}_{p,i}|}{|\boldsymbol{Q}_{p,i}|} \tag{4.31}$$

以 r_i 作为检验统计量,当无观测偏差时,r_i 为零均值正态分布,方差与观测误差方差相同,为 σ_0^2。给定告警概率 P_{FA},对 n 个统计量有下列概率等式:

$$P(r_i > T_r) = \frac{2}{\sigma_0 \sqrt{2\pi}} \int_{T_r}^{\infty} \mathrm{e}^{-\frac{x^2}{2\sigma_0^2}} \mathrm{d}x = P_{\mathrm{FA}}/n \tag{4.32}$$

简写为

$$2\mathrm{erf}\left(\frac{T_r}{\sigma_0}\right) = P_{\mathrm{FA}}/n \tag{4.33}$$

从而可以得到检测门限:

$$T_r = \sigma_0 \mathrm{erf}^{-1}(P_{\mathrm{FA}}/2n) \tag{4.34}$$

式中

$$\text{erf}(z) = \frac{1}{\sqrt{2\pi}} \int_z^\infty e^{-\frac{\lambda^2}{2}} d\lambda \tag{4.35}$$

已知 P_{FA}，可事先计算得到限值 T_r，对每个统计量 r_i 与 T_r 比较，若 $r_i > T_r$，则检测到该卫星有故障。

4.4.3　基于奇偶矢量的完好性保证

当第 i 个观测量存在偏差 b_i，则 r_i 的均值为

$$\mu_i = |\boldsymbol{Q}_{p,i}| b_i \tag{4.36}$$

给定漏警概率 P_{MD}，应有下面的概率等式成立：

$$P(r_i < T_r) = \frac{1}{\sigma_0\sqrt{2\pi}} \int_0^{T_r} e^{-\frac{(x-\mu_i)^2}{2\sigma_0^2}} dx = P_{MD} \tag{4.37}$$

进一步表示为

$$P_{MD} = \text{erf}\left(\frac{u_i - T_r}{\sigma_0}\right) \tag{4.38}$$

则 P_{MD} 对应的均值为

$$u = T_r + \sigma_0 \text{erf}^{-1}(P_{MD}) \tag{4.39}$$

由式(4.36)可得满足 P_{MD} 条件下的最小检测偏差为

$$b_i = \frac{u}{|\boldsymbol{Q}_{p,i}|} \tag{4.40}$$

将式(4.40)代入式(4.27)，可得偏差 b_i 产生的水平定位误差为

$$E(\hat{x}) = \begin{bmatrix} \delta x_i \\ \delta y_i \end{bmatrix} = \boldsymbol{R}_x^{-1} \boldsymbol{Q}_x b_i \tag{4.41}$$

取最大定位误差，则水平保护级为

$$\text{HPL} = \max_i \left(\sqrt{\delta x_i^2 + \delta y_i^2}\right) \tag{4.42}$$

此 HPL 值表示满足 P_{MD} 条件时可能达到的最大水平定位误差，若其小于水平告警门限 HAL，则故障检测具有完好性保证。

4.4.4　奇偶矢量算法与最小二乘算法的比较

可以证明奇偶矢量算法与最小二乘算法在数学上等效。若以奇偶矢量的平方和作为检验统计量，则 $\boldsymbol{p}^T\boldsymbol{p} = \text{SSE}$，下面给出证明。取权 $\boldsymbol{W}$ 为单位对角阵，可知 $\text{SSE} = \boldsymbol{\varepsilon}^T(\boldsymbol{I} - \boldsymbol{G}(\boldsymbol{G}^T\boldsymbol{G})^{-1}\boldsymbol{G}^T)\boldsymbol{\varepsilon}$，而 $\boldsymbol{p}^T\boldsymbol{p} = \boldsymbol{\varepsilon}^T\boldsymbol{Q}_p^T\boldsymbol{Q}_p\boldsymbol{\varepsilon}$，令

$$\boldsymbol{H} = \begin{bmatrix} \boldsymbol{G}^* \\ \boldsymbol{Q}_p \end{bmatrix} \tag{4.43}$$

式中：$\boldsymbol{G}^* = (\boldsymbol{G}^T\boldsymbol{G})^{-1}\boldsymbol{G}^T$，则

$$\boldsymbol{H}^{-1} = \begin{bmatrix} \boldsymbol{G} & \boldsymbol{Q}_p^T \end{bmatrix} \tag{4.44}$$

可得

$$HH^{-1} = \begin{bmatrix} G^* G & G^* Q_p^{\mathrm{T}} \\ Q_p G & Q_p Q_p^{\mathrm{T}} \end{bmatrix} = \begin{bmatrix} I_4 & \\ & I_{n-4} \end{bmatrix} = I_n \qquad (4.45)$$

$$HH^{-1} = \begin{bmatrix} G & Q_p^{\mathrm{T}} \end{bmatrix} \begin{bmatrix} G^* \\ Q_p \end{bmatrix} = GG^* + Q_p^{\mathrm{T}} Q_p \qquad (4.46)$$

因为 $HH^{-1} = H^{-1}H$，所以 $I_n = GG^* + Q_p^{\mathrm{T}} Q_p$，即

$$Q_p^{\mathrm{T}} Q_p = I_n - G(G^{\mathrm{T}} G)^{-1} G^{\mathrm{T}} \qquad (4.47)$$

同样可以证明以残差矢量 v_i 构造的统计量 d_i 和以奇偶矢量 p 构造的统计量 r_i 相等，即两种方法单元素故障识别也是等效的。

奇偶矢量检测方法与最小二乘检测方法的最主要区别在于奇偶矢量算法更加简单直观，矩阵运算量小，节省计算时间，提高接收机 RAIM 功能的处理效率，更容易满足 GNSS 完好性对告警时间的限制。

4.5　HPL 算法分析及 HUL 的计算

为保证故障检测和识别的可靠性，上两节根据检验统计量的分布给出了相应的定位误差水平保护级（HPL）的计算模型。模拟分析表明[15]，在故障偏差较小时，所确定的 HPL 使漏警概率 P_{MD} 经常不能满足需求。实际应用中，需要在存在故障情况下，以一定的置信度（如 99.9%）对水平定位误差进行实时估计，给出存在故障的水平误差不确定级（HUL）。这样，在故障被检测到但不能被排除时，用户可以进一步根据 HUL 确定当前定位是否可用。本节将给出一种新的 HPL 计算方法[16]，通过模拟，分析不同方法的效果，得到对应不同飞行阶段的合理的 HPL 计算方法，并推导 HUL 的计算方法。

4.5.1　检验统计量与定位误差的关系

如图 4.3 所示，以横轴表示检测统计量 $\hat{\sigma}$，纵轴表示径向定位误差（RPE）。假设第 i 颗卫星有故障，偏差为 b_i，忽略正常误差影响，由前面的最小二乘推导可得检测统计量 $\hat{\sigma}$ 及 RPE 与偏差 b_i 的关系分别如下：

$$\hat{\sigma} = \sqrt{\mathrm{SSE}/(n-4)} = \sqrt{Q_{v_{ii}} W_i^2 b_i^2 / (n-4)} \qquad (4.48)$$

$$\mathrm{RPE}_i = \sqrt{A_{1i}^2 + A_{2i}^2} W_{ii} b_i \qquad (4.49)$$

将式（4.48）与式（4.49）取比值，可得图中倾斜线的斜率 Hslope_i 为

$$\mathrm{Hslope}_i = \mathrm{RPE}_i / \hat{\sigma} = \sqrt{\frac{(A_{1i}^2 + A_{2i}^2)(n-4)}{Q_{v_{ii}}}} \qquad (4.50)$$

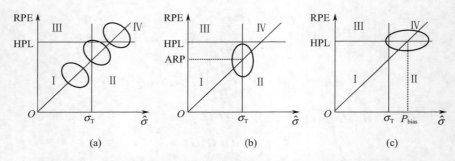

图4.3　检验统计量与径向定位误差的关系（误差椭球落在不同区间）

式（4.50）表明检测统计量和定位误差呈线性关系，沿着此倾斜线，检测统计量和定位误差随着偏差的增加而线性增加。给定检测统计量的门限 σ_T 及定位误差 HPL 的门限（图4.3），随着偏差的变化，会出现以下四种情况：

正常状态（Ⅰ）：检测统计量小于门限，定位误差小于门限。

误警（Ⅱ）：检测统计量大于门限，定位误差小于门限。

漏警（Ⅲ）：检验统计量小于门限，定位误差大于门限。

正确检测（Ⅳ）：检验统计量大于门限，定位误差大于门限。

偏差较小时，检测统计量和定位误差均小于门限，系统处于正常状态，P_{MD} 较低。偏差较大时，检测统计量和定位误差均大于门限，系统能正确检测这种偏差，P_{MD} 也较低。当偏差处于两者之间时，P_{MD} 可能达到最大。P_{MD} 与偏差成一定函数关系。

对应相同的检测统计量，最大倾斜卫星出现故障时漏警概率最高。因此，Hslope_i 越大，该卫星出现故障时越难检测，令

$$\mathrm{Hslope}_{max} = \max_i \left\{ \mathrm{Hslope}_i \right\} \tag{4.51}$$

对于检测统计量门限 σ_T 点，假设故障出现在最大倾斜卫星，对应的 ARP 为

$$\mathrm{ARP} = \mathrm{Hslope}_{max} \times \sigma_T \tag{4.52}$$

考虑噪声的影响，根据 ARP 可以模拟给出 HPL，如对应辅助导航的需求，一般给出 HPL = 1.7ARP。这种模拟较复杂，需根据不同情况分别进行，相应的系数值将不同，一般不便于采用。

式（4.52）中的 σ_T 若以满足 P_{MD} 为（$1-99.9\%$）时的 x^2 分布非中心化参数 λ 在 $\hat{\sigma}$ 轴上的对应值 $P_{bias} = \sigma_0 \sqrt{\lambda} / \sqrt{n-4}$ 来代替，则得到 HPL 为

$$\mathrm{HPL} = \mathrm{Hslope}_{max} \times P_{bias} = \mathrm{Hslope}_{max} \times \sigma_0 \sqrt{\lambda} / \sqrt{n-4} \tag{4.53}$$

式（4.53）与式（4.15）是等效的，包括式（4.21）及式（4.42），它们在确定 HPL 时，都是基于统计量对应分布在 P_{MD} 为 0.001 时的偏差。实际上，考虑到观测噪声的

影响,在故障偏差较小时,使 P_{MD} 最大的偏差并不一定是 0.001 对应的偏差。模拟分析表明,这种方法确定的 HPL 使 P_{MD} 经常不能满足需求。

4.5.2　偏差与噪声相互影响的 HPL 算法

式(4.52)给出了检测门限点对应的 ARP,该式仅考虑了故障偏差的影响并假设故障出现在最难检测的卫星。当故障偏差使检测统计量达到限值时,正常误差(指观测误差及 SA,相对于偏差可看作噪声)有可能使水平定位误差超过门限而出现漏警。如果在 ARP 值上加上这种噪声影响,则可得到准确的 HPL。

GNSS 伪距观测量经最小二乘解算时,能给出实时定位解的方差估计,即

$$\Sigma_{\hat{x}} = \sigma_0^2 (\boldsymbol{G}^{\mathrm{T}} \boldsymbol{W} \boldsymbol{G})^{-1} \tag{4.54}$$

令 $(\boldsymbol{G}^{\mathrm{T}} \boldsymbol{W} \boldsymbol{G})^{-1} = \boldsymbol{Q}$,则平面 x、y 方向的方差分别为 $\sigma_x^2 = \sigma_0^2 \boldsymbol{Q}_{11}$,$\sigma_y^2 = \sigma_0^2 \boldsymbol{Q}_{22}$,$\sigma_{xy}^2 = \sigma_0^2 \boldsymbol{Q}_{12}$。由于 x、y 方向具有相关性,水平定位误差以误差椭圆的长轴方向表示,长轴方向的方差为 $\sigma_H^2 = \dfrac{\sigma_x^2 + \sigma_y^2}{2} + \sqrt{\left(\dfrac{\sigma_x^2 - \sigma_y^2}{2}\right) + \sigma_{xy}^2}$。将定位误差看作高斯噪声,给定置信概率 P(如 99.9%),可得分位数 $\kappa_H(P)$,则由于噪声影响而产生的水平定位误差置信门限为 $\kappa_H(P) \sigma_H$。考虑偏差和观测噪声的综合影响,取两者之和,则水平保护级为

$$HPL = Hslope_{max} \times \sigma_T + \kappa_H(P) \sigma_H \tag{4.55}$$

式(4.55)没有考虑偏差和噪声之间可能的相互作用。由于噪声的影响,可能使检测统计量减小,而使定位误差增大,即偏差对水平定位误差的影响可能没有被检测统计量代表,我们考虑用一增量 ΔP 来补偿统计量因为噪声造成的减小,即

$$HPL = Hslope_{max}(\sigma_T + \Delta P) + \kappa_H(P) \sigma_H \tag{4.56}$$

ΔP 可取为 P_{bias} 与 σ_T 的中间值,即 $(P_{bias} - \sigma_T)/2$。除以 2 主要考虑统计量因噪声而减小,而此时水平定位误差增大或减小有相等的概率。

4.5.3　HPL 计算方法的比较

式(4.56)给出的 HPL 算法与式(4.53)算法的共同特点是,基于一颗卫星故障,故障出现在最难检测的卫星,且按最小二乘"快照"模式。由于对噪声影响的处理方法不同,这两种算法应有不同的完好性保证性能。为比较其不同的性能,按不同飞行阶段(海洋、本土航路、终端及 NPA),我们对每种算法的漏警概率进行模拟测试。根据我国区域一天 24h 不同时空点模拟得到的卫星几何,选择 400 个可用的卫星几何,其中 100 个对应海洋飞行阶段,100 个对应本土航路飞行阶段,100 个对应终端飞行阶段,100 个对应 NPA 飞行阶段。伪距观测噪声按 33.3m 标准差模拟,最难检测卫星的观测故障为 5m/s 变化率的慢变误差。每个卫星几何重复 1000 次模拟计算,用式(4.53)、式(4.56)及式(4.55)给出不同的 HPL 计算值,分别为 HPL1、HPL2 及

HPL3,并对每次计算分别确定是否为漏检。对四个阶段不同 HPL 确定方法的漏检概率进行统计,结果如表4.1所列。

表 4.1　不同 HPL 确定方法的漏检概率统计(%)

飞行阶段 确定方法	NPA	终端	本土航路	海洋
HPL1	0.0026	0.0005	0.0007	0.0007
HPL2	0.0003	0.0032	0.0035	0.0041
HPL3	0.0019	0.0035	0.0043	0.0051
HPL1 & HPL2	0.0003	0.0005	0.0007	0.0007

由表4.1可以得到:HPL1 的确定方法,除 NPA 阶段,其他三个阶段的漏检测试均能通过;HPL2 的确定方法,除 NPA 阶段能够通过外,其他三个阶段的漏检测试均不能通过;HPL3 的确定方法,四个阶段的漏检测试均不能通过。因此,式(4.53)的 HPL 计算方法适宜终端、本土航路及海洋三个阶段,式(4.56)的 HPL 计算方法适宜 NPA 阶段。实际应用中,可以根据不同飞行阶段,应用两种不同的计算方法,以确实保证完好性。

4.5.4　HUL 的计算

HPL 是在故障检测前,预测当前卫星几何在出现一颗卫星故障时,能够保证的水平定位误差。如果 HPL 超限,则视当前卫星几何为不可用。实际应用中,特别是对于唯一导航,故障检测和排除模块可以以一定的置信度(如99.9%)对水平定位误差进行实时估计,这种估计值定义为水平误差不确定级(HUL)。在故障被检测到但不能被排除的时候,应根据 HUL 确定导航定位结果是否能满足导航需求。这样,可以提高可用性,并能够有一定的故障处理时间。

HPL 的计算式(4.56)中,若以实时检测统计 $\hat{\sigma}$ 代替其限值 σ_T,则对应的计算结果就为 HUL,即

$$\text{HUL} = \text{Hslope}_{\max}(\hat{\sigma} + (P_{\text{bias}} - \sigma_T)/2) + \kappa_H(P) \cdot \sigma_H \tag{4.57}$$

HUL 与 HPL 的主要区别在于 HPL 是预测值,与实时观测量无关,而 HUL 是基于实时观测量的估计值。HPL 和 HUL 的比较如表4.2所列。

表 4.2　HPL 和 HUL 的比较

HPL	HUL
一段时间的误差统计限值	观测瞬间的误差统计门限
决定于参数虚警概率和漏警概率	决定于置信度(如99.9%)
可以预测,不需要实时观测量	不可预测,需要实时观测量

△ 4.6 RAIM 可用性分析

可用性定义为在特定飞行阶段,系统功能满足性能要求的时间百分率。性能要求的满足与卫星几何有重要关系,因此,可用性的计算取决于用户到卫星的几何条件。本节模拟分析在不同性能要求下,利用 RAIM 进行完好性监测的可用性。

4.6.1 RAIM 可用性分析方法

用户在利用 RAIM 进行故障检测前,应计算水平保护级 HPL,以保证当前用户卫星几何的最大漏检概率不会超过需求值。如果 HPL 超过当前飞行阶段规定的水平告警门限(HAL),则通知用户当前观测条件不能满足需求。HPL 一方面保证了系统的完好性,另一方面,它也反映了系统卫星几何的可用性,因而根据 HPL 可以分析 RAIM 的可用性。由式(4.53)与式(4.56)给出的 HPL 算法可以得到 RAIM 可用性确定方法是:设置误警概率 P_{FA} 和漏检概率 P_{MD} 为需求值,然后基于一颗卫星故障并存在最难检测卫星假设,可得 HPL 随卫星几何的变化值,由此 HPL 可确定当前卫星几何是否可用。

对于唯一导航,不仅要利用 RAIM 进行故障检测,还需要利用 RAIM 进行故障排除,因此,应按故障排除分析卫星几何的可用性。基于一颗卫星故障假设,故障排除对应的水平保护级可取为所有观测卫星子组合得到的最大 HPL 值。即从 n 颗观测卫星组合中每次去掉一颗卫星,形成 n 个子组合,对每个子组合计算 HPL,n 个子组合 HPL 中的最大值是 HPL_{max}。将 HPL_{max} 与 HAL 比较,能够确定故障排除的可用性。

不同用户位置,不同观测时间,可视卫星数不同,卫星几何结构也不同。这样,HPL 或 HPL_{max} 的对应值不同,因而不同时空点的系统可用性不同。将同一位置不同时间的可用性称为时间可用性,某一服务区不同位置的可用性称为服务区可用性。

对于某一服务区,分析该服务区可用性可采用格网模拟方法。即在服务区范围按一定的经纬度间隔给出地面格网,假定用户在每一格点,取一定观测时段按一定采样间隔分别确定是否可用,然后对所有格点、所有采样时刻的可用性结果进行统计,得到此服务区的系统可用性。

4.6.2 分析方案及数据准备

GPS 仿真采用 24 颗星的标准星座和最新的 YUMA 星历。Galileo 系统和 BDS 分别按 27 颗卫星和 35 颗卫星(其中 5 颗 GEO,3 颗 IGSO)进行仿真(表 4.3),仿真时间为 1 天,每 300s 采样一次。其中,5 颗 GEO 卫星的轨道位置分别为 58.75°E、80°

E、110.5°E、140°E、160°E。3 颗 IGSO 的倾角为 55°,交叉点经度为 118°E。按 5°×5°的分辨率进行计算,计算中高度截止角设为 10°。为方便比较分析,分 3 个方案:

方案一:GPS 标准星座(24 颗星)。

方案二:GPS 当前星座。

方案三:GPS + Galileo 系统 + BDS。

表 4.3　BDS 和 Galileo 系统星座仿真参数

系统 \ 仿真参数	BDS	Galileo 系统
a	27878.1 km	29601.3 km
i	55°	56°
e	0	0
ω	0°	0°
Ω	0°,120°,240°	60°,180°,300°
M_0	每个轨道上的第一颗卫星在仿真起始时刻的平近点角分别为 0°,15°,30°,其余卫星平近点角依次增加 40°	每个轨道上的第一颗卫星在仿真起始时刻的平近点角分别为 0°,13°20′,26°40′,其余卫星平近点角依次增加 40°

表中 a 为卫星轨道的长半轴,i 为轨道倾角,e 为轨道离心率,ω 是轨道近地点角距,Ω 代表升交点赤经,M_0 为平近点角。

对应五个飞行阶段,定位误差告警限值分别设置为水平 20m,高程 220m(LPV - 200),556m(NPA),1852m(终端),3704m(本土航路)和 7408m(远洋)。对于辅助导航,误警概率设为 0.002/h,按误差相关时间为 2min 计算,对应为 6.667×10^{-5}/sample。

4.6.3　可用性分析结果

GNSS 用于辅助导航时,RAIM 只需提供故障检测(FD)功能。不同系统配置时,各飞行阶段 RAIM 故障检测的可用性统计结果见表 4.4。

表 4.4　故障检测的可用性统计(%)

系统配置	LPV-250	NPA	终端	本土航路	远洋
方案一	0	99.980	99.991	99.998	100
方案二	0	100	100	100	100
方案三	53	100	100	100	100

4.7　先进接收机自主完好性监测（ARAIM）

4.7.1　ARAIM 简介

考虑未来卫星导航系统的发展，FAA 成立了 GNSS 演化架构研究小组。2008 年该小组提出了绝对接收机自主完好性监测和相对接收机自主完好性监测概念[12]。针对未来多星座、多频信号及民航实际需求的变化，2010 年该小组又提出了先进接收机自主完好性监测（ARAIM）。2016 年发布的第 3 版节点报告中，将各类概念统一为先进接收机自主完好性监测，并提交 ICAO 进行技术审议。

ARAIM 模式下，星座卫星数一般多于 30 颗，此时采用 RAIM 几乎不影响用户可用性，但是，多 GNSS 存在空间信号精度状态、时间系统偏差、卫星故障概率状态等统一问题，需要地基完好性监测以较低频度（小时级）参数更新向用户播发上述参数，ARAIM 原理示意图如图 4.4 所示。

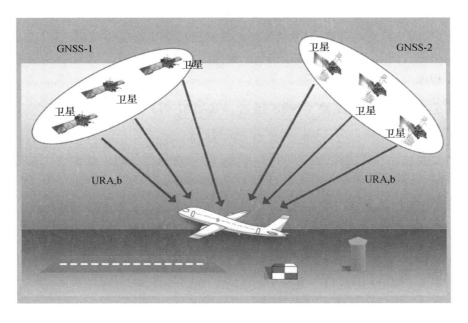

图 4.4　ARAIM 原理示意图（见彩图）

尽管 ARAIM 是对单频 RAIM 的扩展，但其要求要高得多。传统 RAIM 算法仅需探测出水平方向 200m 左右的误差即可，ARAIM 则需要确保垂直定位误差不超过 35m。此外，LPV-200 阶段的完好性风险为 10^{-7}，而航路阶段完好性风险仅为 10^{-5}。图 4.5 给出了 ARAIM 的完好性风险分配树。

GNSS 演化架构研究小组给出的 ARAIM 垂直保护水平公式为

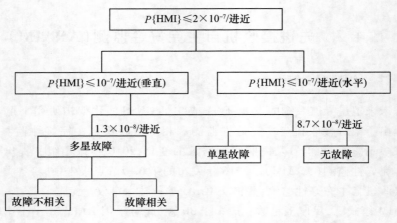

图 4.5　ARAIM 完好性风险分配树

$$\text{VPL} = K_{\text{md}} \times \sigma_{\text{V}} + \sum_{i=1}^{N} |S(3,i)| \times \text{Maximum\_Bias}(i) \quad (4.58)$$

　　GNSS 演化架构研究小组给出的保护水平多了偏差项。这是因为对于 ARAIM 来说,使用的是原始观测量,通常认为原始观测量不是零均值的高斯分布,而是存在一定的偏差。而对于星基增强系统来说,通常认为经过各项误差改正后,其定位误差服从零均值的高斯分布。

4.7.2　北斗与其他 GNSS 组合 ARAIM 可用性分析

　　为了分析 BDS 对完好性的贡献,对 GPS、Galileo 系统及 BDS 的星座进行仿真,仿真参数设置与 4.6 节相同,仿真时间为 1 天,每 300s 采样一次。按 5°×5° 的分辨率进行计算,计算中高度截止角设为 10°。为方便比较分析,分 7 个方案:

　　方案一:GPS(G)。

　　方案二:BDS(C)。

　　方案三:Galileo 系统(E)。

　　方案四:GPS + Galileo 系统(G + E)。

　　方案五:GPS + BDS (G + C)。

　　方案六:Galileo 系统 + BDS (E + C)。

　　方案七:GPS + Galileo 系统 + BDS (G + E + C)。

　　表 4.5 给出双频条件下,各方案的全球 VPL 均值及在 LPV - 250、LPV - 200、APV - Ⅱ 阶段的 RAIM 可用性。图 4.6 至图 4.12 给出了各方案的 VPL。不难看出,在 LPV - 250 阶段,除了 GPS 无法完全满足相应的完好性需求外,BDS 及 Galileo 系统在该阶段的 RAIM 可用性均为 100%。在 LPV -200 阶段,与 BDS 和 Galileo 系统相比,GPS 的 RAIM 可用性较低,仅为 38.3%。这主要是由 GPS 的星座几何结构决定的。BDS 与 Galileo 系统在该阶段的 RAIM 可用性分别为 95.4% 和 81.1%,北斗的可用性

略高。即利用北斗单一卫星导航系统,可以提供 LPV -250 阶段的完好性服务,但无法完全满足 LPV-200 阶段的完好性需求。在双频率条件下,北斗与 GPS 或 Galileo 系统组合时,在 LPV - 200 阶段的 RAIM 可用性为 100%,即在全球范围内能满足 LPV-200阶段的完好性要求。对于 APV-Ⅱ阶段来说,BDS + Galileo 系统组合可用性最高,其在 APV-Ⅱ阶段可用性约89.8%,优于其他组合。

表 4.5　双频条件下的 RAIM 用户保护水平及可用性

性能 方案	VPL/m	LPV-250 阶段可用性 (VAL = 50m)	LPV-200 阶段可用性 (VAL = 35m)	APV-Ⅱ阶段可用性 (VAL = 20m)
G	43.9	87.1	38.3	0
C	29.2	100	95.4	7.37
E	33.1	100	81.1	0
G + E	21.0	100	100	48.1
G + C	18.9	100	100	79.8
E + C	17.9	100	100	89.8
G + E + C	14.3	100	100	100

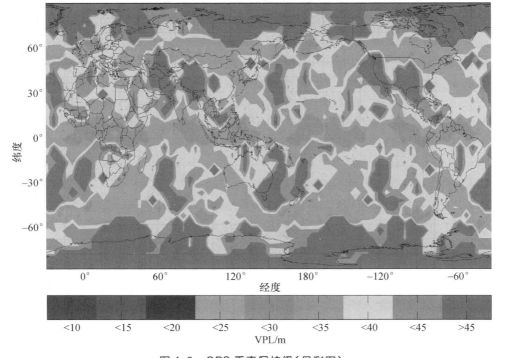

图 4.6　GPS 垂直保护级(见彩图)

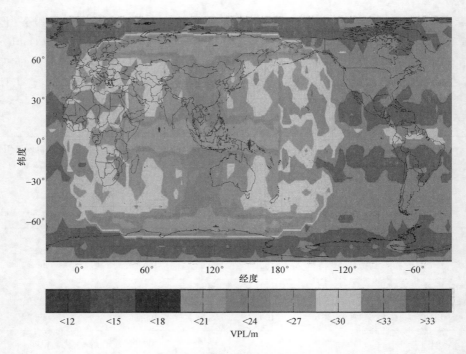

图 4.7 BDS 垂直保护级(见彩图)

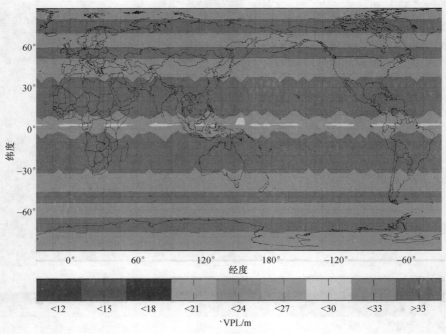

图 4.8 Galileo 系统垂直保护级(见彩图)

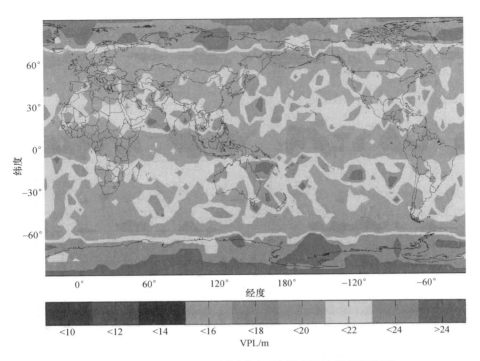

图 4.9　GPS + Galileo 系统(方案四)垂直保护级(见彩图)

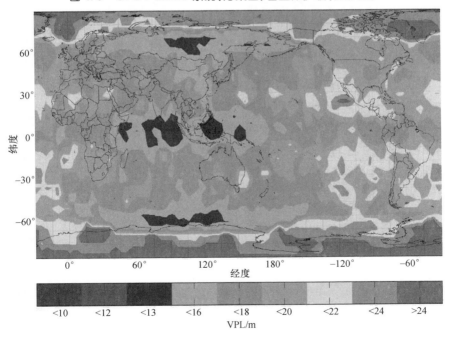

图 4.10　GPS + BDS(方案五)垂直保护级(见彩图)

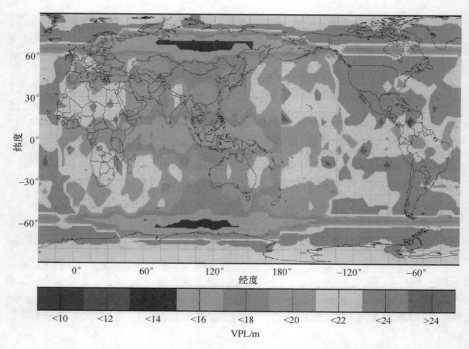

图 4.11 BDS + Galileo 系统(方案六)垂直保护级(见彩图)

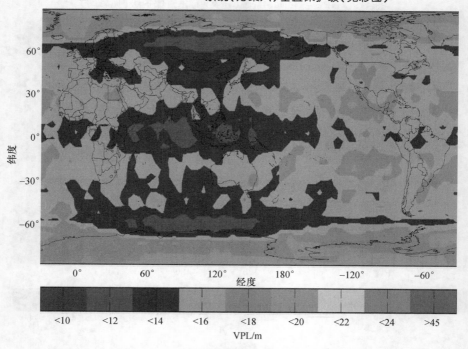

图 4.12 GPS + BDS + Galileo 系统(方案七)垂直保护级(见彩图)

由图 4.10 和图 4.12 可知,GPS + BDS 的 VPL 变化值为 14 ~ 24m,在 GPS + Galileo 系统的基础上加入 BDS 星座后,VPL 明显降低,其变化范围为 10 ~ 20m。由表 4.5 可知,GPS + Galileo 系统 + BDS 在 LPV‑200 及 APV‑Ⅱ阶段的 RAIM 可用性均达到 100%。这意味着,如果 Galileo 系统和 BDS 的用户测距精度能够达到当前 GPS 的水平,则在全球范围内,可以利用用户接收机提供 LPV‑200 及 APV‑Ⅱ阶段的完好性服务。

综合上述分析结果,可以得出如下结论:

(1)双频乃至多频信号可以消除一阶电离层误差的影响,大大提高 ARAIM 的可用性。在 BDS 单系统条件下,能够满足 LPV‑250 阶段的完好性需求,其在 LPV‑200 阶段的 RAIM 可用性为 95.4%。BDS 与其他卫星导航系统组合,完全能够为全球用户提供 LPV‑200 乃至 APV‑Ⅱ阶段的完好性服务。

(2)在未来多系统、多频信号下,仅仅基于 ARAIM,尚无法提供精密进近阶段 CAT Ⅰ / Ⅱ / Ⅲ 的完好性服务。

4.8 相对接收机自主完好性监测(RRAIM)

地面段是基于地面监测站对 GNSS 空间信号实时连续监测,形成各颗卫星全弧段空间信号的完好性信息,向用户实时播发应用。地面完好性通道(GIC)存在的问题是完好性信息不能反映空间信号受大气传播扰动、信号接收干扰等引起的故障因素,且完好性信息播发链路和实时性受限等。用户段是基于接收机对 GNSS 空间信号的冗余观测数据,进行故障卫星观测数据的检测与排除,即接收机自主完好性监测(RAIM)。RAIM 存在的问题是难以检测多星故障,且影响 GNSS 应用性能等问题。有学者提出 RRAIM,将地面段和用户端两者融合应用,取得了优势互补的效果,其原理示意图如图 4.13 所示。与 GIC 相比,它降低了地面监测的频度和实时性(告警时间)要求,在使用单星座情况下可以改善 ARAIM 使用的可用性。

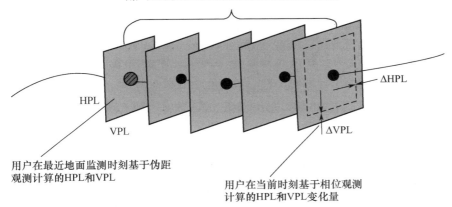

用户距离最近地面监测时刻点位的位置变化量

ΔHPL

HPL

VPL

ΔVPL

用户在最近地面监测时刻基于伪距观测计算的HPL和VPL

用户在当前时刻基于相位观测计算的HPL和VPL变化量

图 4.13 RRAIM 原理示意图(见彩图)

RRAIM 采用与地面监测相结合的完好性处理方法,地面监测系统以离散化的时间间隔监测卫星状态,以完好性参数信息的方式提供导航用户,用户在最近地面监测时刻点位计算基于伪距观测的 HPL 和 VPL,并在地面监测更新间隔时间内需保持持续观测,采用载波相位平滑和积分的方法计算用户端定位误差限值变化量(ΔHPL 和 ΔVPL),并进行相应的故障检测排除(FDE)。

RRAIM 技术需要重点研究的问题有:RRAIM 地面监测方法及参数设计;RRAIM 用户端处理算法;多频导航信号应用及影响分析;RRAIM 计算性能与可用性分析等。

4.8.1 基于 RRAIM 的定位算法

令监测间隔期内的用户实时位置时刻为 t,与最近地面监测时刻延迟为 T,最近地面监测时刻为 $t-T$,t 时刻的距离观测量为 $\hat{p}_t$。

$$\hat{p}_t = p_{t-T} + \Delta\phi_{t,t-T} \tag{4.59}$$

式中:p_{t-T} 为 $t-T$ 时刻的伪距观测量;$\Delta\phi_{t,t-T}$ 为 $t-T$ 时刻到 t 时刻的载波相位观测值的变化量。$\hat{p}_t$ 还可以表示为

$$\hat{p}_t = r_t + \tau_t + \delta p_{t-T} + \delta\Delta\phi_{t,t-T} \tag{4.60}$$

式中:r_t 为卫星至用户的真实距离;τ_t 为接收机钟差;δp_{t-T} 为 $t-T$ 时刻伪距误差;$\delta\Delta\phi_{t,t-T}$ 为 $t-T$ 时刻到 t 时刻载波相位变化量观测误差。

t 时刻的观测误差方程为

$$\hat{P} = \begin{bmatrix} \hat{p}_{t,1} \\ \vdots \\ \hat{p}_{t,n} \end{bmatrix} = G\begin{bmatrix} x_t \\ \tau_t \end{bmatrix} + \begin{bmatrix} \delta\hat{p}_{t,1} \\ \vdots \\ \delta\hat{p}_{t,n} \end{bmatrix} + \beta \tag{4.61}$$

$$G = \begin{bmatrix} a_{t,1}^T & -1 \\ \vdots & \vdots \\ a_{t,n}^T & -1 \end{bmatrix} \tag{4.62}$$

式中:$\hat{P}$ 为观测矢量;x_t 为三维位置矢量;τ_t 为接收机钟差;$\delta\hat{p}_{t,i}$ 为伪距观测误差;β 为伪距域的偏差量;$a_{t,i}^T$ 为 t 时刻用户与卫星 i 之间的观测余弦。令 n 颗卫星观测量的误差模型为 $R_{\delta\hat{p}}$,并有 $\delta\hat{p}_{t,i} = \delta p_{t-T,i} + \delta\Delta\phi_{t,t-T,i}$,当 $n \geq 4$ 时,空间转换矩阵 S^p 可表示为

$$S^p = (G^T R_{\delta\hat{p}}^{-1} G)^{-1} G^T R_{\delta\hat{p}}^{-1} \tag{4.63}$$

用户定位解的最小二乘估计为

$$\hat{X} = S^p(\hat{P} - \delta\hat{P} - \beta) \tag{4.64}$$

用户定位解的协方差矩阵 R_{pos} 可表示为

$$R_{\text{pos}} = (G^{\text{T}} R_{\delta \hat{p}}^{-1} G)^{-1} \tag{4.65}$$

$\boldsymbol{\beta}$ 为伪距域的偏差量,且

$$\boldsymbol{\beta} = \begin{bmatrix} b_{1,\max} \\ \vdots \\ b_{n,\max} \end{bmatrix} \tag{4.66}$$

则定位域垂直方向偏差可表示为

$$b_{\text{v}} = \sum_{i=1}^{n} \left| S_{\text{v},i}^{p} \right| \times b_{i,\max} \tag{4.67}$$

4.8.2 RRAIM 的故障检测

发生在 $t-T$ 时刻的卫星故障可由地面系统监测,并且在 $t-T$ 时刻,地面监测系统向用户提供若干完好性参数作为 RRAIM 的检测先验信息。从 $t-T$ 时刻到 t 时刻由 RRAIM 方法负责故障星的检测和隔离,下面进行二元假设:

若从 $t-T$ 时刻至 t 时刻的时间区间内无故障(H_0 假设),则垂直方向的定位域误差 e_{v} 服从以下分布:

$$e_{\text{v}} \big|_{H_0} \sim N(b_{\text{v}}, \boldsymbol{\sigma}_{\text{v}}) \tag{4.68}$$

若从 $t-T$ 时刻至 t 时刻的时间区间内有故障(H_1 假设),则垂直方向的定位域误差 e_{v} 服从以下分布:

$$e_{\text{v}} \big|_{H_1} \sim N(b_{\text{v}} + f_{\text{v}}, \boldsymbol{\sigma}_{\text{v}}) \tag{4.69}$$

$$f_{\text{v}} = S_{\text{v}}^{p} \cdot \boldsymbol{q}_{j} \cdot f \tag{4.70}$$

式中:$\boldsymbol{q}_{j}$ 为 $n \times 1$ 列矢量,除了第 j 个元素为 1,其他元素均为零;f 为第 j 颗星的故障偏差量值。

从 $t-T$ 时刻至 t 时刻的时间区间的用户位置变化量的观测方程可由下式表示:

$$\begin{bmatrix} \Delta \phi_{t,t-T,1} \\ \vdots \\ \Delta \phi_{t,t-T,n} \end{bmatrix} = G \begin{bmatrix} \Delta x_{t,t-T} \\ \Delta \tau_{t,t-T} \end{bmatrix} + \Delta G \begin{bmatrix} \delta \hat{x}_{t-T} \\ \delta \hat{\tau}_{t-T} \end{bmatrix} + \begin{bmatrix} \delta \Delta \phi_{t,t-T,1} \\ \vdots \\ \delta \Delta \phi_{t,t-T,n} \end{bmatrix} \tag{4.71}$$

式中:$\Delta \phi_{t,t-T,i}$ 为第 i 卫星从 $t-T$ 时刻至 t 时刻相位观测变化量;G 为 $t-T$ 时刻用户位置观测矩阵;ΔG 为从 $t-T$ 时刻至 t 时刻 G 矩阵变化量;$\Delta x_{t,t-T}$ 和 $\Delta \tau_{t,t-T}$ 为从 $t-T$ 时刻到 t 时刻用户位置和接收机钟差的变化量;$\delta \hat{x}_{t-T}$ 和 $\delta \hat{\tau}_{t-T}$ 为用户 $t-T$ 时刻三维位置误差和接收机钟改正估值(已知值);$\delta \Delta \phi_{t,t-T,i}$ 为 $\Delta \phi_{t,t-T,i}$ 的误差。

式(4.71)中的后两项协方差矩阵为

$$R_{\text{d}} = \Delta G (G^{\text{T}} R_{\delta p}^{2} G)^{-1} \Delta G + R_{\delta \Delta \varphi} \tag{4.72}$$

空间转换矩阵为

$$S^{\text{d}} = (G^{\text{T}} R_{\text{d}}^{-1} G)^{-1} G^{\text{T}} R_{\text{d}}^{-1} \tag{4.73}$$

相位观测量残差为

$$\delta\boldsymbol{r} = (\boldsymbol{I} - \boldsymbol{S}^{\mathrm{d}})\Delta\boldsymbol{\Phi} \tag{4.74}$$

构造统计检验量为

$$z = \delta\boldsymbol{r}^{\mathrm{T}}\boldsymbol{R}_{\mathrm{d}}^{-1}\delta\boldsymbol{r} = \Delta\boldsymbol{\Phi}^{\mathrm{T}}\boldsymbol{R}_{\mathrm{d}}^{-1}(\boldsymbol{I} - \boldsymbol{S}^{\mathrm{d}})\Delta\boldsymbol{\Phi} \tag{4.75}$$

若在 $t - T$ 时刻至 t 时刻的时间区间内无故障(H_0 假设),则 $z \sim \chi^2(n-4)$。

若在 $t - T$ 时刻至 t 时刻的时间区间内有一颗星出现故障(H_1 假设),则 $z \sim \chi^2(n-4, \lambda_{\mathrm{d}}f^2)$,其中 $\lambda_{\mathrm{d},j} = \boldsymbol{q}_j^{\mathrm{T}}\boldsymbol{R}_{\mathrm{d}}^{-1}(\boldsymbol{I} - \boldsymbol{S}^{\mathrm{d}})\boldsymbol{q}_j$。

4.8.3 RRAIM 的 VPL 计算

若要计算 RRAIM 的 VPL,首先要对其置信概率进行合理分配和设置,令用户的完好性风险概率为 1×10^{-7},它与 VPL 的关系可由下式表示:

$$P\{(\,|\,e_{\mathrm{v}}\,|\, > \mathrm{VPL}) \cap (z < D)\} = P_{\mathrm{HMI}} \tag{4.76}$$

如上所述,在 T 时间区间内存在两种假设:H_0 假设和 H_1 假设,因而式(4.76)可进一步表示为

$$P\{(\,|\,e_{\mathrm{v}}\,|\, > \mathrm{VPL}) \cap (z < D)\,|\,H_0\} \cdot P_{H_0} +$$
$$P\{(\,|\,e_{\mathrm{v}}\,|\, > \mathrm{VPL}) \cap (z < D)\,|\,H_1\} \cdot P_{H_1} = P_{\mathrm{HMI}} \tag{4.77}$$

由于 e_{v} 和 z 独立,则式(4.77)可以表示为

$$P\{(\,|\,e_{\mathrm{v}}\,|\, > \mathrm{VPL})\,|\,H_0\} \cdot P\{(z < D)\,|\,H_0\} \cdot P_{H_0} +$$
$$P\{(\,|\,e_{\mathrm{v}}\,|\, > \mathrm{VPL})\,|\,H_1\} \cdot P\{(z < D)\,|\,H_1\} \cdot P_{H_1} = P_{\mathrm{HMI}} \tag{4.78}$$

假设单颗卫星故障状态下的故障率为

$$P(H_1) = (10^{-5}/\mathrm{h}) \times 卫星数 \times 时间 \tag{4.79}$$

若 RRAIM 的滑动时间窗口小于 $1\mathrm{h}$,可以近似认为

$$P\{z < D\,|\,H_0\} \cdot P\{H_0\} \approx 1 \tag{4.80}$$

因而,式(4.80)可以表示为

$$P\{(\,|\,e_{\mathrm{v}}\,|\, > \mathrm{VPL})\,|\,H_0\} +$$
$$P\{(\,|\,e_{\mathrm{v}}\,|\, > \mathrm{VPL})\,|\,H_1\} \cdot P\{(z < D)\,|\,H_1\} \cdot P_{H_1} = P_{\mathrm{HMI}} \tag{4.81}$$

进一步把完好性风险在 H_0 假设和 H_1 假设之间进行分配,则有

$$P\{(\,|\,e_{\mathrm{v}}\,|\, > \mathrm{VPL})\,|\,H_0\} = \alpha P_{\mathrm{HMI}}$$
$$P\{(\,|\,e_{\mathrm{v}}\,|\, > \mathrm{VPL})\,|\,H_1\} \cdot P\{(z < D)\,|\,H_1\} \cdot P_{H_1} = (1 - \alpha)P_{\mathrm{HMI}} \tag{4.82}$$

在 H_0 假设下:

$$\mathrm{VPL}_{\mathrm{FFC}} = K(\alpha P_{\mathrm{HMI}})\sigma_{\mathrm{v}} + b_{\mathrm{v}} \tag{4.83}$$

式中:$\mathrm{VPL}_{\mathrm{FFC}}$ 为无故障滑动窗口的 VPL 变化量;$K(\alpha P_{\mathrm{HMI}})$ 为置信概率为 αP_{HMI} 时的分

位数。

在 H_1 假设下:

假定故障星是第 j 颗星,由式(4.82)可得

$$X^2(n-4,\lambda_{d,j}f_{HMI,j}^2,D)=(1-\alpha)P_{HMI} \tag{4.84}$$

式中: X^2 为 χ^2 分布的概率密度积分函数在限值为 D 时的取值; $n-4$ 为自由度; $\lambda_{d,j}\cdot f_{HMI,j}^2$ 为非中心化参数。 H_1 假设和第 j 颗星故障假设下的 VPL 表示为

$$VPL_{FDC,j}=b_v+S_v^p\boldsymbol{q}_jf_{HMI,j}+K((1-\alpha)P_{HMI}/P_{H_1})\times\sigma_{v,j} \tag{4.85}$$

假设故障发生在 $VPL_{FDC,j}$(FDC 为故障持续时间)最大的卫星上,则有

$$VPL_{FDC}=\max_{1\le j\le n}(VPL_{FDC,j}) \tag{4.86}$$

综合 H_0 假设和 H_1 假设,最终的 RRAIM VPL(即 ΔVPL)为

$$VPL_{RRAIM}=\max(VPL_{FFC},VPL_{FDC}) \tag{4.87}$$

参考文献

[1] BROWN R G, HWANG P. GPS failure detection by autonomous means within the cockpit[J]. Journal of the Institute of Navigation, 1986, 33(4):335-353.

[2] LANGLEY R B. The integrity of GPS[EB/OL]. [1999]. http://www.gpsworld.com/0699.

[3] LEE Y. Analysis of range and position comparison methods as a means to provide GPS integrity in the user receiver[C]//Proceedings of the 42nd Annual Meeting of the Institute of Navigation, Seattle, June 24-26,1986:1-16.

[4] BROWN R G,MCBURNEY P W. Self-contained GPS integrity check using maximum solution separation[J]. Journal of the Institute of Navigation, 1988:35(1):41-54.

[5] PARKINSON B W, AXELRAD P. Autonomous GPS integrity monitoring using the pseudorange residual[J]. Journal of the Institute of Navigation, 1988, 35(2):255-274.

[6] FARRELL J L, VAN GRAAS F. Receiver autonomous integrity monitoring(RAIM): techniques, performance & potential[C]//Proceedings of the 47th Annual Meeting of the Institute of Navigation, Seattle, June 24-26,1991: 421-428.

[7] STURZA M A, BROWN A K. Comparison of fixed and variable threshold RAIM algorithms[C]// Proceedings of ION GPS-90, Colorado, September19-21,1990: 437-443.

[8] BROWN R G, CHIN G Y, KRAEMER J H. Update on GPS integrity requirements of the RTCA MOPS[C]// Proceedings of ION GPS-91, Albuquerque, September 11-13, 1991: 761-771.

[9] CHIN G Y. GPS RAIM:screening out bad geometries under worst case bias conditions[J]. Journal of the Institute of Navigation, 1992, 39(4):407-427.

[10] SANG J, KUBIK K A. Probabilistic approach to derivation of geometrical criteria for evaluating GPS RAIM detection availability[C]//Proceedings of ION NTM-97, Kansas, September 16-19, 1997:511-517.

[11] LEE Y. New techniques relating fault detection and exclusion performance to GPS primary means integrity requirements[C]//Proceedings of ION GPS-95, Palm Springs, September 12-15, 1995: 1929-1939.

[12] GEAS. GNSS evolutionary architecture study[R]. GEAS Phase I-Panel Report, FAA, 2008.

[13] ENE A. Utilization of modernized global navigation satellite systems for aircraft-based navigation integrity [D]. Palo Alto:Stanfrod University,2009.

[14] 黄维彬. 近代平差理论及其应用[M]. 北京:解放军出版社,1990.

[15] STURZA M A. Navigation system integrity monitoring using redundant measurement[J]. Journal of the Institute of Navigation, 1988, 35(2):69-87.

[16] 陈金平,许其凤,刘广军. GPS RAIM 水平定位误差保护限值算法分析[J]. 测绘科学技术学报,2001, 18 (b09):1-3.

第5章 星基增强系统完好性监测

◢ 5.1 引　言

第 4 章介绍了利用接收机自主完好性监测（RAIM）方法，为 GNSS 应用于民用航空导航提供完好性。这种方法的前提是要有冗余观测量，即至少 5 颗卫星来检测故障，至少 6 颗卫星来识别并排除故障。这就对卫星的配置数量提出了严格的要求，因而影响导航系统的可用性。针对唯一导航，RAIM 不但要能检测故障，还要能识别并排除故障，而识别方法一般都较为复杂，且效果不会很好，易出现错误排除的可能。因此，RAIM 方法并不能很好地为 GNSS 导航提供满足需求的完好性监测。

在 RAIM 技术出现的同时，美国 MITRE 公司提出了地面完好性通道（GIC）的监测方法[1]，后被 FAA 采纳，并由 RTCA SC-159 成立了专门的研究组。GIC 主要包括两个部分：地面监测和完好性信息广播。地面监测站采集 GNSS 观测数据并集中处理产生 GNSS 完好性信息，这些完好性信息再通过同步卫星（如 Inmarsat）实时广播给用户。完好性信息主要指 GNSS 卫星"可用"或"不可用"状态及与卫星有关的误差门限，用户可由此确定观测卫星是否可用并计算得到定位误差门限。将 GIC 与广域差分 GNSS（WADGNSS）组合，则地面已知参考站能同时监测得到 GNSS 的完好性和各类误差改正数。为满足 I 类精密进近的需求，在 GIC 与 WADGNSS 组合的基础上，用于广播监测信息的 GEO 卫星也发射测距信号供用户观测，以提高可用性，则构成了 GNSS 星基增强系统[2]。GNSS 星基增强系统的完好性监测不但要对 GNSS 状况进行监测，还要对广域差分改正数的完好性进行监测，作为测距源的同步卫星的状况及其误差改正的完好性也需要被监测。

GNSS 星基增强系统对卫星状况的监测就是前述的 GIC 概念，对广域差分改正数的完好性监测，是通过对各类改正数误差的确定及验证来完成[3-4]。广域差分改正数包括卫星星历改正、卫星钟差改正和格网点电离层垂直延迟改正。卫星星历改正和卫星钟差改正都是与卫星有关的误差改正，这两种改正数相应的误差综合给出，以用户差分测距误差 UDRE 表示。格网点电离层垂直延迟改正数误差以 GIVE 表示。UDRE 及 GIVE 对应一定的置信度，这种置信度根据导航系统完好性需求给出，一般为 $10^{-7}/\mathrm{h}$。

关于星基增强系统完好性监测的系统设计、中心站处理及用户端处理，斯坦福大学、美国 MITRE 公司、美国 Raytheon 公司、美国休斯公司等 WAAS 研制机构及欧洲有关 EGNOS 的研制机构都进行了大量研究,在试验系统(如美国的国家卫星试验平台)的基础上得到了较好的应用效果,并已被 FAA、RTCA 及欧洲空间局(ESA)制订成有关系统开发及应用标准[5-6]。其基本思想是:参考站设置两台接收机,得到两路独立数据,然后由中心站并行处理及交叉验证确定系统的完好性信息,验证处理包括 UDRE 验证、GIVE 验证及定位域的综合验证,经过验证的 UDRE 及 GIVE 信息广播给用户后,用户依据这些信息并结合局部误差最终确定当前定位的置信误差,如果定位误差超限,则发出告警。

本章将在吸收国外 GNSS 星基增强系统完好性监测的设计和试验基础上:给出一套综合的多层验证方法的 GNSS 星基增强系统完好性监测体系,并对相关的误差影响及处理结果进行详细分析;对 UDRE 和 GIVE 的计算方法进行具体设计和模拟分析;对用户定位域完好性确定方法进行分析探讨;最后就中国区域在三颗同步卫星增强的情况下,给出 GNSS 星基增强系统完好性监测的可用性分析结果。

5.2　完好性监测体系设计

完好性监测体系要能通过多层处理模块检测识别不同类型故障的影响并作相应处理,完好性监测体系的设计还要本着用尽量少的硬件和软件的原则,以减小研制工作量,节约成本。基于这两点考虑,完好性监测体系的基本设计思想是:参考站设置两台 GPS 接收机,其观测数据传输到中心站后,分别由中心站两个独立的处理器并行处理,对处理结果再进行交叉验证。

5.2.1　故障因素影响分析

GNSS 星基增强系统的改正数包括快变改正数、慢变改正数及电离层延迟改正数,这三类改正数分别会受到各参考站观测量外部异常、参考站硬件异常及中心站处理软件异常的影响。外部异常包括卫星钟故障、局部电离层风暴、局部对流层风暴及参考站多路径;参考站硬件异常主要指接收机钟和气象设备的异常;中心站处理软件异常包括观测数据检验、星历处理、钟差处理和电离层处理各模块的异常。各类异常条件对三类改正数的影响如表 5.1 所列。

表 5.1　异常条件对广域增强改正数的影响

异常条件		快变改正数	慢变改正数	电离层改正数
外部异常	卫星钟故障	√	×	×
	局部电离层风暴	√	√	√
	局部对流层风暴	√	○	×
	参考站多路径	√	○	○

（续）

异常条件		快变改正数	慢变改正数	电离层改正数
参考站硬件异常	接收机钟	√	○	×
	气象设备	√	○	×
主站处理软件异常	观测数据检验模块	√	√	√
	星历处理模块	√	√	×
	钟差处理模块	√	×	√
	电离层处理模块	√	×	√

注：√表示有影响；×表示没有影响或处理；○表示不确定

卫星钟故障将影响快变改正数，而不影响慢变改正数和电离层改正数。局部电离层风暴对三类改正数均会产生影响。在一个或多个参考站的局部对流层风暴直接影响快变改正数，对慢变改正数可能不存在影响，电离层延迟改正数不会受到影响。多路径将影响快变改正数，对慢变改正数及电离层改正数的影响很小。

参考站接收机钟及气象设备异常会影响到快变改正数，但一般不会影响慢变改正数。因为慢变改正数是基于组差观测量的滤波得到，滤波会顾及这些异常的影响。由于电离层延迟改正数是由 L1 和 L2 的观测量取差计算得到，因而接收机钟及对流层的误差将被取消，即电离层延迟改正数不会受到这些误差的影响。

在中心站处理模块中，观测数据编辑模块将潜在地影响所有三类改正数，具体到哪一类改正数，取决于是哪一类误差的异常，如对流层异常将影响快变改正数，而不影响慢变改正数和电离层改正数。精密星历确定模块将直接影响到快变改正数和慢变改正数，但不会影响电离层延迟。快变改正模块仅影响快变改正数。电离层延迟处理模块将影响电离层改正数、快变改正数及 GEO 的星历改正数，而不影响 GNSS 的星历改正数。

5.2.2　完好性监测体系的结构选择

星基增强系统播发的三类差分改正数会受到各种异常因素的影响，为保证系统的完好性，必须通过一定的结构体系和监测方法检测和排除可能受到的故障影响。星基增强系统完好性监测的基本结构是在每个参考站设置有独立天线的两台 GNSS 接收机，两台 GNSS 接收机采集的观测数据分别送入中心站的两个处理器。这样就可形成两条独立的数据流，两条数据流在不同处理阶段的各自检查和相互验证即可发现分离异常数据。两条独立数据流的不同的运作方式有不同的故障监测能力，也将影响系统的开发成本。

一般可以把两条数据流的结果在出站前进行比较，按数理统计理论和系统指标要求判定两路结果的正确性，其结构如图 5.1 中的结构 a 所示。图中参考站接收机 A、B 表示每一参考站的两台接收机，用以采集数据，处理器 A、B 表示中心站两个平行的改正数处理器。当主站配置的两台计算设备和软件相同时,这种结构能发现两路结果的不同,但故障的定位能力较差;当主站配置的两台计算设备和软件不同时,则可提高故障的定位能力,但加大了软件的开发成本。

为了提高完好性监测结构的故障定位与分离能力,在结构 a 的基础上,把其中一路数据产生的结果用另一路观测数据进行交叉比较,形成结构 b。结构 b 的优点是充分利用参考站配置两套接收机所采集的数据,尽可能利用平行运行的硬件和软件进行多点不同途径的验证。同时,使用相同的硬件和软件,也减少了费用。采用此结构能有效地进行故障定位与分离。

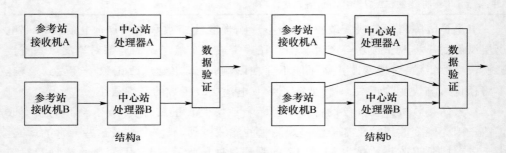

图 5.1   星基增强系统完好性监测体系结构图

5.2.3   完好性监测的验证方法

基于图 5.1 的完好性监测结构,可以根据数据流的不同处理阶段,采用 5 个层次的验证方法:观测数据合理性检验、处理结果内符合检验、平行一致性检验、交叉正确性验证和广播有效性验证。

1) 观测数据合理性检验

在中心站对原始观测数据处理之前,需对各参考站的两路观测数据分别进行检验,以保证这些数据是合理的、连续的。具体方法是通过当前历元的观测数据与前面若干历元的观测数据进行比较,如果比较结果超过一定限值,则认为当前历元的观测数据存在问题。通过检验可以发现卫星钟、接收机钟、多路径、接收机噪声等误差对原始观测数据的影响,从而可以放弃受到较大误差影响的观测数据。如果某接收机所有的观测数据都存在问题,则应放弃该参考站;如果所有接收机对某颗卫星的观测量都存在问题,则该卫星应标记为存在故障。

2) 处理结果内符合检验

处理结果内符合检验是数据处理软件本身基于最小二乘原理,用验后残差对参考站所采集数据的正确性和软件处理得到的各项改正数的正确性进行检验。两路数据分别进行,每一路数据的检验均包括卫星星历处理模块、卫星钟差处理模块和电离层处理模块。

3）平行一致性检验

对参考站的两路观测数据,中心站分别进行独立处理,其处理软件相同。如果两路数据均没有受到异常误差的影响,则中心站的处理结果应一致。这些结果包括各类误差改正数及改正数的误差估计,对于两路结果不一致的改正数应标记其不可用。这个阶段只能检测异常,但不能判别到底是哪一路存在问题。

4）交叉正确性验证

交叉验证是将一路处理得到的差分改正数应用于另一路经预处理的观测数据,通过比较并对残差信息进行统计,确定差分改正数的完好性信息。交叉验证包括两类:一类是与卫星有关的卫星星历及钟差的验证,即 UDRE 验证;另一类是电离层延迟改正的验证,即 GIVE 验证。

由 A 路处理得到的卫星快变及慢变改正数,改正 B 路经预处理的伪距观测数据,改正之后的伪距再与由已知参考站坐标计算得到的几何距离取差,得到相应的伪距残差。若 B 路观测数据无异常影响并消除了电离层和对流层影响且经过载波平滑,则残差信息反应 A 路卫星快变及慢变改正数的误差。此残差进行统计得到的置信门限 $UDRE_B$ 应与 A 路处理的置信门限 $UDRE_A$ 一致,否则做如下处理:

（1）如果没有有效的 B 路观测数据进行此验证处理,则设置 UDRE 为"未被监测";

（2）如果 $UDRE_A < UDRD_B$,则说明基于 A 路的 UDRE 没有限定 B 路观测量残差,应增加 $UDRE_A$ 值;

（3）如果 UDRE 值超出了广播信息格式的范围限制,则设置 UDRE 为"不可用"。

由 A 路处理得到的格网点电离层改正数,可内插计算 B 路观测数据视线方向的电离层延迟,此内插值与 B 路电离层观测值比较,得到的残差统计给出 $GIVE_B$。此值与由 A 路处理的 $GIVE_A$ 比较,若无异常情况,两者应相一致。否则,可做与 UDRE 相似的处理,设置 GIVE 为"未被监测"、增加 GIVE 值或设置 GIVE 为"不可用"。

5）广播有效性验证

上述交叉验证是对差分改正数在由同步卫星广播之前进行的正确性验证,广域差分改正数及完好性信息经过上述验证后,可广播给用户。对广播后的信息,中心站应能同时接收并做相应处理,以验证广播值的有效性。有效性验证方法与正确性验证方法基本一致,分 UDRE 和 GIVE 两方面的验证,验证结果的处理包括没有变化、值的调整、标记"不可用"和标记"未被监测"四种情况。由于此验证相当于在用户级的验证,对异常情况应给出告警标记。

有效性验证除了对广播的改正数进行验证外,还应能监测空间信号（SIS）的性能,系统延时及告警时间。空间信号性能的监测是指对接收的所有广播信息及伪距观测量进行差分定位计算,然后与参考站的位置进行比较,以检查广域差分定位是否满足相应的精度需求,并最终检查 UDRE 及 GIVE 是否正确。系统延时是广播信息接收的时间与用于计算改正数据的观测量的标记时间之间的差,告警时间是告警信息的到达时间和没有通过有效性验证的观测数据的标记时间之间的差,通过系统延时及告警时间的监测可验证系统对故障的处理及反应能力。

综合上面的验证方法,我们给出星基增强系统完好性监测处理流程图,如图5.2所示。

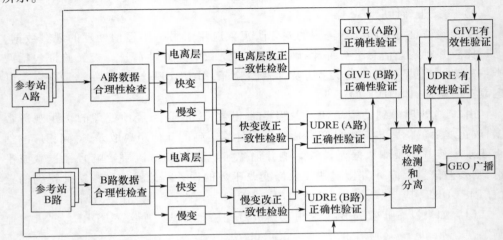

图5.2　星基增强系统完好性监测流程图

5.2.4　各种验证方法的处理结果分析

参考站观测数据合理性检验,是对当前观测数据和最近的观测数据进行一致性检查,主要检查SA误差、接收机噪声及多路径对观测量的影响。基于这种检查,可以取消有问题的观测量。如果某个接收机的所有观测量都有问题,则这个参考站应存在问题。如果某颗卫星对应的所有接收机观测量都有问题,则这颗卫星可能存在故障。这种检查能够反映参考站的硬件异常。电离层风暴这种误差能被检测,但有可能被错误排除。

处理模块残差检验与参考站观测数据合理检验的处理基本相似,能够识别原始观测数据的问题及参考站硬件异常。电离层风暴误差也有可能被错误排除。

平行一致性检验,是对两路数据独立处理结果进行一致性比较。它只能检验在一路数据中出现,而在另一路数据中没有出现的异常,如接收机钟、多路径。对于对流层风暴、电离层风暴及卫星钟故障这些外部局部扰动不能检测。

交叉正确性验证能够检测、识别并排除前面阶段没有检测到的任何故障,它能反应中心站处理软件存在的问题。

广播有效性验证能对改正数广播所要进行的编码处理及信息的发射接收的有效性进行验证,它还能监测整个系统的性能,包括空间信号(SIS)的性能、系统延时及告警时间。有关各种验证方法对误差的处理情况见表5.2。

表 5.2　各种验证方法对误差的处理

异常条件		观测数据 合理性检验	处理模块 残差检验	平行一致性验证	交叉正确性验证
外部异常	卫星钟故障	DI：F	DI：F	×	DI：F
	局部电离层风暴	○	○	×	DI：RC
	局部对流层风暴	DI：RM	DI：RM	×	DI：RC
	参考站多路径	DI：RM	DI：RM	D：RC	DI：RC
参考站 硬件异常	接收机钟	DI：RM	DI：RM	D：RC	DI：RC
	气象设备	DI：RM	DI：RM	D：RC	DI：RC
主站处理 软件异常	观测数据检验模块	×	×	×	DI：RC
	星历处理模块	×	×	×	DI：RC
	钟差处理模块	×	×	×	DI：RC
	电离层处理模块	×	×	×	DI：RC

注：D 表示检测，I 表示识别，RM 表示取消观测量，RC 表示取消改正数，F 表示标记

5.2.5　通过地面监测站的外符合验证

上面设计的星基增强系统完好性体系，主要是通过参考站同时观测的两路数据来实现。由于两路数据在同一个参考站获得，误差的相关性较强，因而监测误差的能力必定有一定的局限性。另外，对于局部电离层及对流层扰动等误差，系统参考站是无法监测的，而这些误差会对用户产生较大影响。完好性监测体系还应设立一定数量的地面监测站，监测站独立于参考站，不参与星基增强系统的数据处理，因此，能最终有效监测星基增强系统所提供的完好性信息的正确性，以保证用户使用的安全性。

监测站位置精确已知，相当于在星基增强系统差分改正信息覆盖范围内的一个已知坐标的静态用户站。它的 GNSS 观测数据不同于计算 GNSS 差分改正的观测数据，并不传送到中心站，而是利用所接收的差分信息和本身的 GNSS 观测数据计算监测站的位置，并将计算值与已知值比较，来判断差分改正信息的正确性。若超过允许的门限，将给出告警信息，传输到中心站。

监测站可以在尽量靠近机场范围设置，以重点保证有较高精度要求的 I 类精密进近阶段。监测站 GNSS 接收机与基准站不同，用一般用户使用的单频接收机即可。

5.3　UDRE 验证算法及分析

5.3.1　UDRE 定义及需求

星基增强系统在播发广域差分改正数的同时，应能同时广播这些改正数的误差估计信息，与卫星星历及钟差改正相应的误差一般称作用户差分测距误差

（UDRE）[7]。考虑完好性的概率需求，UDRE 可定义为系统服务区内，可视卫星星历及钟差改正数误差相应的伪距误差的置信门限（置信度为 99.9%），其概率表示如下：

$$P(\text{UDRE} > \text{卫星星历及钟差改正误差}) \geqslant 99.9\%$$

UDRE 对导航系统的性能有重要影响，它直接与系统的完好性、连续性、可用性相关[8]。一方面为保证完好性，UDRE 要以一定的置信度限定最大的卫星改正数误差，保证服务区内的所有用户安全，另外，UDRE 还要能对卫星星历及钟差改正所受到的异常影响及时做出反应；另一方面，为了保证连续性、可用性，UDRE 不能估计得太大，不同导航用户，定位误差都有最大门限规定，而定位误差基于 UDRE 计算得到，因此，UDRE 也必须在某一门限以下。

UDRE 的计算应考虑如下四个需求：

（1）直接计算：UDRE 计算应直接基于受到轨道及钟差误差影响的伪距观测量，这样使用户能够得到更加严格的完好性保证，对系统中所受到的异常影响会尽快做出反应。

（2）置信门限的完好性：UDRE 应对系统服务区内的所有位置，以 99.9% 的置信度给出卫星轨道及钟差改正误差的置信门限。

（3）告警时间：UDRE 要能尽快对异常影响做出反应，且要尽快通过同步卫星广播给用户，处理及播发的总时间不应超过系统规定的告警时间（如 6s）。

（4）定位可用性：UDRE 如果越小，则用户可用性越高。对于导航精度要求较高的用户，UDRE 都有严格的可用性规定。

5.3.2　UDRE 验证算法实现

卫星星历及卫星钟差处理模块估计的 UDRE 值必须进行验证处理，即由观测伪距和计算伪距的比较值进行统计计算，如图 5.3 所示。观测伪距经电离层改正、对流层改正、接收机钟差改正，并由载波平滑以减弱多路径及观测噪声的影响，以 R_m 表示。计算伪距是参考站已知坐标和经改正的卫星坐标计算得到，并用接收的钟差快变和慢变改正数进行改正，以 R_c 表示。对 R_m 和 R_c 取差，即

$$dR = R_m - R_c \qquad (5.1)$$

对相同卫星不同参考站的所有差值 dR 进行统计，则可得到相应卫星的 UDRE 值，即

$$\text{UDRE} = \overline{dR} + \kappa(P)\sigma_{dR} \qquad (5.2)$$

式中：$\overline{dR}$ 为平均值；σ_{dR} 为对应的标准差；$\kappa(P)$ 为对应置信度 99.9% 的分位数。算法流程如图 5.3 所示。

基于直接观测量进行 UDRE 估计能限定实际的轨道和时钟误差，对异常情况的出现能做出快速反应。当然这种计算也会引入局部误差改正后的残差影响，如多路

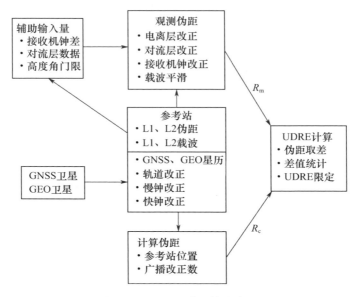

图 5.3　UDRE 验证算法流程

径、对流层、接收机钟差等,因而降低性能。应限制平滑及高度角以尽量减小局部误差,计算伪距差时可加入如下限制条件:

(1)卫星至少在两个参考站可视;

(2)如果卫星在两个或两个以上参考站的高度角均大于 15°,则放弃小于 15° 的观测量;

(3)如果高度角大于 15° 的参考站少于两个,则用高度角最大的两个观测量;

(4)如果不满足(1)~(3),则宣布 UDRE 为"未被监测"。

UDRE 每秒计算一次,按更新率需求(如 6s)周期性广播给用户,采样数据可用当前历元及之前若干历元的观测数据(如 20s)。

5.3.3　UDRE 模拟分析

UDRE 主要反映了卫星轨道及钟差改正误差,同时也会受到参考站局部误差异常的影响,包括对流层残差、多路径及接收机噪声。下面将给出 UDRE 计算的模拟分析,以评估 UDRE 的完好性,以及各种误差对其影响。

模拟利用 27 颗 GPS 卫星,参考站为大体均匀分布于中国区域的 24 个站,如图 5.4 所示。卫星轨道和钟差改正后的残差,以及对流层、多路径、接收机噪声经处理后的残差假设是独立随机的,以一阶马尔可夫模型模拟,相应的标准差和相关时间如表 5.3 所列,这些数据根据美国喷气推进实验室对覆盖美国的 14 个参考站得到。

图 5.4　模拟参考站分布图（见彩图）

表 5.3　各种残差标准差和相关时间

误差参数	标准差/m	相关时间/s
卫星轨道（x 轴）	0.58	7200
卫星轨道（y 轴）	0.58	7200
卫星轨道（z 轴）	0.58	7200
对流层（垂直方向）	0.02	9000
多路径（45°）	0.08	600
接收机噪声	0.05	30
卫星钟	0.30	10

模拟分析按三种情况分别进行,包括正常条件下 UDRE 的性能、卫星轨道及钟差异常时 UDRE 的反应、UDRE 对各类误差的敏感性反应。

1）正常条件下 UDRE 的性能

模拟数据按 1 天观测时段和 1s 采样间隔准备,所有误差按正常状态随机给出。对 27 颗观测卫星按上述算法处理得到的 UDRE 值分别取平均,其结果如图 5.5 所示。所有卫星 UDRE 总的平均值为 1.73m,最大值为 1.94m（8 号星）。对 24 号卫星取一段时间的 UDRE 值与某一参考站（乌鲁木齐）对应的实际误差比较,结果如图 5.6 所示。

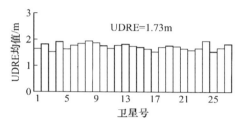

图 5.5　各颗卫星 UDRE 的平均值

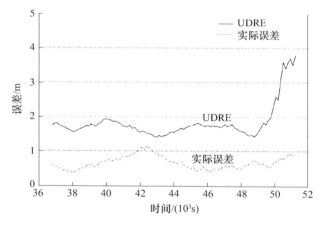

图 5.6　UDRE 值与实际误差的比较
（24 号卫星,正常状态）

由图 5.6 可以看出,在所有时间内 UDRE 均大于其实际误差,说明 UDRE 算法能保证系统的完好性;所计算的 UDRE 值取 70% 的比例,然后与实际误差值比较,对所有结果统计表明,乘以 70% 比例后的 UDRE 值仍能以大于 99.9% 的概率限制实际误差,即 UDRE 值不仅限定了实际误差值,而且还有一定的宽裕度;在图的最后部分,UDRE 值明显增大,这可能是由于卫星高度角较低,因而参与计算的参考站数量减少引起的,即 UDRE 的计算与参考站的数量有关,较少数量的参考站会使 UDRE 值增大。

2）UDRE 对卫星钟差及轨道异常的反应

对 29 号卫星的钟差残差增加突变和慢变影响，设变化幅度为 5m 和 10m，变化率为 1m/s，信号周期为 1200s。对于卫星轨道异常，由于其是三维的，情况将复杂一些，对于径向轨道误差，其影响与钟差影响应相同，假设在 x 轴方向加入突变和慢变影响，变化幅度为 10m 到 100m，变化率为 1m/s。取一段观测时间，计算 24 号和 29 号卫星的 UDRE 值，并与实际误差比较，结果如图 5.7 和图 5.8 所示。

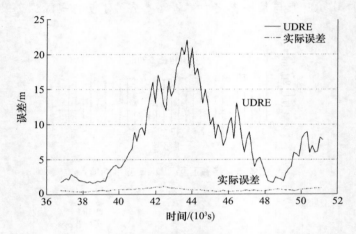

图 5.7　24 号星 UDRE 值与实际误差的比较

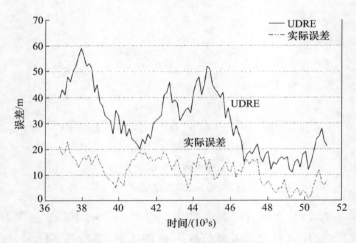

图 5.8　29 号星 UDRE 值与实际误差的比较

由图 5.7 和图 5.8 可以看出，加入异常后，UDRE 在所有时间均大于实际误差，即 UDRE 对卫星钟和卫星星历异常能及时反应。比较图 5.7 和图 5.8 可以发现，在 29 号卫星异常时，它的 UDRE 随之增大，同时 24 号卫星的 UDRE 也会增加。在计算中，其他卫星均出现相似的影响，即一颗卫星的异常会同时增大其他卫星的 UDRE

计算值,这样必然降低系统的可用性。卫星间 UDRE 计算值的相互影响的具体原因应进一步分析,这种问题必须加以解决,一般的处理方法是在计算前能够发现卫星异常并排除,更好的方法需进一步研究。

3)UDRE 对各类误差的敏感性反应

从所有误差中,每次取消一类误差,即设其为 0,分别计算相应的 UDRE 值,各颗卫星 UDRE 平均结果见图 5.9~图 5.13。

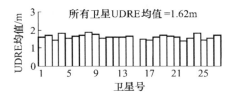

图 5.9　UDRE 的平均值(无星历残差)

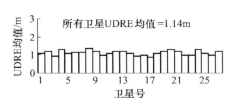

图 5.10　UDRE 的平均值(无钟差残差)

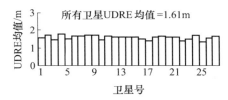

图 5.11　UDRE 的平均值
(无对流层残差)

图 5.12　UDRE 的平均值
(无多路径误差)

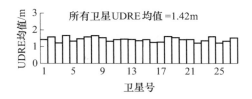

图 5.13　UDRE 的平均值(无噪声误差)

对计算的 UDRE 进行统计可得:取消卫星星历残差后所有卫星 UDRE 平均值为 1.62m,取消卫星钟差改正残差后所有卫星 UDRE 平均值为 1.14m,取消对流层残差后所有卫星 UDRE 平均值为 1.61m,取消多路径误差后所有卫星 UDRE 平均值为 1.11m,取消接收机噪声后所有卫星 UDRE 平均值为 1.42m。分别比较取消某种误差时计算的 UDRE 和受到所有误差影响时计算的 UDRE 值,由结果可以得到,对 UDRE 产生影响的主要是钟误差和多路径误差,轨道及对流层误差对 UDRE 的影响较小,接收机噪声的影响居中。

▨ 5.4 GIVE 验证处理及 UIVE 内插计算分析

5.4.1 GIVE 及 UIVE 的定义及需求

GNSS 星基增强系统在广播格网点电离层延迟改正数的同时,应同时广播这些改正数对应的误差信息[9]。这种误差信息定义为 GIVE,根据完好性需求,按 99.9% 的置信度给定。对于 t_k 时刻的格网点延迟改正数 $\hat{I}_{IGP}(t_k)$ 将要应用的后一个更新间隔内(假定取为 5min)的任意时间 $t(t_k \leqslant t \leqslant t_k + 5)$,$GIVE(t_k)$ 应以 99.9% 的置信度保证 $\hat{I}_{IGP}(t_k)$ 与实际值 $I_{IGP}(t)$ 是一致的,即

$$P(GIVE(t_k) > |\hat{I}_{IGP}(t_k) - I_{IGP}(t)|) \geqslant 99.9\% \qquad (5.3)$$

在由各参考站的电离层延迟观测值计算格网点电离层延迟改正数时,可按误差传递的方法,由相应的参考站电离层延迟观测误差估计格网点电离层延迟改正对应的 GIVE。为保证完好性,将一路数据计算的电离层延迟改正应用于另一路数据进行验证,可得到更加准确的 GIVE,即 t_k 时刻的 GIVE 值可由 $\hat{I}_{IGP}(t_k)$ 与前一个更新间隔内的延迟改正观测值取差值并按 99.9% 的置信度统计得到。

UIVE 是用户视线穿刺点处基于格网点延迟改正值计算得到的垂直延迟值 $\hat{I}_{IPP}$ 与真实值 I_{IPP} 之间差值的置信门限。已知 GIVE 值,则可内插计算格网点包围范围内的用户穿刺点的 UIVE,UIVE 与 GIVE 有同样的置信度 99.9% 。

GIVE 和 UIVE 的计算必须满足完好性、告警时间及精度需求[10]。完好性是指由 GIVE 得到的 UIVE 必须以 99.9% 的置信度限定用户电离层改正误差;告警时间是指对电离层异常的处理,必须在规定的时间内到达用户;精度需求来自全面的系统精度需求,包括垂直及水平定位精度和定位保护门限需求。GIVE 和 UIVE 既要能确实反映所受的误差影响,以保证为服务区内的所有用户提供安全,并能对电离层异常影响及时做出反应,又不能估计得太大,以保证连续性、可用性。不同导航用户,定位误差都有最大门限规定,而定位误差基于 GIVE 和 UIVE 计算得到,因此,GIVE 和UIVE 也必须在某一门限以下。

5.4.2 GIVE 验证算法的实现

按照严格的完好性要求,GIVE 验证值是由一路数据形成的电离层延迟估计值与另一路的观测值之间的残差统计得到。参考站穿刺点处的垂直延迟观测值由相应视线方向倾斜延迟通过倾斜因子转换得到,以 $I_{IPP}(t)$ 表示。$I_{IPP}(t)$ 消除了频率间偏差的影响,并经载波平滑。穿刺点处的延迟值也可由包围此点的相邻格网点垂直延迟值插值得到,以 $\hat{I}_{IPP}(t)$ 表示。对 $I_{IPP}(t)$ 和 $\hat{I}_{IPP}(t)$ 取差,则在一个更新间隔内可统计计算穿刺点垂直延迟的误差门限,由此误差门限可相应确定格网点垂直延迟误差门

限。具体计算过程如下：

（1）对于任一穿刺点，选择包围该点的 4 个 IGP 内插其延迟计算值 $\hat{I}_{\mathrm{IPP}}(t)$。

（2）将穿刺点的延迟观测值与计算值取差，即

$$e_{\mathrm{IPP}}(t) = I_{\mathrm{IPP}}(t) - \hat{I}_{\mathrm{IPP}}(t) \tag{5.4}$$

（3）在一个更新间隔内，用 m 个 $e_{\mathrm{IPP}}(t)$ 构成一垂直误差序列，统计其误差门限，即

$$E_{\mathrm{IPP}} = |\bar{e}_{\mathrm{IPP}}| + \kappa(P)\sigma_e \tag{5.5}$$

式中：$|\bar{e}_{\mathrm{IPP}}| = \dfrac{1}{m}\sum_{k=1}^{m} e_{\mathrm{IPP}}(t_k)$；$\sigma_e = \sqrt{\dfrac{1}{(m-1)}\sum_{k=1}^{m}(e_{\mathrm{IPP}}(t_k)-\bar{e}_{\mathrm{IPP}})^2}$；$\kappa(P)$ 为 99.9% 的置信分位数。

（4）若包围 IGP 的 4 个格网点中，至少有 3 个含有垂直误差序列，则可得到该 IGP 的 GIVE 值为

$$\mathrm{GIVE} = \mathrm{Max}\{E_{\mathrm{IPP},i}\} + \hat{e}_{\mathrm{IGP}} \tag{5.6}$$

式中：$\mathrm{Max}\{E_{\mathrm{IPP},i}\}$ 为所有穿刺点误差门限的最大值；$\hat{e}_{\mathrm{IGP}}$ 为格网点电离层延迟的绝对误差，由穿刺点垂直误差序列插值计算得到，在插值计算时不需加入名义电离层模型，即

$$\hat{e}_{\mathrm{IGP}} = \frac{\sum_{j=1}^{n} W_j |e_{\mathrm{IPP}}|}{\sum_{i=1}^{n} W_i} \tag{5.7}$$

在计算中，$\kappa(P)$ 值的确定必须充分考虑误差特性，在 m 取为 30 时（5min 间隔，10s 采样），给出 $\kappa(P)$ 为 5.43。

5.4.3　UIVE 的计算

UIVE 由相邻格网点的 GIVE 确定，方法有最大值法和插值法。最大值法相对简单，就是取相邻格网点中的最大 GIVE 值；插值法与用户电离层延迟改正的插值方法相同，具体见第 2 章。

由于会出现个别 GIVE 不可用情况，如果严格规定必须用 4 个格网点，则会降低可用性。实际计算中，如果仅出现 1 个格网点不可用，且用户穿刺点在剩余3个点确定的范围内，则可以用这 3 个点计算。根据分析，这样能使可用性提高15% ～ 30%[11]。

5.4.4　模拟分析

为验证 GIVE 及 UIVE 算法的效果，我们采用模拟数据进行分析。卫星配置为

27 颗 GPS 卫星,参考站 24 个,分布如图 5.4。对应参考站的覆盖范围,按 5°×5° 间隔,在 10°~55°(北纬)和 70°~145°(东经)范围内,共计取 160 个格网点组成电离层格网,高度假定为 350km。电离层延迟值由 FAIM 模型模拟得到,FAIM 模型提供的电子密度是大地坐标、世界时(UT)、天数(1~365)及太阳黑子数的函数,沿着视线方向的电离层倾斜延迟,由 FAIM 模型提供的电子密度积分得到。对于 L 频率,延迟计算表达式如下:

$$D = 1.624538252 \times 10^{-17} \int_{\text{LOS}} n_e(s)\,\mathrm{d}s \tag{5.8}$$

依据式(5.8),可计算每个视线方向的倾斜延迟值,也可计算每个格网点的垂直电离层延迟值。由参考站计算格网点电离层垂直延迟的估计误差,按一阶马尔可夫模型模拟,其标准差和相关时间根据美国喷气推进实验室的中心站格网点电离层延迟处理结果,分别为 0.3m 和 15min。视线方向电离层延迟值主要受三方面的观测误差影响,分别为接收机误差、L1 与 L2 频率间偏差和多路径误差,这些误差以一阶马尔可夫模型模拟,其参数如表 5.4 所列。

表 5.4　各种误差模拟参数表

误差类型	标准差/m	相关时间/s
接收机误差	0.1	30
频率间偏差	0.1	3600
多路径	1.0	300

取大地坐标为(34°,113°,100m),时间为 0~24h,天数为 190,太阳黑子数为 120(太阳活动剧烈),以这些参数作为模拟输入量,并按 5min 更新间隔和 10s 采样间隔给出模拟数据。

按前面介绍的方法实时计算所有格网点的 GIVE,并比较当前更新间隔计算的 GIVE 值是否限定了下一更新间隔的延迟误差(即格网点延迟观测值与内插估计值的差值),其比较参数为 $R_{\text{IGP}} = \dfrac{|I_{\text{IGP}}(t) - \hat{I}_{\text{IGP}}(t_k)|}{\text{GIVE}(t_k)}$。按需求,$R_{\text{IGP}}$ 小于 1 的比例应该大于 99.9%。

对于一天模拟数据,取其中的一个格网点(19 号),其 GIVE 值及实际误差随时间的变化如图 5.14 所示,其 R_{IGP} 值随时间的变化如图 5.15 所示。对所有格网点所有时间的 R_{IGP} 进行统计可得,其平均值为 0.29,最大值为 1.21,大于 1 的比例为 0.07%。上述结果说明:按所给算法得到的 GIVE 能够以大于 99.9% 的完好性需求限制实际误差。

对计算的 GIVE 值取 65% 的比例,结果仍能以大于 99.9% 的概率限定实际误差。如果从 GIVE 基本算法中取消格网点偏差绝对值,则 GIVE 值的 74% 可以大于 99.9% 的概率限定实际误差。因此,GIVE 基本算法是非常保守的,使计算的 GIVE

值偏大,能保证电离层的完好性,但降低系统的可用性。格网点偏差绝对值的加入使本来保守的算法更加保守,可以不用加入。

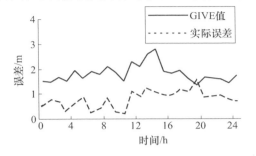
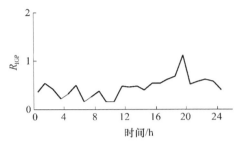

图 5.14　格网点 19 的 GIVE 值与实际误差的比较　图 5.15　格网点 19 的 R_{IGP} 随时间的变化

为分析 GIVE 对各项观测误差的敏感性,每次假定一项误差为 0,然后进行计算。由结果可知:取消接收机误差和频率间偏差,GIVE 计算结果变化很小,而取消多路径误差后,GIVE 值取 95% 的比例才可以大于 99.9% 的概率限定实际误差,因而多路径误差对 GIVE 的影响最大。

为在用户级验证 GIVE 算法的性能,同时比较 UIVE 不同计算方法的性能。在参考站覆盖范围任意选取了 10 个用户站,高程为 100m。这些用户穿刺点的垂直延迟值 $\hat{I}_{UIPP}$ 及误差门限 UIVE 由相邻格网点的 $\hat{I}_{IGP}$ 及 GIVE 估计得到。UIVE 算法分 4 种:①最大值法,必须用 4 个格网点计算;②最大值法,用 4 个或 3 个格网点计算;③双线性插值法,必须用 4 个格网点计算;④双线性插值法,用 4 个或 3 个格网点计算。由用户穿刺点的垂直延迟实际观测值 I_{UIPP},可得其实际误差应为 $|I_{UIPP} - \hat{I}_{UIPP}|$。实时比较 $|I_{UIPP} - \hat{I}_{UIPP}|$ 和 UIVE,并给出比值参数 $R_{UIPP} = \dfrac{|I_{UIPP} - \hat{I}_{UIPP}|}{UIVE}$。对所有用户穿刺点所有时间的 R_{UIPP} 进行统计,结果见表 5.5。

表 5.5　不同 UIVE 算法的 R_{UIPP} 统计

UIVE 算法	R_{UIPP} 平均值	R_{UIPP} 最大值	$R_{UIPP} > 1$ 的比例
①	0.23	1.28	0.05
②	0.22	1.28	0.06
③	0.27	1.34	0.09
④	0.27	1.35	0.08

从表 5.5 可以看到:不同的 UIVE 算法,均能保证 UIVE 以大于 99.9% 的概率限制实际电离层改正误差;最大值法对应的 R_{UIPP} 略小,说明得到的 UIVE 较大,因而会降低系统的可用性;用 3 个格网点计算也能保证完好性,相对于必须用 4 个点计算,可提高系统可用性。

◣ 5.5　定位域完好性的确定及分析

5.5.1　基本概念

　　星基增强系统通过各参考站的实时观测和中心站的实时完好性监测处理,得到与卫星有关的完好性信息 UDRE 和与电离层延迟有关的完好性信息 GIVE,并随广域差分改正数一起,广播给用户。用户接收到这些完好性信息后,结合用户本身的伪距观测误差,一方面利用这些误差信息进行广域差分加权定位解算,另一方面利用这些误差信息给出定位误差保护级(水平方向和垂直方向)的估算。定位误差保护级的估算是将伪距域的完好性通过当前用户卫星几何转换到定位域,从而在用户级最终给出星基增强系统的完好性,以确定系统是否满足当前用户的门限规定。

　　用户定位域完好性不仅反映了系统卫星星历、卫星钟及电离层延迟的误差,还反映了当前用户的局部观测误差及卫星几何条件。用户定位域完好性的确定既要顾及系统完好性需求,又要顾及可用性需求。是否能在用户级准确给出当前定位的完好性,主要决定于系统在伪距域给出的完好性监测信息的准确性,当然,这种完好性信息的转换方法,即定位域完好性确定方法也将有重要影响。因此,定位域完好性确定方法既要能准确将伪距域的误差反映到定位域,又不能过于保守,使误差估计偏大,以同时满足用户的完好性和可用性需求[11]。

5.5.2　门限传递确定方法

　　根据误差处理理论,将伪距域的误差转换到定位域可利用置信门限传递方法,即在伪距域通过概率估计给出伪距改正误差的置信门限,然后结合用户观测几何,直接确定用户定位误差的置信门限。

　　依据最小二乘原理,广域差分定位解为

$$\hat{\boldsymbol{x}} = (\boldsymbol{G}^{\mathrm{T}}\boldsymbol{W}\boldsymbol{G})^{-1}\boldsymbol{G}^{\mathrm{T}}\boldsymbol{W}\boldsymbol{y} = \boldsymbol{K}\boldsymbol{y} \tag{5.9}$$

式中:$\boldsymbol{K} = (\boldsymbol{G}^{\mathrm{T}}\boldsymbol{W}\boldsymbol{G})^{-1}\boldsymbol{G}^{\mathrm{T}}\boldsymbol{W}$;$\boldsymbol{y}$ 为经差分改正的伪距观测量;$\boldsymbol{G}$ 为用户卫星几何;$\boldsymbol{W}$ 为改正伪距的权,可定义为

$$\boldsymbol{W}^{-1} = \begin{bmatrix} \sigma_1^2 & & & & \\ & \ddots & & & \\ & & \sigma_j^2 & & \\ & & & \ddots & \\ & & & & \sigma_n^2 \end{bmatrix} \tag{5.10}$$

$$\sigma_j^2 = \sigma_{\mathrm{UDRE},j}^2 + F_{\mathrm{iono},j}^2 \sigma_{\mathrm{UIVE},j}^2 + \sigma_{\mathrm{user},j}^2 \tag{5.11}$$

式(5.11)表示,改正伪距的权由用户卫星星历及钟差改正误差 σ_{UDRE}、用户电离层延

迟改正误差 σ_{GIVE} 和用户局部观测误差 σ_{user} 共同决定,并假设各观测量之间独立。

若伪距观测量改正误差置信门限表示为 Δy,按门限传递方法,由式(5.8),可知用户定位误差置信门限为

$$\Delta x = K \Delta y \qquad (5.12)$$

根据上述原理,RTCA SC - 159 设计了相应的完好性确定方法[12]。在星基增强系统中心处理站,分别给出卫星星历及钟差改正误差置信门限 UDRE 和电离层延迟改正误差置信门限 GIVE。用户接收到这些信息后,考虑接收机局部观测误差 σ_{user},则定位域完好性确定的表达式为

$$\text{VPL} = \sqrt{\sum_{j=1}^{n} K_{3j}^2 (\text{UDRE}_j^2 + 3.29^2 \sigma_{\text{user}}^2) + \sum_{j=1}^{n} |k_{3j}| F_{\text{iono},j} \text{UIVE}_j} \qquad (5.13)$$

$$\begin{cases} \text{HPL} = \sqrt{\text{XPL}^2 + \text{YPL}^2} \\ \text{XPL} = \sqrt{\sum_{j=1}^{n} K_{1j}^2 (\text{UDRE}_j^2 + 3.29^2 \sigma_{\text{user}}^2) + \sum_{j=1}^{n} |k_{1j}| F_{\text{iono},j} \text{UIVE}_j} \\ \text{YPL} = \sqrt{\sum_{j=1}^{n} K_{2j}^2 (\text{UDRE}_j^2 + 3.29^2 \sigma_{\text{user}}^2) + \sum_{j=1}^{n} |k_{2j}| F_{\text{iono},j} \text{UIVE}_j} \end{cases} \qquad (5.14)$$

式中:VPL 为垂直保护级;HPL 为水平保护级;XPL、YPL 分别为水平 x、y 方向的保护级;K_{1j}、K_{2j}、K_{3j} 分别为转换矩阵 K 对应的各行元素;$F_{\text{iono},j}$ 为电离层倾斜因子。

用置信门限传递方法进行完好性转换,需要在系统中心处理站对各伪距改正误差按完好性概率需求 P_r 确定误差置信门限,即伪距改正误差都是按最差情况处理,因此,这种方法是一种较为保守的方法。另外,需要系统广播误差置信门限的同时,也广播方差信息,以用于加权处理,而这又受到数据链的带宽限制。

在确定伪距改正误差置信门限时,伪距改正误差一般假设为服从有偏正态分布,其置信门限为 $b = a + \kappa(P_r)\sigma$。由于观测量需进行故障检测和排除,而且观测量的数量有限,伪距改正误差不能以零均值正态分布准确表达,但如果将零均值正态分布与式(5.14)表示的保守分布组合处理,将能相对准确地反映实际误差。

$$d(x) = \frac{1}{2} \{ \delta(x + a) + \delta(x - a) \} \qquad (5.15)$$

组合分布的概率密度函数为

$$f(x) = \frac{1}{2\sigma\sqrt{2\pi}} \left\{ e^{-\frac{(x+a)^2}{2\sigma^2}} + e^{-\frac{(x-a)^2}{2\sigma^2}} \right\} \qquad (5.16)$$

对应的方差为 $\sigma_f^2 = \sigma^2 + a^2$。

将伪距改正误差的偏差综合到方差信息中,则可以基于最小二乘方差传播方法进行完好性信息的转换。

5.5.3 方差传播方法

最小二乘定位解算时,由伪距改正误差的方差可得到定位误差的方差为

$$<\Delta x \times \Delta x^T> = <(K \times \Delta y) \times (K \times \Delta y)^T> = K<\Delta y \times \Delta y^T>K^T =$$
$$K \times W^{-1} \times K^T = (G^T W G)^{-1} \qquad (5.17)$$

则定位误差垂直方向的方差为 $\sigma_V^2 = [(G^T W G)^{-1}]_{3,3}$,给定置信概率 P(如 99.9%),可得垂直方向的定位误差置信门限为

$$VPL = \kappa_V(P) \times \sigma_V \qquad (5.18)$$

由于水平方向的 x,y 轴是相关的,一般水平方向的置信误差用误差椭圆表示。对应椭圆主轴方向的方差由 $\sigma_x^2 = [(G^T W G)^{-1}]_{1,1}$, $\sigma_y^2 = [(G^T W G)^{-1}]_{2,2}$, $\sigma_{x,y} = [(G^T W G)^{-1}]_{1,2}$ 相应确定为

$$\sigma_H = \sqrt{\frac{\sigma_x^2 + \sigma_y^2}{2} + \sqrt{\left(\frac{\sigma_x^2 - \sigma_y^2}{2}\right)^2 + \sigma_{x,y}^2}} \qquad (5.19)$$

假设 x、y 方向的误差均是高斯分布,则水平误差是 2 自由度的开方分布,给定置信度,可得水平置信误差为

$$HPL = \kappa_H(P) \times \sigma_H \qquad (5.20)$$

上述完好性转换方法无需对各伪距改正误差分别按置信概率确定其门限,而是对定位误差按置信概率确定其门限,因而不会过分保守,能提高系统的可用性。而且系统也无需同时向用户广播误差门限及方差,可以满足数据链带宽的限制。当然,上述方法假设各伪距误差是不相关的,而实际上各伪距误差会存在一定的相关性,如对流层误差、电离层误差对各伪距的影响都有一定的相关性。因此,不相关假设使估计在一定程度上是保守的。

5.5.4 模拟分析

不同的定位域完好性确定方法,有不同的完好性和可用性性能。下面给出模拟分析,以比较上述两种方法的不同性能。任意选择一地面点作为用户,利用当前的 GPS 广播星历随机给出用户卫星几何。用户观测伪距改正误差用下式模拟,即

$$\sigma_i = e^{(1.4175\sin^2 El_i - 2.9125\sin El_i)} \qquad (5.21)$$

式中:El_i 为卫星高度角,误差的幅度没有考虑,因为这里只考虑相对变化。

选定卫星几何并给出每颗卫星的高度角,由式(5.21)可以计算每颗卫星的误差值 σ_i,假设伪距改正误差的均值 a 和标准差 σ 的比例在 $1/3 \sim 3$,则 a 和 σ 可在 σ_i 值的 $0.5 \sim 1.5$ 之间选择确定。对于所选定的 a 和 σ 值,由误差概率密度函数式(5.17)可得到实际的垂直定位误差(VPE),按极值方法及方差传播方法可分别得到垂直保护级(VPL),比较 VPL 和 VPE 的大小,则能得到 VPL 相对实际误差的性能。不同的

VPL 处理方法的性能再进行比较,则能得到不同 VPL 处理方法之间的区别。

给定完好性概率需求 P,对于任一选定的卫星几何,进行 $30/(1-P)$ 次计算。例如,P 为 99.999% ,则进行 3000000 次。共计模拟 10000 次,对所有模拟几何的计算进行综合统计,图 5.16 为门限传递方法的统计结果,图 5.17 为方差传播方法的统计结果。

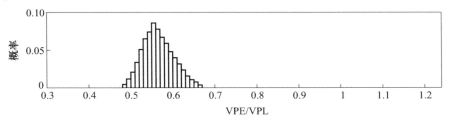

图 5.16　门限传递方法的统计结果

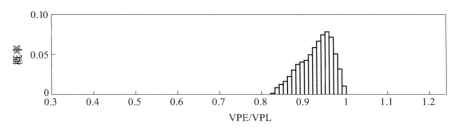

图 5.17　方差传播方法的统计结果

对于模拟的统计结果,理想情况应该是峰值出现在 1 的左边,而且尾巴在左边。这表明:所用处理方法确定的定位误差保护门限刚好大于实际的定位误差,但又不会大很多,因而既能保证完好性需求,又能有较高的可用性。图 5.17 近乎理想情况,因而相应的方差传播处理方法是一种优化的方法。图 5.16 表明,对应的极值处理方法虽然能完全满足完好性需求,但可用性大大降低,所计算的垂直定位误差保护门限几乎是实际误差的两倍。

△ 5.6　可用性模拟分析

5.6.1　分析方案及数据模拟

由 5.5 节可以知道,为保证用户导航的完好性,GNSS 星基增强系统用户在进行广域差分定位解之前,应利用接收到的系统完好性监测信息,结合用户本身的伪距观测误差,进行定位误差保护级(水平方向和垂直方向)的计算。HPL 或 VPL 不仅反映了系统的完好性信息,还反映了当前用户观测卫星几何。如果 HPL 或 VPL 超过了告警门限,则说明广域差分改正误差过大或用户卫星几何较差。如果广域差分改正误差保证在系统规定的范围,则说明当前用户卫星几何不可用。因此,固定广域差分改正误差可以利用 HPL 或 VPL 的计算模型,模拟分析系统服务区的卫星几何可用性。

卫星配置分以下 4 种情况:①24 颗 GPS 卫星;②24 颗 GPS 卫星 + 3 颗 GEO 增强;③27 颗 GPS 卫星;④27 颗 GPS 卫星 + 3 颗 GEO 增强。这里仍然针对 I 类精密进近,仅按垂直方向要求,给出 WAAS 完好性监测的可用性分析,VPL 的计算模型见式(5.18),垂直定位误差告警门限分 15m、18.3m、19.2m、33.5m 四种情况设置。RAIM 故障检测顾及卫星故障率给出漏检率的需求值,而星基增强系统完好性监测是直接按危险误导信息(HMI)的概率要求设置,I 类精密进近的需求值为 10^{-7},对应标准正态分布,置信分位数为 5.33。

5.6.2　分析结果

利用基于星基增强系统完好性监测垂直保护级(VPL)的可用性确定方法,对不同系统配置及不同 VAL 设置值的可用性确定情况分别进行统计,其结果见表 5.6。

表 5.6　星基增强系统可用性模拟结果(%)

系统配置	VAL 设置值			
	15.0m	18.3m	19.2m	33.5m
24GPS	96.541	98.234	99.125	99.864
24GPS + 3GEO	97.452	98.941	99.878	99.944
27GPS	97.131	98.726	99.775	99.912
27GPS + 3GEO	98.547	99.912	99.965	99.991

由表 5.6 的结果可得:对于 I 类精密进近,如仅观测 24 颗 GPS 卫星,其可用性不能满足 99.9% 需求;用 3 颗 GEO 卫星增强 24 颗 GPS 卫星,当垂直告警门限 VAL 为 33.3m 时,可用性能达到 99.9%;用当前观测的 27 颗 GPS 卫星,也只有 VAL 为 33.3m 时,可用性才达到 99.9%;用 3 颗 GEO 卫星增强当前观测的 27 颗 GPS 卫星,仅 VAL 为 15m 时,可用性不能达到 99.9%,其余 VAL 门限,可用性均超过 99.9%。因此,为满足 I 类精密进近可用性需求,将 GEO 卫星作为测距信号源是必需的。仅用 3 颗 GEO 卫星来增强,仍难以满足 VAL 为 15m 时的可用性需求,必须考虑新的增强方案。

参考文献

[1] BRAFF R, SHIVEL Y C. GPS integrity channel[J]. Journal of the Institute of Navigation, 1985, 32(4):334-350.

[2] 陈金平. GPS 完善性增强研究[D]. 郑州:解放军信息工程大学测绘学院,2005.

［3］SANDHOO K S,et al. FAA plan for the future use of GPS［C］//Proceedings of ION GPS-99, Nash-ville, September 14 -17, 1999:1763-1768.

［4］LOH R, FERNOW J. Integrity monitoring requirements for FAA's GPS wide area augmentation sys-tem（WAAS）［C］//IEEE Position Location and Navigation Symposium, Las Vegas,May 11 - 15, 1994:629-636.

［5］DAI D, et al. Satellite based augmentation system signal - in - space integrity performance analysis, experience, and perspectives［C］//Proceedings of ION GPS - 99, Nashville, September 14 - 17, 1999, 159-179.

［6］FENG Y, et al. Generation of wide area differential GPS corrections for satellite orbit and clocks partly based on IGS precise orbital solutions［C］//Proceedings of ION GPS-96, Kansas,September 17-20, 1996:847-853.

［7］KOVACH K, HUFFMAN L. The importance of accurate UDRE estimates［C］//Proceedings of ION NTM-96,Santa Monica, January22-24,1996:855-869.

［8］AHMADI R, et al. Validation analysis of the WAAS GIVE and UIVE algorithms［C］//Proceedings of ION 53rd Annual Meeting, Seattle, June 24-26,1997:441-450.

［9］CHAO Y, et al. Study of WAAS ionospheric integrity［C］//Proceedings of ION GPS-96, Kansas, September 17-20, 1996:781-788.

［10］CONKER R S, et al. Description and assessment of real time algorithms to estimate the ionospheric error bounds for WAAS［J］. Journal of the Institute of Navigation,1997, 44（1）:77-88.

［11］WALTER T, et al. Validation of the WAAS MOPS integrity equation［C］//Proceedings of ION 55th Annual Meeting,Seattle, June 24-26,1999:1-8.

［12］RTCA SC-159. Minimum operational performance standards for airborne supplemental navigation e-quipment using global positioning system:RTCA/DO-229D［S］. Washington DC:RTCA Inc. , 2006.

第6章　地基增强系统完好性监测

6.1　引　言

为了保证飞行安全,地基增强系统的关键部分在于完好性监测功能的实现。相比于星基增强系统,地基增强系统应有更强的完好性功能,因为Ⅱ类、Ⅲ类精密进近比Ⅰ类有更高的完好性需求,如 RTCA SC-159 规定的Ⅰ类精密进近误导信息概率为 2×10^{-7}/进近,而Ⅱ类、Ⅲ类的需求为 2×10^{-9}/进近[1]。

地基增强系统完好性监测的基本处理方法可分为伪距域监测方法和定位域监测方法。伪距域监测方法是监测站与参考站伪距观测量的直接比较,由于伪距比较的保护门限需要基于定位需求转换得到,所以只能以保守的方法处理,这种方法会降低系统可用性[2]。定位域监测方法又分用户端处理和地面站处理两种情况。用户定位域监测方法是通过来自多个地面站的改正数分别差分定位,对其结果进行比较,这种方法可以提高可用性,但用户处理负担增加[3]。地面定位域监测方法是通过监测站对参考站改正数的定位结果比较,选择可用卫星组合供用户使用,该方法与用户定位域监测处理基本等效。GBAS 是利用地面站和用户端结合的完好性处理方法,即在地面站给出伪距域的误差信息,在用户端结合当前观测几何确定相应的定位误差是否超限[4-5]。

除了地面参考站完好性和用户完好性问题,GBAS 的完好性问题还包括 GPS 卫星信号完好性、APL 信号完好性及数据链完好性等。由于有较高的完好性需求,对 GPS 卫星的完好性就提出了更高要求,其故障因素包括信号失真、射频信号干扰、信号衰减、码与载波的不一致、卫星钟异常、卫星星历误差等。这些故障因素较难监测,虽然出现的可能性很小,但对于 GBAS 是应该考虑的。斯坦福大学的研究人员提出了一套 LAAS 地面设施(LGF)比较完整的完好性监测体系——完好性监测试验平台(IMT)[6]。该体系主要对卫星信号失真、无线电频率干扰、信噪比低于规定值、码-载波测量的不一致性、码-载波测量的相位突变及不健康的电文数据等六个方面进行完好性监测。

此外,在地基增强系统设计之初,通常认为在其覆盖范围内,电离层延迟是基本一致的,因而可以通过差分将这部分误差消除。在正常情况下,电离层梯度的变化范围在 $2 \sim 5$mm/km,其对地基增强系统用户定位精度的影响不超过 10cm[7]。然而,在 ICAO GNSS 小组完成地基增强系统国际标准制定后,有学者通过对美国星基增强系统（WAAS）监测站数据的分析发现了由太阳风暴引起的电离层异常。据估计,在相距不过 19km 的情况下,电离层延迟差异超过 $7\mathrm{m}^{[8]}$。换言之,电离层空间梯度的变化约为 315mm/km,这远超出电离层空间梯度的正常变化范围。

　　本章将:分析地基增强系统的完好性故障因素,并分析相应的处理方法,给出综合的完好性监测系统设计方法;介绍地面站和用户端综合处理方法,推导其计算过程及确定误差保护级;分析和探讨伪距域进行多参考站故障检测和排除方法的性能;探讨在用户定位域进行多参考站故障检测和排除的处理方法。最后,对地基增强系统中局部电离层异常监测的研究进展进行简要介绍。

6.2　完好性监测体系设计

　　局域差分只能消除地面参考站与用户相关的误差,而对于两者不相关的误差以及构成地基增强系统所引入的有关误差都会影响导航的安全性,成为地基增强系统完好性的故障因素。因此,地基增强系统设计的关键在于对各种完好性故障进行有效监测,实时检测并排除这些故障或在规定的告警时间内通知用户。

6.2.1　故障因素影响分析

　　地基增强系统由空间部分(主要指 GNSS 卫星)、地面部分(包括伪卫星、参考站、数据链)及用户三部分组成,因此,故障因素具体包含在组成的各个部分当中。图 6.1 给出三个组成部分的各种故障因素。

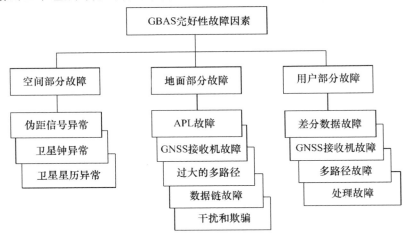

图 6.1　GBAS 完好性故障因素

1)空间部分故障

　　一种难以检测的卫星故障是 GNSS 的 C/A 码信号失真,它是由于参考站接收机和用户接收机采用不同的相关处理技术引起的。一般用户接收机相关间距较宽,而大多数参考站接收机用窄相关来限制地面多路径影响,由于二者相关间距不同,使参考站和用户观测的伪距有不同的误差影响。GNSS 卫星钟和卫星星历误差基本上能通过局域差分消除,但卫星钟误差是时间降相关的,卫星星历误差是空间降相关的。如果卫星星历信息中包含大的位置误差,且其方向平行于参考站和用户所形成的基线矢量,则将会导致严重的用户偏差。

2）地面部分故障

地面部分由机场伪卫星(APL)、若干参考站接收机及 VHF 数据链组成。APL 发射的测距信号与 GNSS 信号一致,因此会出现与 GNSS 信号类似的故障。参考站接收机内部通道故障会影响部分或所有观测量,其误差将包含在伪距改正信息中,直接影响用户的差分定位解。过大的多路径和上述影响相似,也会包含在伪距改正信息中。

由处理中心计算的地面信息要能正确编码、广播,并由用户接收,这种联系地面和用户的数据链的各处理过程可能会出现故障。故意干扰或欺骗也是一种故障因素,但 GNSS 本身会对其有一定的抵抗能力,因此不是主要问题。

3）用户部分故障

用户部分故障主要指用户 GNSS 接收机及观测量的故障。接收机存在内部通道故障;观测量会受到较大的多路径误差影响,对于飞机用户,多路径误差会被飞行的快变动态性及飞机反射面的近距离限制;用户载波相位观测量会出现周跳情况。

6.2.2 各种故障因素的监测处理

由于故障因素出现在各个组成部分,很难给出一种综合的监测方法,最有效的方法是针对不同的故障因素设计不同的监测方法。

1）GNSS 卫星故障监测处理

由接收机处理技术不同而引起的信号故障较难监测,一般是在信号接收后通过实时信号质量监测来完成[9-10]。

卫星钟异常可通过观测量一致性检查进行监测,即由前面历元的观测量可给出当前历元的预测值,然后与当前历元的观测值进行比较。预测值由地面观测量变化形成的多项式系数得到,观测值是用户定位时刻对应的观测量。这样,地面和用户结合处理,用户不必搜索所有可能中断的卫星,地面也可对各参考站得到的系数值进行一致性检查。

卫星星历误差的检查可在地面或用户阶段分别利用不同的方法进行处理。地面处理方法是综合利用伪距差分比较和带有模糊度搜索的相位双差技术,前者能检测平行与卫星视线方向的误差,后者能检测垂直与卫星视线方向的误差,三个参考站分别利用这两种技术可检测所有方向的星历误差,这种方法不同于一般比较方法需要分离较远的参考站,它能通过相距较近的参考站进行监测,因而不受机场范围的限制。用户基于载波相位的 RAIM 技术检测星历误差方法相对于一般的地面检测方法会更加有效,但会降低系统的可用性,当然,APL 的增加可提高可用性。

2)地面故障监测处理

地面部分故障因素包括伪卫星故障、参考站接收机故障和 VHF 数据链故障。APL 的故障监测与 APL 的系统设计有关。如果使用带有"无运行(free-running)"钟的 APL,地面参考站可以和处理 GNSS 故障一样来提供 APL 的改正数及误差,这需要通过电缆将 APL 与每个参考站连接,实现起来较困难,也较昂贵。通常的方法是使用同步的 APL,这样用户能对来自 APL 转发的 GNSS 信号与直接观测的 GNSS 信号进行比较,不需要由地面参考站来处理,但 APL 必须具备自检能力以保证发射的信号是安全的。另外,可以设置监测接收机,同时接收卫星信号和 APL 重发的信号以检查一致性。

对于地面参考站接收机的内部通道故障及外部多路径影响,可通过三个或更多分离的接收机提供的多余观测量进行一致性比较,比较的结果反映了相关误差改正数的误差。这种误差信息经检测,如无大的粗差影响,则发布给用户,由用户最终确定这些误差是否导致差分导航的不可用。由于地面不知道用户跟踪哪些卫星,也不知其几何构成,因而用户所需要的保护门限并不能由地面处理完全决定,地面只能取消一些有严重影响的粗差观测量。地面参考站天线多路径影响应严格考虑,GBAS 采用专用的抗多路径影响的天线。

VHF 数据链故障能在地面和用户分别监测,地面部分能用远域的 VHF 监测站来确认被接收的信号与广播的信息一致,用户能通过循环冗余校验(CRC)来验证每个接收信息的完好性。对于数据链还必须充分考虑当超过规定的告警时间信号仍不能正常接收时对连续性的影响。

3)用户故障监测处理

用户为 GBAS 的最终阶段,在确定导航解的同时,必须给出整个系统的完好性保证。用户不仅对用户接收机本身的故障敏感,对空间部分和地面部分未被排除的故障也是敏感的。用户接收机故障可和地面站一样通过多个传感器提供的多余量来检测和排除,每个用户接收机应具备内部检测能力,如检测和修复相位周跳。

对于整个 GBAS,用户最终通过 VPL 算法来确定其是否可用。在用户部分用 VPL 算法保证系统完好性有两个优点:其一是用户可利用当前的卫星几何,不需要地面检查用户可接受的卫星可视情况;其二是用户的 VPL 检查能确定故障情况是否真正对用户存在威胁。

6.2.3　完好性监测处理综合流程

综合上节各组成部分的故障监测处理,给出如图 6.2 所示的地基增强系统完好性监测处理综合流程。

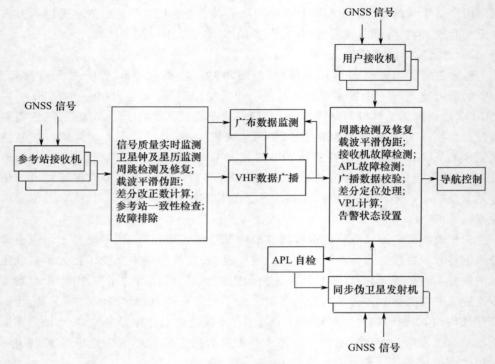

图 6.2　GBAS 完好性监测处理综合流程

△ 6.3　完好性监测信息处理方法

地基增强系统完好性监测由地面参考站和用户综合处理。地面参考站通过一致性检查能给出伪距改正数的误差信息,这些误差发布给用户,用户结合自身的误差信息及当前的观测卫星几何最终给出系统的定位误差保护门限。

6.3.1　伪距改正数生成

对于参考站 i 和卫星 j,令伪距观测量为 ρ_i^j,此参考站到卫星的几何距离可由已知坐标计算得到,表示为 R_i^j。将两者取差并消除接收机钟估值 $\hat{b}_i$,则得到伪距观测量的误差为

$$\mathrm{d}\rho_i^j = \rho_i^j - R_i^j - \hat{b}_i \tag{6.1}$$

式中:$\hat{b}_i$ 可由该接收机得到的 N 颗卫星的伪距差值取平均得到,即

$$\hat{b}_i = \frac{1}{N} \sum_{j=1}^{N} (\rho_i^j - R_i^j) \tag{6.2}$$

正常情况下,伪距观测量误差包含与用户相同的误差 $\Delta\rho$,如卫星星历、卫星钟、

电离层及对流层误差,也有不相同的误差 ε,如多路径、接收机噪声等。可将 $\mathrm{d}\rho_i^j$ 表示为

$$\mathrm{d}\rho_i^j = \Delta\rho^j + \varepsilon_i^j \tag{6.3}$$

相距很近的参考站,可将系统误差部分看作相同,也可用归一计算将各站投影到一个点上。任一卫星 j,将 M 个参考站的伪距误差取平均值,得

$$\mathrm{d}\rho^j = \frac{1}{M}\sum_{i=1}^{M}\mathrm{d}\rho_i^j = \Delta\rho^j + \frac{1}{M}\sum_{i=1}^{M}\varepsilon_i^j \tag{6.4}$$

通过平均后,系统误差得到保持,偶然误差变小,则 $\mathrm{d}\rho^j$ 主要包含与用户有相同误差影响的部分,即为伪距误差改正数。

由于参考站可能受到异常多路径、接收机通道故障、外部干扰等因素的影响,在得到伪距改正数 $\mathrm{d}\rho^j$ 的同时,应针对各站给出其影响量。令参考站 m 有故障,则包括此站的伪距误差平均值与不包括此站的伪距误差平均值取差,可得故障影响对应的偏差量为

$$B_m^j = \mathrm{d}\rho^j - \frac{1}{M-1}\sum_{\substack{i=1 \\ i\neq m}}^{M}\mathrm{d}\rho_i^j \tag{6.5}$$

具体到各参考站,分别有

$$\begin{cases} B_1^j = \dfrac{\mathrm{d}\rho_1^j}{3} - \dfrac{\mathrm{d}\rho_2^j}{6} - \dfrac{\mathrm{d}\rho_3^j}{6} \\[2mm] B_2^j = \dfrac{\mathrm{d}\rho_2^j}{3} - \dfrac{\mathrm{d}\rho_1^j}{6} - \dfrac{\mathrm{d}\rho_3^j}{6} \\[2mm] B_3^j = \dfrac{\mathrm{d}\rho_3^j}{3} - \dfrac{\mathrm{d}\rho_1^j}{6} - \dfrac{\mathrm{d}\rho_2^j}{6} \end{cases} \tag{6.6}$$

B_1^j、B_2^j、B_3^j 的关系为 $B_1^j + B_2^j + B_3^j = 0$,即三个量中只有两个是独立的。

6.3.2　差分改正误差精度模型

差分改正后的观测量所含误差主要包括机载接收机噪声及多路径效应、地面站接收机噪声及多路径效应、残余的电离层延迟及对流层延迟等。因此,差分改正后的伪距测量误差的方差可表示为

$$\sigma_{\mathrm{PR}}^2 = \sigma_{\mathrm{air}}^2 + \sigma_{\mathrm{tropo}}^2 + \sigma_{\mathrm{iono}}^2 + \sigma_{\mathrm{pr\_gnd}}^2 \tag{6.7}$$

式中:σ_{air} 为用户端差分残余误差的标准差;σ_{tropo} 为对流层延迟残余误差的标准差;σ_{iono} 为电离层延迟残余误差的标准差;$\sigma_{\mathrm{pr\_gnd}}$ 为地面站播发改正数误差的标准差。

下面简要介绍在民用航空中如何计算上述误差的标准差。

1)地面接收机的精度模型

G. McGraw 等人将地面接收机精度指标(GAD)定义为 GAD-A,GAD-B 和 GAD-C 三类[11],如图 6.3 所示。GAD-A 代表使用标准相关器的接收机和单孔径天线的精

度指标,主要用于 I 类精密进近;GAD-C 代表使用窄相关器的接收机和具有多路径抑制效果天线的精度指标,主要用于 II、III 类精密进近;GAD-B 代表使用与 GAD-C 类似的接收机,但采用单孔径天线的精度指标。

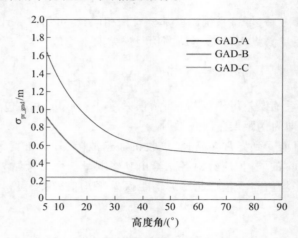

图6.3 地面接收机精度指标(见彩图)

$\sigma_{\text{pr\_gnd}}$定义为高度角的函数,由接收机带宽噪声和多路径效应噪声等组成,计算公式为

$$\sigma_{\text{pr\_gnd}}(\theta) = \begin{cases} \dfrac{1}{\sqrt{M}}(a_0 + a_1 \mathrm{e}^{-\theta/\theta_c}) & \theta \geqslant 35° \\ \dfrac{\sigma_{\max}}{\sqrt{M}} & \theta < 35° \end{cases} \tag{6.8}$$

式中:M 为参考站接收机数;θ 为卫星高度角(单位为(°));a_0、a_1、θ_c、$\sigma_{\max}$ 的值见表6.1。

表6.1 地面接收机精度指标参数

地面接收机精度指标	a_0/m	a_1/m	θ_c/(°)	$\sigma_{\max}$/m
GAD - A	0.50	1.65	14.3	—
GAD - B	0.16	1.07	15.5	—
GAD - C	0.15	0.84	15.5	0.24

2)机载接收机精度模型

机载接收机噪声包括相位平滑后残余的多路径效应和接收机带宽噪声,如图6.4所示。G. McGraw 等人提出两类机载接收机精度指标(AAD)——AAD-A 和 AAD-B,分别代表使用宽相关器的"标准"接收机和使用窄相关器的高端接收机的精度指标[11]。

$$\sigma_{\text{air}}(\theta) = \sqrt{\sigma_{\text{mp}}^2(\theta) + \sigma_{\text{n}}^2(\theta)} \tag{6.9}$$

$$\sigma^2_{\text{mp}}(\theta) = 0.13 + 0.53\exp(-\theta/10) \tag{6.10}$$

$$\sigma^2_{\text{n}}(\theta) = a_0 + a_1\exp(-\theta/\theta_c) \tag{6.11}$$

式中：σ_{mp}、σ_{n} 分别为残余的多路径效应和接收机噪声；θ 为卫星高度角（单位为（°））；a_0、a_1、θ_c 的值见表 6.2。

表 6.2　机载接收机精度指标参数

地面接收机精度指标	a_0/m	a_1/m	$\theta_c/(°)$
AAD-A	0.15	0.43	6.9
AAD-B	0.11	0.13	4.0

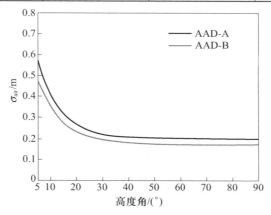

图 6.4　机载接收机精度指标（见彩图）

3）对流层延迟误差模型

对于航空用户来说，由于地面参考站和机载接收机间的高度差异，需要进行差分对流层误差延迟改正。即使对于精密进近阶段来说，该项误差也不容忽视。该项误差改正可表示为[12]

$$\text{TC} = \frac{N_{\text{R}}h_0 \times 10^{-6}}{\sqrt{0.002 + \sin^2\theta}}(1 - \exp(-\Delta h/h_0)) \tag{6.12}$$

式中：N_{R} 和 h_0 分别为 LAAS Type 2 电文中定义的折射系数和对流层大气高程；Δh 为飞机海拔高度；θ 为卫星高度角。

残余的对流层延迟误差的标准差可表示为

$$\sigma_{\text{tropo}} = \sigma_{\text{N}}h_0\frac{10^{-6}}{\sqrt{0.002 + \sin^2\theta}}(1 - \exp(-\Delta h/h_0)) \tag{6.13}$$

式中：σ_{N} 为折射系数的标准差；h_0、Δh 和 θ 意义同式(6.12)。

地面站需要向用户播发参数 h_0、N_{R} 及 σ_{N} 的值。如无法实时提供精确估值，则设置为能涵盖最坏情况的常数值。

对于位于海平面的参考站接收机来说，计算折射系数和对流层大气高程的气象

模型可简单表示为

$$N_{\mathrm{R}} = N_{\mathrm{dry}} + N_{\mathrm{wet}} \tag{6.14}$$

$$N_{\mathrm{dry}} = \frac{77.6 P_{\mathrm{s}}}{T_{\mathrm{s}}} \tag{6.15}$$

$$N_{\mathrm{wet}} = 2.277 \times 10^4 \frac{\mathrm{RH}}{T_{\mathrm{s}}^2} 10^{\frac{7.4475(T_{\mathrm{s}}-273\mathrm{K})}{T_{\mathrm{s}}-38.3\mathrm{K}}} \tag{6.16}$$

$$h_0 = \frac{N_{\mathrm{dry}} h_{0,\mathrm{dry}} + N_{\mathrm{wet}} h_{0,\mathrm{wet}}}{N_{\mathrm{R}}} \tag{6.17}$$

$$h_{0,\mathrm{dry}} = \frac{42700 - h_{\mathrm{s}}}{5} \tag{6.18}$$

$$h_{0,\mathrm{wet}} = \frac{13000 - h_{\mathrm{s}}}{5} \tag{6.19}$$

式中:RH 为相对湿度。

4)电离层延迟误差模型

由于电离层延迟的时空不相关性,使得经过差分改正后,可能存在一定的电离层残差。这部分残余的电离层误差标准差可表示为

$$\sigma_{\mathrm{iono}} = F_{\mathrm{PP}} \sigma_{\mathrm{vig}} (x_{\mathrm{air}} + 2\tau v_{\mathrm{air}}) \tag{6.20}$$

式中:F_{PP} 为倾斜因子,$F_{\mathrm{PP}} = \left[1 - \left(\dfrac{R_{\mathrm{e}} \cos\theta}{R_{\mathrm{e}} + h_{\mathrm{I}}} \right)^2 \right]^{-\frac{1}{2}}$,$R_{\mathrm{e}}$ 为地球半径,取 6378.1363km,h_{I} 为电离层厚度,取 350km;σ_{vig} 为垂直电离层梯度,正常情况下 σ_{vig} 的值为 0.002 ~ 0.004m/km;x_{air} 为飞机到参考接收机间的距离;τ 为相位平滑滤波器的平滑时间,通常取 100s;v_{air} 为飞机的水平飞行速度,为 50 ~ 70m/s。

航空精密进近中,地面站需要向用户播发 σ_{vig} 的保守估计值,以便用户根据自身位置和速度计算 σ_{iono}。

6.3.3 用户定位误差保护门限确定

参考站所形成的伪距改正数、改正数误差及相应方差播发给用户后,用户依据这些数据及自身的伪距观测值和方差估计,可得到导航定位解,同时得到解的误差置信门限。依据最小二乘原理,用户加权定位解可表示为

$$\hat{\boldsymbol{x}} = (\boldsymbol{H}^{\mathrm{T}} \boldsymbol{W}^{-1} \boldsymbol{H})^{-1} \boldsymbol{H}^{\mathrm{T}} \boldsymbol{W}^{-1} \boldsymbol{\rho} = \boldsymbol{S} \boldsymbol{\rho} \tag{6.21}$$

式中:$\boldsymbol{H}$ 表示几何矩阵;$\boldsymbol{\rho}$ 为经改正的伪距观测量;$\boldsymbol{S}$ 为伪距域到定位域的转换矩阵;$\boldsymbol{W}^{-1}$ 为权,其定义为

$$\boldsymbol{W} = \begin{bmatrix} \sigma_{\mathrm{tot}}^2(j) & & \\ & \ddots & \\ & & \sigma_{\mathrm{tot}}^2(N) \end{bmatrix} \tag{6.22}$$

$$\sigma_{\text{tot}}^2(j) = \sigma_{\text{gnd}}^2(j) + \sigma_u^2(\theta^j) \tag{6.23}$$

式中：$\sigma_u(\theta^j)$ 为用户接收机的标准差估计，主要表示伪距噪声及多路径的影响，其计算模型如式（6.7）所示。RTCA 根据用户 GNSS 接收机性能将其分成两类，相应参数见表 6.3。

表 6.3　GBAS 用户 GNSS 接收机性能参数

类型	$\theta_0/(°)$	a_0/m	a_1/m
A	19.6	0.16	0.23
B	27.7	0.0741	0.18

依据定位解表达式，用户可按方差传递的方法，将伪距域完好性信息转换到定位域。转换计算时分别作如下假设：H_0——地面参考站无故障影响；H_1——地面参考站存在一个故障影响。

如假设 H_0 成立，则地面参考站提供的伪距改正数误差可用零均值的高斯分布表示，用户垂直方向定位误差门限为

$$\text{VPL}_{H_0} = K_{\text{MD}|H_0} \sqrt{\sum_{j=1}^{N} S_{3j}^2 \sigma_{\text{tot}}^2(j)} \tag{6.24}$$

式中：$K_{\text{MD}|H_0}$ 为无故障时漏检概率对应的分位数；S_{3j} 为伪距域到定位域转换矩阵 S 的第三行。

如假设 H_1 成立，则地面参考站提供的伪距改正数误差分布可表示为 $N\left(B_m^j, \dfrac{M}{M-1}\sigma_{\text{gnd}}^2(j)\right)$，用户垂直方向定位误差门限为

$$\text{VPL}[m] = \left| \sum_{j=1}^{N} S_{3j} B_m^j \right| + K_{\text{MD}|H_1} \sqrt{\sum_{j=1}^{N} S_{3j}\left(\frac{M}{M-1}\sigma_{\text{gnd}}^2(j) + \sigma_u^2(\theta^j)\right)} \tag{6.25}$$

式中：$K_{\text{MD}|H_1}$ 为存在一个故障时漏检概率对应的分位数。取 VPL 的最大值，得

$$\text{VPL}_{H_1} = \text{Max}\{\text{VPL}\} \tag{6.26}$$

由于 VPL_{H_1} 为一随机量，为检查当前的卫星几何，保证连续性，在假设 H_1 成立时，还需给出垂直方向定位误差门限的预测值，其计算式如下：

$$\text{VPL}_P = K_{\text{FD}|M} \sqrt{\sum_{i=1}^{N} S_{3j}^2 \frac{\sigma_{\text{gnd}}^2(j)}{M-1}} + K_{\text{MD}|H_1} \sqrt{\sum_{j=1}^{N} S_{3j}^2\left(\frac{M}{M-1}\sigma_{\text{gnd}}^2(j) + \sigma_u^2(\theta^j)\right)} \tag{6.27}$$

式中：$K_{\text{FD}|M}$ 为 M 个站误检概率的分位数。

6.3.4　各种置信概率的确定

假定一个接收机存在故障的先验概率为 10^{-5}，则对于 M 个站无故障假设 H_0、仅

存在一个故障的假设 H_1、同时存在两个故障的假设 H_2，它们的概率分别为

$$\begin{cases} P(H_0) = 1 \\ P(H_1) = \binom{M}{1} \times 10^{-5}(1 - 10^{-5})^{M-1} = M \times 10^{-5} \\ P(H_2) = \binom{M}{2} \times (10^{-5})^2(1 - 10^{-5})^{M-2} = \binom{M}{2} \times 10^{-10} \end{cases} \quad (6.28)$$

对于假设 H_0，令无故障漏警概率为 $P_{\mathrm{MD}|H_0}$，则 VPL_{H_0} 应以 $1 - P_{\mathrm{MD}|H_0}$ 限定实际垂直定位误差，如果 VPL_{H_0} 小于垂直告警门限 VAL，则危险误导信息（HMI）的概率应小于 $P_{\mathrm{MD}|H_0}$，即

$$P(\mathrm{HMI}|H_0) < P_{\mathrm{MD}|H_0} \quad (6.29)$$

对于假设 H_1，令无故障漏警概率为 $P_{\mathrm{MD}|H_1}$，则 VPL_{H_1} 应以 $1 - P_{\mathrm{MD}|H_1}$ 限定实际垂直定位误差，如果 VPL_{H_1} 小于垂直告警门限 VAL，则危险误导信息（HMI）的概率应小于 $P_{\mathrm{MD}|H_1}$，即

$$P(\mathrm{HMI}|H_1) < P_{\mathrm{MD}|H_1} \quad (6.30)$$

对于每一观测时刻，我们并不知道哪个假设成立，应选择 VPL_{H_0}、VPL_{H_1} 中的最大值作为 VPL，即 $\mathrm{VPL} = \mathrm{Max}\{\mathrm{VPL}_{H_0}, \mathrm{VPL}_{H_1}\}$。如果 VPL 小于 VAL，则 VPL_{H_0}、VPL_{H_1} 均小于 VAL，因此，HMI 的概率总是被 $P_{\mathrm{MD}|H_0}$ 和 $P_{\mathrm{MD}|H_1}$ 限定。

为保证空间信号的完好性，导航系统误差超过 VAL 的总概率必须小于规定值。将 HMI 的总概率表示为各种假设下概率的和，即

$$P(\mathrm{HMI}) = \sum_{i=0}^{M} P(\mathrm{HMI}|H_i) \cdot P(H_i) \quad (6.31)$$

由于同时出现 3 个或以上故障的概率值很小，忽略其相应假设，则式（6.31）展开为

$$P(\mathrm{HMI}) = P(\mathrm{HMI}|H_0) + P(H_1) \cdot P(\mathrm{HMI}|H_1) + P(H_2) \cdot P(\mathrm{HMI}|H_2) \quad (6.32)$$

对于 3 台接收机，在假设 H_2 之下，我们保守地令 $P(\mathrm{HMI}|H_2) = 1$，将各假设下的概率式代入式（6.32），则

$$P(\mathrm{HMI}) < P_{\mathrm{MD}|H_0} + P(H_1)P_{\mathrm{MD}|H_1} + P(H_2) \quad (6.33)$$

为满足系统需求，HMI 的总概率应小于完好性需求，即

$$P_{\mathrm{MD}|H_0} + P(H_1)P_{\mathrm{MD}|H_1} + P(H_2) < P(\mathrm{HMI}) \quad (6.34)$$

重写式（6.34），得

$$P_{\mathrm{MD}|H_0} + P(H_1)P_{\mathrm{MD}|H_1} = P(\mathrm{HMI}) - P(H_2) \quad (6.35)$$

对于 M 个站，有一个 H_0 假设和 M 个 H_1 假设，则式（6.35）左边可表示为

$$P_{\mathrm{MD}|H_0} + P(H_1)P_{\mathrm{MD}|H_1} = \underbrace{P_{\mathrm{MD}|H_0} + 10^{-5}P_{\mathrm{MD}|H_1} + \cdots + 10^{-5}P_{\mathrm{MD}|H_1}}_{M+1} \qquad (6.36)$$

在各假设之间进行平均分配,则

$$P_{\mathrm{MD}|H_0} = \frac{1}{M+1}(P(\mathrm{HMI}) - P(H_2)) \qquad (6.37)$$

$$P_{\mathrm{MD}|H_1} = \frac{10^{-5}}{M+1}(P(\mathrm{HMI}) - P(H_2)) \qquad (6.38)$$

由 $P_{\mathrm{MD}|H_0}$、$P_{\mathrm{MD}|H_1}$ 可相应得到 $K_{\mathrm{MD}|H_0}$ 和 $K_{\mathrm{MD}|H_1}$,即

$$K_{\mathrm{MD}|H_0} = \Phi^{-1}(P_{\mathrm{MD}|H_0}/2) \qquad (6.39)$$

$$K_{\mathrm{MD}|H_1} = \Phi^{-1}(P_{\mathrm{MD}|H_1}) \qquad (6.40)$$

式中:$\Phi(x) = \dfrac{1}{\sqrt{2\pi}}\displaystyle\int_x^\infty e^{-\frac{t^2}{2}}\mathrm{d}t$。

系统连续性中断(LOC),要么因为真正的系统故障,如卫星故障或地面站故障,要么因为完好性监测对故障的误识。简单处理,可对上述两种原因按连续性需求的一半分配。对于 M 个接收机,任一接收机的故障对应的 VPL_{H_1} 都有可能导致连续性中断,保守考虑,所有的 VPL_{H_1} 为独立的,因此无故障检测的概率可按总体连续性需求除以 M 确定,即

$$P_{\mathrm{FD}|M} = P(\mathrm{LOC})/2M \qquad (6.41)$$

$$K_{\mathrm{FD}|M} = \Phi^{-1}(P_{\mathrm{FD}/M}/2) \qquad (6.42)$$

6.4　地面多参考站故障检测和排除方法

地基增强系统地面处理在给出各颗卫星伪距改正数的同时,也通过多参考站一致性检查,给出这些改正数的误差信息。在正常误差影响下,这些误差信息可直接播发给用户,以结合用户观测量误差确定用户定位误差保护门限。但在一些异常因素影响下,如接收机通道故障、过大的多路径、额外的干扰等,会使部分伪距改正数误差值很大,相应的伪距改正数应不可用。因此,必须在地面通过改正数误差判定是否受到异常因素的影响,并排除受到异常影响的观测量,从而保证广播的伪距改正数是可用的。

6.4.1　基于 B 值的故障检测门限确定

伪距改正数误差以 B 值表示,基于 B 值可检测参考站故障影响。B 值的检测门限取决于每个观测量无故障时检测的概率及相应的方差。无故障时检测(误检),会导致连续性中断,因此无故障时检测的概率可由连续性需求得到。当然误检并不总

是会导致用户连续性中断,这里采用保守的估计。由 6.3 节的分析可得每个接收机(共 M 个接收机)误检的概率为 $P_{FD/M} = P(LOC)/2M$,由于基于 B 值的故障检测门限是针对每个伪距观测量,应计算每个观测量相应的误检概率,即

$$P_{FD} = P_{FD/M}/N \tag{6.43}$$

式中:N 为此接收机跟踪的卫星数。对于卫星 j,由其 B 值对应的方差 σ_B 可得基于 B 值的故障检测门限为

$$T_B[j] = \Phi^{-1}(P_{FD}/2)\sigma_B = \Phi^{-1}(P_{FD}/2)\frac{\sigma_{ref}(\theta^j)}{\sqrt{M(M-1)}} \tag{6.44}$$

在故障检测和排除之后,必须有两个或以上的观测量可用,此伪距改正数才可用。例如 3 个接收机,某卫星有两个或以上的观测量存在故障,则此卫星不可用。因为仅一个可用观测量,其相应的改正数误差不可计算。对于排除之后剩余的观测量,应重新计算改正数误差及方差估计。

6.4.2　基于 B 值的故障排除方法

基于 B 值检测到有故障后,应排除故障观测量的影响。用贝叶斯概率计算来确定故障排除的基本方法:令第 i 个站存在故障的假设为 H_i,则在当前的观测量条件下,该假设的概率为

$$P(H_i/B_1,B_2,B_3) = \frac{P(H_i)P(B_1,B_2,B_3/H_i)}{\sum_{i=1}^{M} P(H_i)P(B_1,B_2,B_3/H_i)} \tag{6.45}$$

式中:$P(H_i)$ 为参考站的故障概率;$P(B_1,B_2,B_3/H_i)$ 为在假设 H_i 下当前观测量由其概率密度函数计算的概率值,对于第 i 个站计算得到的概率值若超出误排概率的需求,则排除该站,否则排除所有的站。在实际应用中,该方法会使排除所有站的概率很大,因而不适宜采用。在 RTCA 的规范中[12],参考站故障排除基于很简单的规则,即任一 B 值只要大于门限,则排除相应的观测量。实际上,任一参考站有故障,可能会同时影响其他两站的 B 值而使它们都不能通过检测,因而使所有站均被排除的可能性增大。

为保证连续性,我们给出如下排除规则:仅取 B 的最大值,如超限则排除,然后对剩下的两个 B 值取差,再与门限 $T_B'(=\sqrt{3}T_B)$ 比较,如超限则排除所有的站。通过下面的分析,可知该方法会大大降低排除所有站的概率,因而能较好地保证连续性。

在无故障情况时,各伪距观测量均服从正态分布,均值为 0,方差为 σ^2。由伪距改正数得到的 3 个 B 值,只有两个是独立的。设 B_1 与 B_2 的相关系数为 $-1/2$,则 B_1 与 B_2 的联合概率密度函数为

$$f(B_1,B_2) = \frac{6}{\sqrt{3}\pi\sigma^2}e^{-\frac{4(B_1^2+B_1B_2+B_2^2)}{\sigma^2}} \tag{6.46}$$

假设第 3 个站得到的 B_3 值存在故障，令其为 E，此时，B_1 与 B_2 的联合概率密度函数为

$$f(B_1, B_2, E) = \frac{6}{\pi\sigma^2} e^{-\frac{10}{\sigma^2}\left[\left(B_1+\frac{E}{6}\right)^2 + \frac{8}{5}\left(B_1+\frac{E}{6}\right)\left(B_2+\frac{E}{6}\right) + \left(B_2+\frac{E}{6}\right)^2\right]} \tag{6.47}$$

分析故障排除方法的性能主要是考虑其所引起的完好性和连续性风险，应使完好性和连续性均能满足需求。完好性风险包括"检测没有"和"误排"两种情况，此两种情况下改正数中仍包含粗差影响。连续性风险主要指排除所有观测量情况，此时该卫星将不能用于导航定位。

各种排除方法均可根据其判定规则，在 B_1/σ 和 B_2/σ 空间给出相应的检测没有故障、排除某个参考站及排除所有参考站的区域。设连续性风险概率值为 2×10^{-6}，并假设有 3 个站 10 颗卫星，可得检测门限为 $T_B = 5.4\sigma_B$，又 $\sigma_B = \sigma/\sqrt{6}$，则 $T_B = 2.2\sigma$，$T_B = \sqrt{3}T_B = 3.8\sigma$。各种情况的区域，可由 $B_1/\sigma = \pm2.2$、$B_2/\sigma = \pm2.2$ 和 $(B_1+B_2)/\sigma = \pm2.2$ 对应的直线确定。图 6.5 给出了任意值排除规则的区域界定，图 6.6 给出了最大值排除规则的区域界定。由图可知，最大值排除规则排除所有站的区域大大减小，但误排的区域增加。由"检测没有"、"误排"、"完好性"和"排除所有"四种情况相应的区域范围，对概率密度函数式进行积分，可给出相应的概率值。这些概率值随着故障影响 E/σ 的变化而变化，其变化曲线分别如图 6.7 和图 6.8 所示。

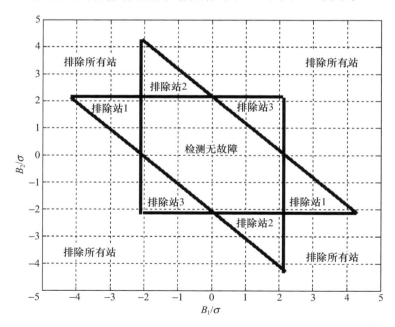

图 6.5　任意值排除规则的区域界定

由图 6.7 可知，误排概率的峰值约为 3×10^{-4}，出现在故障偏差门限 $E/\sigma = 6.0$，即 $E/\sigma = 3T_B/\sigma$ 的位置。完好性曲线和"检测没有"曲线几乎在一起，因为误排概率

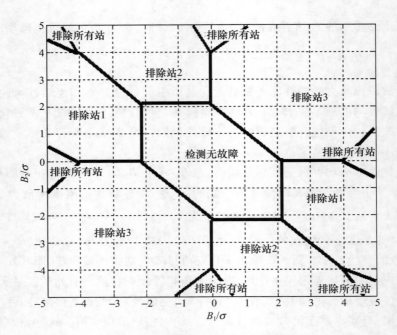

图 6.6　最大值排除规则的区域界定

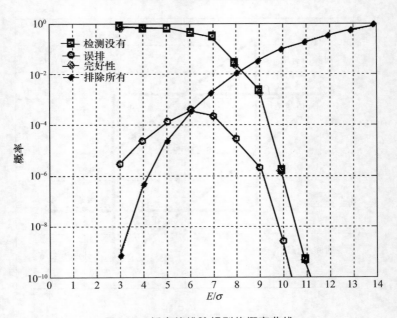

图 6.7　任意值排除规则的概率曲线

相对"检测没有"概率很小。故障偏差大于门限后,完好性曲线随着 E/σ 的增加而快速下降,当完好性风险概率为 10^{-5} 时,E/σ 大约为 9.5。当 E 增加超过门限后,排除所有站的概率将逼近 1,这说明当有较大的 E 值出现时,排除所有站的概率会很大。

由图 6.8 可知,误排概率仍有峰值为 6×10^{-4}。当完好性风险概率为 10^{-5} 时,E/σ 大约为 9.9。排除所有站的概率大大减小,最大为 5×10^{-8},且在故障偏差很大时出现。误排概率的减小能通过增加 T_B 值以使它被"检测没有"情况吸收,或减小 T'_B 值以使它被排除所有站情况吸收。图 6.9 给出 $T_B = 7.5\sigma_B$ 的曲线图,此时误排概率减小到 10^{-5} 以下,当然它使在一定的漏检概率下检测后的最大误差增加,如完好性风险概率为 10^{-5} 时,E/σ 大约为 12.1,因而增加了完好性风险。

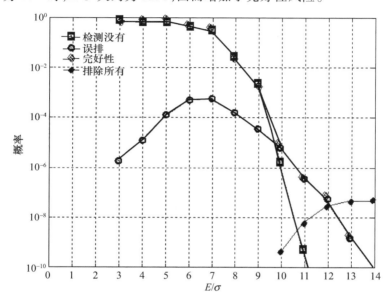

图 6.8　最大值排除规则的概率曲线

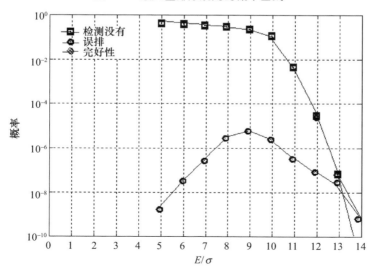

图 6.9　最大值排除规则的概率曲线(增加门限)

6.4.3 基于最小二乘残差的故障检测和排除

由前面分析得到,由观测伪距和已知坐标计算的几何距取差得到的伪距改正数为 $\mathrm{d}\rho(i,j)$($i = 1,2,\cdots,M$ 为测站数,$j = 1 - N$ 为卫星数),经接收机钟调整后改正数表示为 $\mathrm{d}\rho_c(i,j)$,相应的改正数误差为 $B(i,j)$。现令 $y_{ij} = \mathrm{d}\rho(i,j)$,对 y_{ij} 分别按测站数、卫星数及两者的综合取累积和,表示为 y_{*j}、y_{i*}、y_{**},即

$$\begin{cases} y_{*j} = \sum_{i=1}^{M} y_{ij} \\[2mm] y_{i*} = \sum_{j=1}^{N} y_{ij} \\[2mm] y_{**} = \sum_{i=1}^{M} \sum_{j=1}^{N} y_{ij} \end{cases} \tag{6.48}$$

再令 $z_{ij} = \mathrm{d}\rho_c(i,j)$,由于 y_{i*}/N 表达了测站钟钟差,则 $z_{ij} = y_{ij} - y_{i*}/N$。对 z_{ij} 按测站取累积和,即 $z_{*j} = y_{*j} - y_{**}/N$,则改正数误差可表示为

$$B(i,j) = \frac{1}{M-1}(z_{ij} - z_{*j}/M) = \frac{1}{M-1}(y_{ij} - y_{i*}/N - y_{*j}/M + y_{**}/MN) \tag{6.49}$$

由 GNSS 观测误差影响知,y_{ij} 包含系统误差、偶然误差及故障偏差,可将其表示为

$$y_{ij} = u + \alpha_j + \beta_i + c_i + m_{ij} + e_{ij} \tag{6.50}$$

式中:u 为综合的系统性误差影响;α_j 为卫星故障偏差;β_i 为接收机故障偏差;c_i 为接收机钟差;m_{ij} 为多路径误差;e_{ij} 为观测噪声。对于 α_j 和 β_i 应有

$$\begin{cases} \sum_{j=1}^{N} \alpha_j = 0 \\[2mm] \sum_{i=1}^{M} \beta_i = 0 \end{cases} \tag{6.51}$$

式(6.51)称为故障影响的边界条件。假定有 M 个测站 N 颗卫星,式(6.50)写成综合的观测方程,即

$$\boldsymbol{y} = \boldsymbol{G}\boldsymbol{x} + \boldsymbol{\varepsilon} \tag{6.52}$$

式中:$\boldsymbol{G}$ 为系数矩阵;$\boldsymbol{x}$ 包含待解参数 u、α、β(β 中包含接收机钟差);$\boldsymbol{\varepsilon}$ 为多路径及噪声影响。结合边界条件,可得解 $\hat{\boldsymbol{x}} = (\boldsymbol{G}^{\mathrm{T}}\boldsymbol{G})^{-1}\boldsymbol{G}^{\mathrm{T}}\boldsymbol{y}$,各参数解的具体表达为

$$\begin{cases} \hat{\mu} = y_{**}/MN \\[2mm] \hat{\alpha}_j = \dfrac{y_{*j}}{N} - \dfrac{y_{**}}{MN} \\[2mm] \hat{\beta}_i = \dfrac{y_{i*}}{M} - \dfrac{y_{**}}{MN} \end{cases} \tag{6.53}$$

残差矢量 $\boldsymbol{v} = \boldsymbol{y} - \hat{\boldsymbol{y}}$，将各求解参数代入，则

$$v_{ij} = y_{ij} - \hat{\mu} - \hat{\alpha}_j - \hat{\beta}_i = y_{ij} - \frac{y_{*j}}{N} - \frac{y_{i*}}{M} + \frac{y_{**}}{MN} \qquad (6.54)$$

由 v_{ij} 与式(6.49)的 $B(i,j)$ 比较可知，它们只相差因子 $1/(M-1)$，即

$$v_{ij} = (M-1)B(i,j) \qquad (6.55)$$

因此，由最小二乘得到的残差矢量与按一般的线性组合得到的 B 值是一致的，均表示伪距改正数的误差信息。残差矢量 $\boldsymbol{v}$ 包含了多路径及接收机噪声等误差的影响，在正常情况下，$\boldsymbol{v}$ 值较小，若某个观测量有较大的误差影响，则其残差也相应较大。由此，基于 B 值的故障检测和排除，也可基于 $\boldsymbol{v}$ 的检验进行，以检测和排除接收机所受到的较大误差影响。基于最小二乘残差矢量 $\boldsymbol{v}$ 的故障检测方法可参见第 4 章。

▲ 6.5　地面站其他完好性监测方法

除了上节介绍的多参考站故障检测和排除方法，LAAS 地面中心站还需要对卫星信号失真、无线电频率干扰、信噪比低于规定值、码-载波测量的不一致性、码-载波测量的相位突变及不健康的电文数据等方面进行完好性监测，监测内容主要包括 5 部分：信号质量监测(SQM)、数据质量监测(DQM)、观测量质量监测(MQM)、多参考站一致性监测(MRCC)、标准差和均值监测($\sigma-\mu$QM)及电文范围监测[13]。本节对上述完好性监测内容进行简要介绍。

6.5.1　信号质量监测

信号质量监测主要用于监控 GNSS 播发的 C/A 码信号是否存在变形。完好性监测试验平台(IMT)包括专门的信号质量接收机，用于确定 C/A 码波形是否存在畸变。此外，SQM 还要对卫星信号的功率进行监测。一般通过监测 C/N_0 的均值变化来实现。在 k 历元，每个信道 channel(m,n) 的平均 C/N_0 值与前一历元值间的关系可表示为

$$(C/N_0)_{\text{ave},m,n}(k) = \frac{1}{2}\left((C/N_0)_{m,n}(k-1) + (C/N_0)_{m,n}(k)\right) \qquad (6.56)$$

将求得的 $(C/N_0)_{\text{ave}}$ 和预先根据硬件配置、天线增益、天线站点位置等因素确定的阈值进行比较。如果小于该阈值，则认为该信道存在问题。

由于码信号变形导致的严重错误很少发生。例如 1993 年，GPS 的 SVN19 卫星出现波形畸变。畸变发生前，垂直定位误差为 $1 \sim 2\text{m}$，产生畸变期间则骤然增大至 8.5m 左右。

6.5.2　数据质量监测

数据质量监测主要用于验证卫星导航电文是否可靠。DQM 通常在两种情况下

验证卫星星历和钟差数据的正确性：

1）LGF 监测到新的卫星

有新的卫星出现时，DQM 会在随后的 6 小时内对其进行监测。主要是每 5min 比较一次根据广播星历和最近的历书计算的卫星位置差异，确保两者的差异在 7000m 之内。该阈值是根据历书的精度来设置的。

2）导航电文更新

导航电文有更新时，DQM 算法同样需要根据新老电文计算卫星位置，确保其差值不超过 250m。

6.5.3　观测量质量监测

观测量质量监测主要通过验证过去几个历元伪距和载波测量的一致性，来探测由 GPS 时钟异常或 LGF 接收机故障引起的突变步长误差和任何其他的快变误差。MQM 主要包括接收机锁定时间检验、载波累积-步长测试和载波平滑伪距更新测试。

1）接收机锁定时间检验

接收机锁定时间检验主要通过计算各参考站接收机间锁定时间的差异，来确保接收机能够持续锁定相位。接收机在跟踪低仰角的卫星时，经常会出现失锁，但这类故障不会造成严重影响。因此，IMT 并不会因此标记信道存在故障，只是会重新初始化相位平滑伪距。这主要是为了保证系统的连续性。

2）载波累积-步长测试

载波累积-步长测试主要是为了探测载波相位观测量中存在的脉冲、步长等快速变化。这些异常变化可导致伪距或载波相位改正数中存在较大误差。首先，计算最后 10 个连续历元（历元 $k-9$ 到历元 k）接收机信道 channel(m,n)（m 代表接收机，n 代表观测卫星）的相位偏差值 $\phi_{m,n}^{*}$：

$$\phi_{m,n}^{*}(k) = \phi_{c,m,n}(k) - \frac{1}{N_m}\sum_{j=1}^{N_m}\phi_{c,m,j}(k) \qquad (6.57)$$

$$\phi_{c,m,j}(k) = \phi_{m,n}(k) - R_{m,n}(k) + \tau_{m,n}(k) - \phi_{c,m,n}(0) \qquad (6.58)$$

$$\phi_{c,m,n}(0) = \phi_{m,n}(0) - R_{m,n}(0) + \tau_{m,n}(0) \qquad (6.59)$$

式中：$R_{m,n}(k)$ 为星站空间几何计算值；$\tau_{m,n}(k)$ 为卫星钟差改正数；$\phi_{c,m,n}(0)$ 为初始状态载波相位改正值；N_m 为接收机 m 跟踪的卫星数。

然后，用这 10 个历元的 $\phi_{m,n}^{*}$ 拟合成下面的二次模型：

$$\phi_{m,n}^{*}(k,t) = \phi_{0,m,n}^{*}(k) + \frac{\mathrm{d}\phi_{m,n}^{*}(k,t)}{\mathrm{d}t}t + \frac{\mathrm{d}^2\phi_{m,n}^{*}(k,t)}{\mathrm{d}t^2}\times\frac{t^2}{2} \qquad (6.60)$$

用最小二乘法求系数 $\phi_{0,m,n}^{*}$、$\dfrac{\mathrm{d}\phi_{m,n}^{*}(k,t)}{\mathrm{d}t}$ 和 $\dfrac{\mathrm{d}^2\phi_{m,n}^{*}(k,t)}{\mathrm{d}t^2}$。

则加速度可表示为

$$\text{Acceleration}_{m,n}(k) = \frac{\mathrm{d}^2 \phi^*_{m,n}(k,t)}{\mathrm{d}t^2} \tag{6.61}$$

跳变（Ramp）可表示为

$$\text{Ramp}_{m,n}(k) = \frac{\mathrm{d}\phi^*_{m,n}(k,t)}{\mathrm{d}t} \tag{6.62}$$

还可以构建步长检测量 $\text{Step}_{m,n}(k)$ 来表示当前历元的突变故障：

$$\text{Step}_{m,n}(k) = \phi^*_{\text{means},m,n}(k) - \phi^*_{\text{pred},m,n}(k) \tag{6.63}$$

式中：$\phi^*_{\text{means},m,n}(k)$ 为 k 历元的载波相位偏差计算值；$\phi^*_{\text{pred},m,n}(k)$ 为 k 历元载波相位偏差预报值。

若 channel(m,n) 载波相位观测值发生加速度、突变、步长异常并超过了相应的阈值，则该信道被标记为存在故障。

3）载波平滑伪距更新测试

载波平滑伪距更新测试用于探测原始伪距观测量中的脉冲和步长异常，更新测试统计量定义为

$$\text{Innovation}_{m,n}(k) = \rho_{m,n}(k) - \left[\rho_{s,m,n}(k-1) + \phi_{m,n}(k) - \phi_{m,n}(k-1)\right] \tag{6.64}$$

$$\rho_{s,m,n}(k) = \frac{1}{N_s}\rho_{m,n}(k) + \left(1 - \frac{1}{N_s}\right)\left[\rho_{s,m,n}(k-1) + \phi_{m,n}(k) - \phi_{m,n}(k-1)\right] \tag{6.65}$$

$$N_s = \tau_s / T_s \tag{6.66}$$

式中：$\rho_{s,m,n}(k)$ 为载波相位平滑后的伪距；τ_s 为载波相位平滑时间，常取 100s；T_s 为载波相位平滑伪距采样点时间间隔。

若连续 3 个历元中有两个以上的 $\text{Innovation}_{m,n}(k)$ 超过阈值，则认为伪距观测值存在异常并予以标记；若只有当前 1 个历元计算的 $\text{Innovation}_{m,n}(k)$ 超过阈值，则相位平滑伪距时不采用伪距观测量，而仅使用载波观测量进行更新。

6.5.4　标准差及均值监测

标准差及均值监测的主要目的是确保差分改正数真实误差分布是零均值的高斯分布。目前常用的监测方法有两种，一种是直接估计，构造统计量进行检验；一种是累积和（Cumulative SUM）算法。这里只对前者进行简单介绍。

标准化的 B 值可以表示为

$$B_{\rho\_\text{normal},m,n(k)} = \frac{B_{\rho,m,n}(k) - \mu_{B_\rho,n}(k)}{\sigma_{B_\rho},n(k)} \tag{6.67}$$

$$\sigma_{B_\rho,n}(k) = \frac{\sigma_{\text{pr\_gnd},n}(k)}{\sqrt{M_n(k) - 1}}, \quad \mu_{B_\rho,n}(k) = 0 \tag{6.68}$$

式中：$\sigma_{\text{pr\_gnd}}$ 见 6.3.2 节；$M_n(k)$ 为历元 k 时接收到卫星 n 信号的接收机个数。

在对 B 值进行标准化后,即可求得其均值 $\hat{\mu}_{B_{\rho\_normal,m,n}}$ 及标准差 $\hat{\sigma}_{B_{\rho\_normal,m,n}}$。其中,标准差的计算公式如下:

$$\hat{\sigma}_{B_{\rho\_normal,m,n}}(k) = \sqrt{\frac{1}{k-1}\sum_{i=1}^{k}\left[B_{\rho\_normal,m,n}(k) - \mu_{\rho\_normal,m,n}(k)\right]} \tag{6.69}$$

则 $\hat{\sigma}_{B_{\rho\_normal,m,n}}$ 服从 χ^2 分布

$$(N(k)-1)\frac{\hat{\sigma}^2_{B_{\rho\_normal,m,n}}(k)}{\sigma^2_{B_{\rho,m,n}}(k)} \sim \chi^2(N(k)-1) \tag{6.70}$$

式中:$N(k)$ 为 k 时刻用于估计均值及标准差的独立样本数。

6.5.5 电文范围监测

电文范围监测的主要目的是保证 LGF 播发的伪距改正数及其变化率在置信范围内。这是改正数及变化率播发之前的最后一项检测流程。通常伪距改正数的变化范围应该在 ± 125 m。而伪距改正数变化率的变化范围应该在 ± 0.8 m/s 的范围内。伪距改正数变化率定义为

$$R_{\rho_{corr,n}(t)} = \frac{\rho_{corr,n}(t) - \rho_{corr,n}(t-1)}{T_s} \tag{6.71}$$

式中:T_s 为数据采样间隔。

◢ 6.6 用户定位域多参考站故障容错监测方法

针对地面参考站接收机故障及多路径等异常影响,一般都是在地面处理中心通过各参考站在伪距域的相互比较以检测异常情况并排除。由于故障排除所用的门限只能较保守地给定,而且航空用户在处理时只能对各种故障假设情况分别进行,因此上述处理方法势必会使最终的完好性保护等级值较大,影响 GBAS 的可用性。如果将地面参考站的异常情况放到用户端处理,并利用多元假设容错处理技术[14],在定位域进行完好性监测,将会有更好效果。

6.6.1 定位域故障容错监测基本原理

依最小二乘原理,对于伪距观测矢量 ρ,可以得到三维位置估计。仅考虑垂直方向,其估计值以 $\hat{x}$ 表示。如垂直位置的真实值为 $\tilde{x}$,告警门限为 VAL,完好性需求为 P,则有下面的表达式:

$$P = P(|\tilde{x} - \hat{x}| > \text{VAL}) = P(\tilde{x} - \hat{x} > \text{VAL}) + P(\tilde{x} - \hat{x} < -\text{VAL}) \tag{6.72}$$

令垂直位置的概率密度函数为 $f(x)$,则

$$P = \int_{\hat{x}+\text{VAL}}^{\infty} f(x)\,dx + \int_{-\infty}^{\hat{x}-\text{VAL}} f(x)\,dx \tag{6.73}$$

定义 H_0 为无故障假设,$H_i(i=1,2,\cdots,m)$ 为第 i 个观测量有故障假设,忽略同时有多个观测量故障情况,则

$$f(x) = \sum_{i=0}^{M} f(x/H_i) P(H_i) \tag{6.74}$$

式中:$P(H_i)$ 为假设 H_i 的概率。假设定位误差服从正态分布,则条件概率密度函数可表示为

$$f(x \mid H_i) = \frac{1}{\sqrt{2\pi}\sigma_i} e^{-\frac{(x-\hat{x}_i)^2}{2\sigma_i^2}} \tag{6.75}$$

式中:$\hat{x}_i$ 为第 i 个故障观测量被排除后的估值;σ_i^2 为其方差,则式(6.73)可写为

$$P = \sum_{i=0}^{M} P(H_i) \left\{ \int_{\hat{x}+\mathrm{VAL}}^{\infty} N[\hat{x}_i, \sigma_i^2] \mathrm{d}x + \int_{-\infty}^{\hat{x}-\mathrm{VAL}} N[\hat{x}_i, \sigma_i^2] \mathrm{d}x \right\} \tag{6.76}$$

式中:$N[\cdot, \cdot]$ 表示正态分布。以 $\hat{x}_0$ 表示无故障假设的定位值,并定义如下偏差值:

$$\begin{cases} \Delta = \hat{x} - \hat{x}_0 \\ \Delta_i = \hat{x}_i - \hat{x}_0 \end{cases} \tag{6.77}$$

将这些偏差值代入式(6.76),可得

$$P = \sum_{i=0}^{M} P(H_i) \left\{ \Phi\left[\frac{\mathrm{VAL} + \Delta_i - \Delta}{\sqrt{2}\sigma_i}\right] - \Phi\left[\frac{\mathrm{VAL} - \Delta_i + \Delta}{\sqrt{2}\sigma_i}\right] \right\} \tag{6.78}$$

式中:$\Phi[\cdot]$ 表示标准正态分布。由式(6.78)可知,Δ 会影响完好性概率 P,适当地选取 Δ 值,将降低 P 值。式(6.78)对 Δ 求导,若导数值为 0,则 P 能取得最小值,即有下式:

$$\sum_{i=0}^{M} \frac{P(H_i)}{\sigma_i} \left\{ e^{-\frac{(\mathrm{VAL}+\Delta_i-\Delta)^2}{2\sigma_i^2}} - e^{-\frac{(\mathrm{VAL}-\Delta_i+\Delta)^2}{2\sigma_i^2}} \right\} = 0 \tag{6.79}$$

为满足完好性需求,通过式(6.79)的迭代计算可求出 Δ。这样,由式(6.77)可得垂直定位估值为

$$\hat{x} = \hat{x}_0 + \Delta \tag{6.80}$$

上面推导的基本思想是:统一考虑各种故障假设,在满足最小完好性需求的情况下,给出容错的定位估值。对于计算得到的最小完好性概率值 P,与导航系统规定的需求值相比,若大于规定值,则系统存在故障。如果 P 以规定值代替,由式(6.78)也可算出垂直保护级 VPL,若 VPL 大于 VAL,则同样说明系统存在故障。

6.6.2　定位域故障容错监测实现过程

设地面参考站有 3 个,航空用户分别利用这 3 个参考站的伪距改正数进行差分计算,得到的垂直定位估计分别以 z_1、z_2、z_3 表示,则精确的垂直定位估计可表达如下:

$$\begin{bmatrix} z_1 \\ z_2 \\ z_3 \end{bmatrix} = \begin{bmatrix} 1 \\ 1 \\ 1 \end{bmatrix} x + \begin{bmatrix} \varepsilon_{g1} + \varepsilon_u \\ \varepsilon_{g2} + \varepsilon_u \\ \varepsilon_{g3} + \varepsilon_u \end{bmatrix} \tag{6.81}$$

式中：ε_u 为用户接收机观测误差相应的垂直定位误差，服从 $N(0, \sigma_u^2)$ 分布；ε_{gi} 为参考站 i 观测误差相应的垂直定位误差，在正常情况下，应服从 $N(0, \sigma_g^2)$ 分布。这里假设 ε_{g1}、ε_{g2}、ε_{g3} 是独立的，且有相同分布。在假设 H_0 情况下，精确的垂直定位估值及相应的方差为

$$\hat{x}_0 = \frac{1}{3}(z_1 + z_2 + z_3) \tag{6.82}$$

$$\sigma_0^2 = \frac{1}{3}\sigma_g^2 + \sigma_u^2 \tag{6.83}$$

在假设 H_i 情况时，垂直定位估值及方差分别为

$$\hat{x}_i = \frac{1}{2}\sum_{\substack{j=1 \\ j \neq i}}^{3} z_j \tag{6.84}$$

$$\sigma_i^2 = \frac{1}{2}\sigma_g^2 + \sigma_u^2 \tag{6.85}$$

由于各 σ_i^2 相等，统一以 σ_1^2 表示。由式（6.77）、式（6.81）、式（6.82）、式（6.84）可得偏差量为

$$\begin{bmatrix} \Delta_1 \\ \Delta_2 \\ \Delta_3 \end{bmatrix} = \frac{1}{6} \begin{bmatrix} -2 & 1 & 1 \\ 1 & -2 & 1 \\ 2 & 1 & -2 \end{bmatrix} \begin{bmatrix} \varepsilon_{g1} \\ \varepsilon_{g2} \\ \varepsilon_{g3} \end{bmatrix} \tag{6.86}$$

由于 $\Delta_1 + \Delta_2 + \Delta_3 = 0$，则三个量仅两个是独立的。在正常情况下，$\Delta_1$ 和 Δ_2 的协方差阵为

$$V_\Delta = \begin{bmatrix} E(\Delta_1^2) & E(\Delta_1\Delta_2) \\ E(\Delta_1\Delta_2) & E(\Delta_2^2) \end{bmatrix} = \frac{1}{6} \begin{bmatrix} 1 & \frac{1}{2} \\ -\frac{1}{2} & 1 \end{bmatrix} \sigma_g^2 \tag{6.87}$$

用式（6.83）和式（6.85）可解得 σ_g^2，代入式（6.87），则

$$V_\Delta = \begin{bmatrix} 1 & -\frac{1}{2} \\ -\frac{1}{2} & 1 \end{bmatrix} \left[\left(\frac{\sigma_1}{\sigma_0}\right)^2 - 1 \right] \sigma_0^2 \tag{6.88}$$

式中

$$\left(\frac{\sigma_1}{\sigma_2}\right)^2 = \left[\frac{1}{2}+\left(\frac{\sigma_u}{\sigma_g}\right)^2\right]\bigg/\left[\frac{1}{3}+\left(\frac{\sigma_u}{\sigma_g}\right)^2\right] \qquad (6.89)$$

当 $\sigma_g > \sigma_u$ 时,$(\sigma_1/\sigma_0)^2 \to 3/2$,当 $\sigma_g < \sigma_a$ 时,$(\sigma_1/\sigma_0)^2 \to 1$,即有

$$1 < \frac{\sigma_1}{\sigma_0} < \sqrt{\frac{3}{2}} \qquad (6.90)$$

对于式(6.78),若不考虑 Δ,即 Δ 取为 0,则给定 σ_1/σ_0,P 为 Δ_1/σ_0、Δ_2/σ_0 及 VAL/σ_0 的函数。在 LAAS 差分定位过程中,按上面的推导可实时计算得到 σ_0、σ_1、Δ_0、Δ_1 值,给定垂直告警门限(VAL),则可计算得到当前的完好性概率 P。此值与需求值相比则可监测当前定位的完好性。若给定 P,可计算垂直保护级 VPL,它与 VAL 相比同样可以给出完好性告警。

在飞机进场操作之前为保证连续性,需对当前的卫星几何等因素进行预测,此时 Δ_1、Δ_2 值应按连续性需求由 σ_0 给定。因此,给定 σ_1、σ_0 及系统连续性、完好性需求参数,则可确定预测的垂直保护级(VPL_p),此值若大于 VAL,说明当前的卫星几何条件不可用。

上述处理过程在考虑 Δ 时完全一样,只需按式(6.79)求出 Δ 值即可。考虑 Δ,也即容错监测,会使计算的 VPL 值更小,因而增加系统的可用性。

6.6.3　与伪距域完好性监测的比较分析

伪距域完好性监测在用户端处理时,是将完好性概率平均分配给各故障假设情况,然后分别处理。由于每种情况的处理都需满足所分配的值,因而是一种较为保守的处理方法。而定位域监测处理是利用多元假设综合考虑所有的故障假设情况,最终使各种情况的总和满足完好性概率需求,因而可用性将得到提高。实际上,如果按前者的分配原则,即将总的完好性需求平均分配给各种故障假设情况,不考虑容错处理,定位域容错故障监测也可得到与伪距域相同的结果。

对式(6.78),令 $\Delta = 0$,完好性需求按四种假设平均分配,则有

$$\frac{1}{4}P = P(H_i)\left\{\Phi\left[\frac{VPL_i + \Delta_i}{\sqrt{2}\sigma_i}\right] - \Phi\left[\frac{VPL_i - \Delta_i}{\sqrt{2}\sigma_i}\right]\right\} \qquad (6.91)$$

式(6.91)可进一步表示为

$$\frac{1}{4}P \leqslant P(H_i)\Phi\left[\frac{VPL_i - |\Delta_i|}{\sqrt{2}\sigma_i}\right] \qquad (6.92)$$

由式(6.92)求解垂直定位误差保护门限为

$$VPL_i = |\Delta_i| + K_{MD_i}\sigma_i \qquad (6.93)$$

式中:K_{MD_i} 由 $\frac{1}{4}P/P(H_i)$ 值求得。如令 $P = 10^{-9}$,$P(H_0) = 1$,则 $K_{MD_0} = 6.22$。如所有

的故障假设有相等的概率 $P(H_1) = 10^{-5}$，则 $K_{MD_1} = K_{MD_2} = K_{MD_3} = 4.06$。对任一观测历元 VPL 应取 VPL_i 的最大值。

对于一个故障的假设 H_i，为计算垂直定位误差保护门限的预测值 VPL_{P_1}，$|\Delta_i|$ 应以其标准差按连续性需求给定，即

$$|\Delta_i| = K_{FA}\sigma_{\Delta_1} \qquad (6.94)$$

式中：K_{FA} 由误警概率确定，若误警概率为 10^{-7}，则 $K_{FA} = 5.2$，由式(6.88)、式(6.93)和式(6.94)可得

$$VPL_{P_1} = K_{FA}\left[\left(\frac{\sigma_1}{\sigma_0}\right)^2 - 1\right]^{\frac{1}{2}}\sigma_0 + K_{MD_1}\sigma_1 \qquad (6.95)$$

对于假设 H_0，有 $\Delta_0 = 0$，此时 $VPL_{P_0} = VPL_0$。VPL_P 应取两者的最大值，即

$$VPL_P = \max\left[VPL_{P_0} \quad VPL_{P_1}\right] \qquad (6.96)$$

由上述推导可得，通过将总的完好性需求平均分配，则基于定位域的 LAAS 参考站故障容错监测也可得到与由伪距域转换得到的垂直定位误差保护门限及预测值相同的表达式。因此，伪距域故障监测可看作定位域故障监测的一种简单处理，当然这种简单处理是一种保守的假设，将降低 LAAS 的可用性。

此处分三种情况给出 VPL_P/σ_0 与 σ_1/σ_0 的关系图。第一种情况是一般的伪距域监测方法，第二种情况是无容错的定位域监测方法，第三种情况是容错的定位域监测方法。其结果如图 6.10 所示。

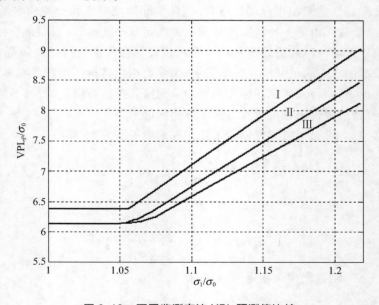

图 6.10　不同监测方法 VPL 预测值比较

由图 6.10 可知，伪距域监测方法得到的 VPL_P 值最大，而定位域监测方法得到的

值始终会小于前者,容错监测时更小。因此,定位域监测方法使 LAAS 的可用性更高。

△ 6.7　局部电离层异常监测

电离层是距离地球地面 50～1000km 电离气态区域。GPS 信号穿过电离层时速度和方向会发生变化(也称为折射效应)。由于电离层的离散特性,使得 GPS 相位的传播速度加快(相速度),而使伪距的传播速度(群速度)减慢。这一现象也称为码相发散(code-carrier divergence)。电离层物理特性受太阳活动、地磁纬度、本地时间等因素影响,变化极其复杂。对于地基增强系统来说,通常认为在其覆盖范围内,电离层梯度变化对用户的影响小于 10cm。

如本章引言所述,国外学者在分析 WAAS 监测站数据的分析时,发现了由太阳风暴引起的电离层异常。这一现象引起学者们的广泛关注。根据相关研究,自 2000年 4 月之后,出现了多次电离层风暴。其中最严重的两次发生在 2003 年 10 月 29－30 日和 2003 年 11 月 20 日。图 6.11 显示了这两次风暴期间,美国本土大陆的电离层延迟瞬时变化图。图(a)显示了 2003 年 10 月 29－30 日晚 8 点和 8 点 45 的电离

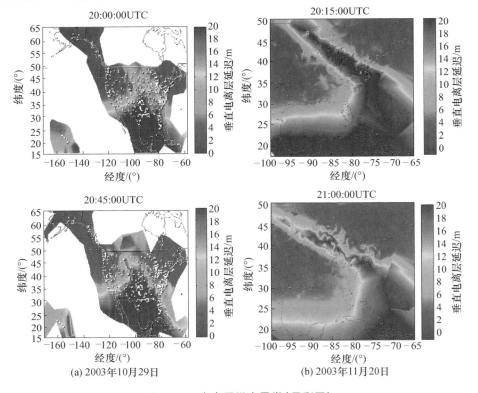

图 6.11　电离层梯度异常(见彩图)

层延迟,图(b)显示了 2003 年 11 月 20 日晚 8 点 15 和 9 点时的电离层延迟变化。图中蓝色的部分代表 2m 左右的电离层延迟,而暗红色的部分则代表 20m 的延迟。可以看出,在红色和蓝色临近的区域,电离层延迟变化极大,这意味着电离层梯度会出现极大的变化。同时,可以发现,对于右侧的图来说,在 45min 之内,某些电离层区域的电离层延迟变化很快。这样的变化显然会危及精密进近的完好性。

6.7.1　电离层异常模型

要描述电离层异常是非常困难的,该现象与三维空间、速度、加速度、平滑时间、最大基线长度及时间等因素密切相关。因此,更为实际的办法是用简单的线性模型来描述。图 6.12 是简化的电离层异常模型。该模型主要通过 3 个参数描述电离层的异常变化:电离层风暴梯度、风暴宽度和推进速度。

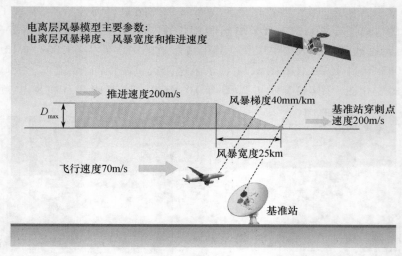

图 6.12　电离层异常模型示意图(见彩图)

除了上述太阳风暴引起电离层梯度的异常变化外,还有一种电离层现象——等离子泡可能对地基增强系统的完好性产生影响。等离子泡是赤道附近的低纬度地区经常发生的一种现象,它对电离层的影响主要表现在两方面:①电离层梯度异常;②电离层闪烁。目前关于等离子泡对地基增强系统影响的研究较少。因此,本书中所说的电离层异常主要指前者。

6.7.2　基于地面参考站的电离层异常监测

目前地面参考站的电离层异常监测方案主要是沿跑道方向布设 2~3 个参考站,利用其观测量确定电离层梯度或构建相关的统计量[15]。早期主要是利用伪距观测量进行监测,随后有学者提出了基于载波观测量的电离层异常监测方式。本节对这两种方式予以简单介绍。

1）基于伪距的电离层异常监测

如图 6.13 所示,假定沿机场跑道布设了两个相距不远的参考站 A 和 B。两个参考站的伪距差分改正数分别为

$$\Delta\rho_{A,i}(t) = \rho_{A,i}(t) - \rho_{A,i}^0(t) \tag{6.97}$$

$$\rho_{A,i}(t) = \rho_{A,i}^0(t) + \Delta\rho_{eph}^{A,i} + \Delta\rho_{clk}^{A,i} + \Delta\rho_{ion}^{A,i} + \Delta\rho_{trop}^{A,i} + \Delta\rho_{mul}^{A,i} + \varepsilon^{A,i} \tag{6.98}$$

$$\Delta\rho_{B,i}(t) = \rho_{B,i}(t) - \rho_{B,i}^0(t) \tag{6.99}$$

$$\rho_{B,i}(t) = \rho_{B,i}^0(t) + \Delta\rho_{eph}^{B,i} + \Delta\rho_{clk}^{B,i} + \Delta\rho_{ion}^{B,i} + \Delta\rho_{trop}^{B,i} + \Delta\rho_{mul}^{B,i} + \varepsilon^{B,i} \tag{6.100}$$

式中:$\rho_{A,i}(t)$ 和 $\rho_{B,i}(t)$ 为伪距观测值;$\rho_{A,i}^0(t)$ 和 $\rho_{B,i}^0(t)$ 为距离计算值;$\Delta\rho_{eph}^{A,i}$、$\Delta\rho_{clk}^{A,i}$、$\Delta\rho_{ion}^{A,i}$、$\Delta\rho_{trop}^{A,i}$、$\Delta\rho_{mul}^{A,i}$、$\varepsilon^{A,i}$ 分别为参考站 A 对卫星 i 观测的星历误差、星钟误差、电离层误差、对流层误差、多路径误差和观测噪声。

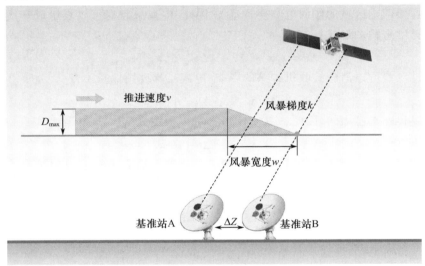

图 6.13　地面站电离层异常监测示意图(见彩图)

若两参考站距离较近,则可以认为其电离层延迟、对流层延迟等误差相同,将两参考站的伪距差分改正数再次作差有

$$\Delta\rho_{ion}^{AB,i}(t) = \Delta\rho_{A,i}(t) - \Delta\rho_{B,i}(t) \tag{6.101}$$

则电离层梯度 α 可以表示为

$$\alpha = \frac{\Delta\rho_{ion}^{AB,i}(t)}{|x_b|} \tag{6.102}$$

式中:$|x_b|$ 为两个参考站 A 和 B 之间的距离。

注意,在部分学者的研究中,电离层梯度为天顶方向,在应用时需要乘以相应的倾斜因子。Konno 则认为电离层异常主要通过斜域影响用户,直接计算倾斜方向的电离层梯度即可。

若电离层梯度 k 大于设定的阈值,则认为存在电离层梯度异常。当前,通常阈值取为 350mm/km(斜域)。显然,由于基线长度固定,阈值还可以表示为 $\alpha|x_b|$。

2)基于载波的电离层异常监测

如上一节,假定布设了两个参考站,两个参考站形成基线 x_b。则简化的单差相位观测量可表示为

$$\Delta\phi = e^T x_b + \Delta\tau + \lambda\Delta n + \Delta I + \varepsilon_{\Delta\phi} \tag{6.103}$$

式中:$\Delta\phi$ 为单差载波相位观测量;e 为视线方向矢量;x_b 为两参考站接收机天线间形成的基线矢量;$\Delta\tau$ 为差分后的接收机钟差;λ 为载波相位波长;Δn 为单差模糊度;ΔI 为两天线间差分后的电离层延迟;$\varepsilon_{\Delta\phi}$ 为单差载波相位观测量噪声。

若基线长度很短,电离层变化正常时,ΔI 通常只有毫米量级大小,可以忽略。存在异常时,电离层梯度明显变大,其影响难以忽略。如前所述,电离层前端可以简单表示为连接两个区域的倾斜电离层梯度 α,因此,电离层延迟可以表示成基线长度和电离层梯度乘积的形式:

$$\Delta\phi = e^T x_b + \Delta\tau + \lambda\Delta n + \alpha|x_b| + \varepsilon_{\Delta\phi} \tag{6.104}$$

通过双差可以消除接收机钟差的影响,电离层梯度则保持不变:

$$\nabla\Delta\phi = \Delta e^T x_b + \lambda\nabla\Delta n + \alpha|x_b| + \varepsilon_{\nabla\Delta\phi} \tag{6.105}$$

基线长度是已知的,因此,式(6.104)还可以表示为

$$\nabla\Delta\phi - \Delta e^T x_b = \lambda\nabla\Delta n + \alpha|x_b| + \varepsilon_{\nabla\Delta\phi} \tag{6.106}$$

要把电离层梯度从式(6.106)中的双差模糊度中分离出来是很困难的。如果忽略观测量噪声的影响,则可利用模糊度的整数特性构建如下统计量[8]:

$$\text{test} = \nabla\Delta\phi - \Delta e^T x_b - \lambda \times \text{round}\left(\frac{\nabla\Delta\phi - \Delta e^T x_b}{\lambda}\right) \tag{6.107}$$

正常条件下,该统计量服从零均值,标准差为 $\sigma_{\Delta\nabla\phi}$ 的正态分布。给定误警概率,可以定义如下阈值:

$$T = k_{\text{ffd}}\sigma_{\Delta\nabla\phi} \tag{6.108}$$

式中:k_{ffd} 为基于误警概率的乘数因子。根据正态分布的定义,k_{ffd} 可以由下式求得:

$$k_{\text{ffd}} = -\Phi^{-1}\left(\frac{P_{\text{ffd}}}{2}\right) = -\sqrt{2}\,\text{erfc}^{-1}(P_{\text{ffd}} - 1) \tag{6.109}$$

考虑到漏检的因素,基于载波的检测量最小可检测误差(MDE)为

$$\text{MDE} = T + k_{\text{md}}\sigma_{\Delta^2\phi} \tag{6.110}$$

对于 k_{ffd} 和 k_{md} 的值,S. Khanafseh 等人推荐取 3.7 和 3.9(对应的概率均为 10^{-4})。

6.7.3 基于用户端的电离层异常监测

在单频条件下,基于用户端的电离层异常监测主要有两种方式。一种是 RTCA

推荐的基于码相观测量发散度的方式[12]，一种是波音公司提出的双平滑电离层梯度监测算法（DSIGMA）[16]。

1）伪码-载波发散监测算法（CCDMA）

2004 年，RTCA 对 LAAS 最小航空系统性能标准（MASPS）进行修订，要求航空导航设备监测码相发散，并将之与 LGF 通过数据链路播发的阈值作比较。CCDMA 是通过在飞机上安装机载设备来探测局部电离层异常。

瞬间的码相发散度通常比较小，容易淹没在噪声当中，因此，RTCA 建议采用低通滤波降低噪声的影响，但并未确定 MASPS 最终将采用何种形式的滤波器，只是给出了两种滤波器的例子。这里介绍其中一种，其形式如下：

$$D_j = (1 - k)D_{j-1} + k \times dz_j \tag{6.111}$$

式中：$dz_j = \left| \rho_j - \left(\dfrac{\lambda}{2\pi}\right)\phi_j \right| - \left| \rho_{j-1} - (\lambda/2\pi)\phi_{j-1} \right|$；$k$ 为权因子，等于每 200s 采样一次；ρ_j 为 j 时刻伪距观测量；ϕ_j 为 j 时刻以弧度表示的载波观测量；λ 为载波相位的波长。

对于 CAT Ⅱ 类以上的精密进近来说，若 RTCA 最终确定平滑时间为 200s，则当码相发散超过给定的阈值时，机载导航系统应该将相应卫星排除。

阈值可由下式求得：

$$T_{CCD} = K_{FDI} \sqrt{F_{PP}^2 (\sigma_{LIT}^2 + (v_{air}\sigma_{LIT})^2) + \sigma_{sm-diff}^2} \tag{6.112}$$

式中：K_{FDI} 为常数，由 LGF 播发给用户；F_{PP}^2 为电离层倾斜因子；σ_{LIT} 为天顶电离层瞬时变化的标准差；v_{air} 为飞行器水平速度；σ_{LIT} 为天顶电离层空间变化的标准差；$\sigma_{sm-diff}$ 为平滑后，连续两个历元间多路径及噪声差值的标准差。

2）双平滑电离层异常监测

在发现电离层异常变化对地基增强系统有影响时，LAAS MASPS 已经基本定稿，相关的机载导航设备及相关配置也已定型。因此，为了降低电离层异常的影响，同时又尽可能少地改动相关标准及硬件设施，美国波音公司提出了一套解决方案——双平滑电离层梯度监测。

图 6.14 给出双平滑电离层梯度监测的流程图。其主要思路如下：

（1）LGF 除了生成一套基于 100s 平滑的差分改正数以外，再生成一套基于 30s 平滑的改正数；

（2）不改变 LAAS VHF 数据广播电文 Type 1 的内容，定义电文 Type 11，用来播发 30s 平滑的改正数结果；

（3）用户端同样对伪距进行 30s 平滑，并计算基于接收到的 Type 11 电文的导航解；

（4）比较两种导航解，若高程或水平方向差异超过阈值，且难以形成导航解差异不超限的卫星子集，则宣告服务不可用。

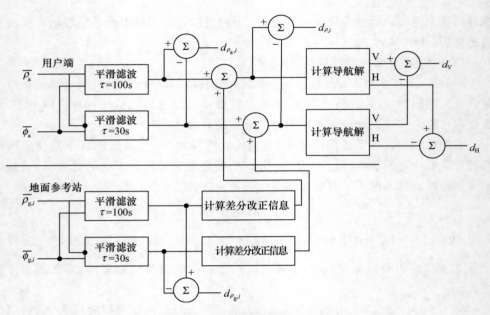

图 6.14　双平滑电离层梯度监测示意图

根据 RTCA GPS LAAS 机载设备最小操作性能规范及 Murphy 等人的研究,两种平滑时间下高程及水平方向的差异阈值为 2m,但相关文献并未透漏阈值具体的计算方式。

参考文献

[1] RTCA SC-159. Minimum operational performance standards for airborne supplemental navigation equipment using global positioning system:RTCA/DO-229D[S].Washington DC:RTCA Inc.,2006.

[2] BRAFF R. Alarm limits for local-DGPS integrity monitoring[C]//Proceedings of ION NTM-95,Anaheim, January 18-20, 1995:387-399.

[3] MARKIN K, SHIVELY C. A Position-domain method for ensuring integrity of local area differential GPS[C]//Proceedings of ION 51st Annual Meeting,Seattle, June 24-26, 1995:369-380.

[4] LIU F. Development of Gaussian overbounds for the LAAS signal-in-space integrity monitoring algorithms[J]. Journal of the Institute of Navigation, 1999, 46(1):49-64.

[5] GARCIA A M, MEDEL C H, MERINO M. Galileo navigation and integrity algorithms[C]//ION GNSS 2005, Long Beach, September 13-16, 2005:1315-1326.

[6] LUO M, PULLEN S, ENE A, et al. Ionosphere threat to LAAS:updated model, user impact, and mitigations [C]//ION GNSS 2004, Long Beach,September 21-24, 2004:2771-2785.

[7] MISRA P, ENGE P. 全球定位系统——信号、测量与性能:第 2 版[M]. 罗鸣,等译. 北京:电

子工业出版社,2008.

［8］KHANAFSEH S, YANG F, PERVAN B,et al. Carrier phase ionosphere gradient ground monitor for GBAS with experimental validation［C］//ION GNSS 2010, Portland, September 21 - 24, 2010: 2603-2610.

［9］MITELMAN A M,et al. LAAS monitoring for a most evil satellite failure［C］//Proceedings of ION NTM-99, San Diego, January 26 - 28,1999:129-134.

［10］MITELMAN A M,et al. A real-time signal quality monitor for GPS augmentation systems［C］// ION GPS2000, Salt Lake, September 19-22, 2000:862-871.

［11］MCGRAW G, MURPHY T, BRENNER B, et al. Development of the LAAS accuracy models ［C］//ION GPS2000, Salt Lake, September 19-22, 2000:1212-1223.

［12］RTCA SC-159. GNSS-based precision approach local area augmentation system(LAAS) signal-in-space interface control document(ICD): RTCA/DO-246D［S］. Washington DC: RTCA Inc. , 2008.

［13］XIE G, PULLEN S, LUO M, et al. Integrity design and updated test results for the Stanford LAAS integrity monitor testbed［C］//ION NTM-2001, Long Beach, January 22-24, 2001:681-693.

［14］秦永元,等. 卡尔曼滤波与组合导航原理[M]. 西安:西北工业大学出版社,1998.

［15］牛飞. GNSS 完好性增强理论与方法研究[D]. 郑州:解放军信息工程大学测绘学院,2008.

［16］MURPHY T, HARRIS M, SHELLY B. Implication of 30-second smoothing for GBAS approach service type D［C］//ION NTM 2010, San Diego,January25-27, 2010:376-385.

第7章 系统基本完好性监测

◢ 7.1 引 言

卫星导航系统基本完好性监测是对导航卫星播发导航电文的广播星历与钟差所对应的空间信号精度状态、导航电文数据正确性、发射导航信号的质量状态、导航系统的健康状态等进行监测处理，形成相应的系统基本完好性信息，通过各颗卫星的导航电文向用户播发。用户利用接收到的基本完好性信息，结合接收机自主完好性监测方法进行导航定位完好性分析处理。

GPS、Galileo系统和北斗系统等卫星导航系统均在播发导航电文星历和钟差参数的同时，播发相应的空间信号预测精度。具体操作中，针对卫星轨道和钟差的误差特性不同，可以采用不同的参数表征空间信号精度。比如，可以用URA_{oe}表示卫星轨道空间信号精度，用URA_{ocb}、URA_{oc1}和URA_{oc2}三个参数表示卫星钟差的空间信号精度[1]。可以用$SISA_{oe}$参数表示轨道平面空间信号完好性，用$SISA_{ocb}$、$SISA_{oc1}$、$SISA_{oc2}$三个参数表示轨道径向与卫星钟差综合的空间信号完好性[2]。也可以仅用一个SISA参数表示导航电文的空间信号预测精度[3]。

本章主要介绍基本完好性监测体系及工作过程，并介绍各类基本完好性参数的处理方法，包括空间信号精度（SISA）、空间信号监测精度（SISMA）、卫星健康状态（HS）。最后给出这些完好性参数的用户使用方法。

◢ 7.2 完好性监测体系及工作过程

主控站在利用监测站接收的GNSS信号每30s观测数据和每300s星间链路观测数据进行卫星轨道与钟差处理的同时，对导航电文中预报星历和钟差所对应的空间信号精度进行预测分析，得到相应的卫星星历与钟差精度预测SISA；利用地面监测站实时监测空间信号精度，得到空间信号监测精度（SISMA）；根据未来卫星使用规划和前期监测结果综合成卫星健康标识（HS）、预留电文健康标识（DIF）、信号完好性标识（SIF）位置，随广播星历和钟差一起编排到导航电文中向用户播发，更新时间与广播星历相同。同时，利用监测站RNSS信号每1s观测数据、每3s星间链路观测数据、每1s卫星自主观测数据实时监测分析空间信号精度的估计误差，并评估其相应的完好性，由地面监测、星间链路监测和卫星自主监测形成电文健康标识、导航信号完好性标识,在星上直接更新导航电文中 DIF 和 SIF 向用户播发。如果出现状态变化时,对告警 SIF 及时更新,并对下一次即将播发电文中 DIF 参数进行更新。用户在进行定位处理的同时,利用所接收的完好性参数进行完好性处理。基本完好性监测的运行过程见图 7.1。

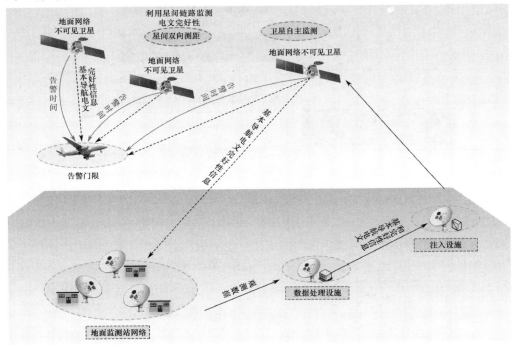

图 7.1　系统基本完好性监测的运行过程(见彩图)

　　系统基本完好性监测由地面完好性监测、星间链路完好性监测和卫星自主完好性监测三种技术组成[4],本章主要介绍地面完好性监测技术,其功能是实现对空间信号精度的预测与监视,以及对卫星健康状态的判定。对于星间链路完好性监测和卫星自主完好性监测将在下一章详细阐述。

　　系统基本完好性监测与处理流程如图 7.2 所示。

　　空间信号精度预测主要是对广播星历中卫星星历与钟差精度的预测,是在地面信息处理系统的精密轨道和钟差信息处理过程中同步完成的。利用轨道与钟差解算的结果及协方差信息等进行空间信号精度的分析。由于协方差信息能够反映轨道与钟差的随机误差统计特性,将会随轨道钟差值抖动而抖动,并随着龄期的增加而衰退。同时利用一段时间的星地和星间观测数据,对轨道切向和法向误差、径向误差进行统计分析,获得近期误差方差估计和误差发展趋势曲线,结合定轨误差模型历史曲线,进一步形成拟合误差曲线,预测并播发与导航电文匹配的 SISA 参数。

　　考虑到轨道与钟差周期特性不同,对位置用户的影响效果不同,将空间信号针对

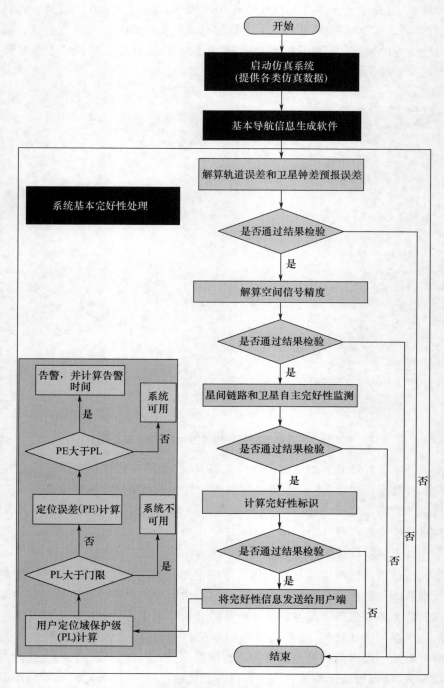

图 7.2　系统基本完好性监测处理流程（见彩图）

轨道与钟差分类标识。对于卫星轨道切向与法向方向预报精度以 $SISA_{oe}$ 表达,卫星轨道径向及钟差预报精度以 $SISA_{oc}$ 表达。$SISA_{oc}$ 按二次模型考虑,进一步包括 $SISA_{ocb}$,$SISA_{oc1}$,$SISA_{oc2}$ 三个参数。$SISA_{ocb}$ 指卫星钟与 GNSS 系统时固定偏差和轨道径向偏差的综合估计,$SISA_{oc1}$ 指卫星钟偏精度估计,$SISA_{oc2}$ 指卫星钟漂移精度估计。

　　SISA 参数是对广播星历空间信号精度的预测值,随导航电文更新,属于慢变完好性参数。同时,地面监测系统在服务区域内布设一定数量的监测站,利用监测站对导航卫星的观测数据,可以近实时地监测空间信号精度,称为空间信号监测精度(SISMA)。SISMA 是对空间信号误差的近实时监测结果,为了保障监测结果的可靠性,需要地面监测站对导航卫星进行多重覆盖,即每颗卫星同时被多个监测站可视,监测结果以 SISMAI 的形式,秒级更新上注给各卫星本星,并通过导航电文播发给用户,用于判断各卫星播发信息的精度情况。SISMA 属于快变完好性信息。

　　另外系统基本完好性还向用户提供卫星的健康状态信息,用来标识导航卫星是否正常服务,或是否处于在轨测试阶段,以 HS 参数表示。

　　系统的基本完好性监测系统综合利用地面监测结果、星间链路监测结果和卫星自主完好性监测结果,对导航电文的正确性进行分析。当导航电文中的 SISA 预测精度不能正确反映导航电文的实际精度情况时,基本完好性监测将实时上注电文完好性信息 DIF,向用户提供告警信息。

　　另外,利用卫星自主完好性监测技术,可在卫星上直接实现对导航信号的完好性监测,监测结果以 SIF 参数形式,通过导航电文播发给用户。

　　系统基本完好性的参数组成及相关定义参见表 7.1。

表 7.1　系统基本完好性参数定义

参数类别	参数形式	参数概念
卫星星历与钟差预测精度	$SISA_{oe}/URA_{oe}$	卫星轨道的切向和法向误差
	$SISA_{ocb}/URA_{ocb}$	卫星轨道的径向误差以及卫星钟固定偏差
	$SISA_{oc1}/URA_{oc1}$	卫星钟钟偏精度估计
	$SISA_{oc2}/URA_{oc2}$	卫星钟漂移精度估计
空间信号监测精度	SISMA	计算空间信号误差时,不可避免会引入观测误差,导致空间信号误差估计值会在真实附近变动。为评估空间信号误差的估计误差,可利用零均值高斯分布对其进行包络,该高斯包络的方差称为空间信号监测精度
卫星健康状态	HS	通常情况下可包括以下几挡: 0—卫星服务正常。 1—卫星服务异常。 2—未被监测。 3—自主导航模式

（续）

参数类别	参数形式	参数概念
电文健康状态，导航电文是否有效	DIF	通常情况下可包括以下2挡： 0—导航电文有效。 1—电文参数误差超出前期预计
信号完好性标识，空间信号是否符合前期估计	SIF	通常情况下可包括以下2挡： 0—下行信号有效。 1—下行信号无效

卫星健康状态由卫星导航系统地面运控系统根据卫星的在轨状态给出。对于新发射卫星，在正式向用户提供服务前，需要进行一段时间在轨试验，这一阶段导航卫星不向用户提供服务，通过卫星健康状态 HS 参数告知用户，可将 HS 参数置为1。在导航卫星测试结束，满足导航服务性能时，变更 HS 参数为0，表示卫星服务正常。由地面监测站实时监测卫星的整星状态，当监测到卫星出现卫星轨道机动、星载设备故障、卫星钟跳频或跳相等异常情况时，设置 HS 参数为1，告知用户卫星服务异常。当卫星未被地面系统监测时，设置 HS 参数为2；当卫星处于自主导航模式时，设置 HS 参数为3，用户可根据自身导航定位的精度及完好性要求，选择是否使用这类卫星。

▲ 7.3　空间信号精度（SISA）处理方法

SISA 参数与卫星电文内轨道参数和钟差参数一一匹配，因而其更新和注入时间周期一般与卫星电文内轨道参数和钟差参数相同。卫星星历与钟差精度预测处理所需要的输入数据包括广播星历的预报轨道和钟差、卫星轨道和钟差处理系统得到的精密轨道与钟差结果、处理过程中生成的轨道与钟差协方差信息。需要处理形成结果参数包括轨道预报精度 $SISA_{oe}$ 和钟差预报精度 $SISA_{oc0}$、$SISA_{oc1}$、$SISA_{oc2}$。

卫星星历与钟差精度预测处理方法可采用预报方差转换法或先验精度预报法。

7.3.1　预报方差转换法

预报方差转换法的基本原理：在轨道与钟差处理过程中，可以获取预报轨道和钟差的协方差矩阵信息，根据误差理论，协方差矩阵只能反映预报轨道和钟差的随机误差传播部分，若系统误差影响不显著（理论上，几个龄期内系统误差影响应该很小），则可以利用协方差矩阵信息获取广播星历和钟差的空间信号精度（SISA）。

预报方差转换法的处理流程：在主控站定轨系统预报轨道和钟差参数的同时，并行利用转移矩阵给出各预报历元的预报轨道和钟差参数的协方差矩阵。①将轨道协方差矩阵转换到轨道坐标系的径向、切向和法向方向，并计算轨道坐标系下卫星预报轨道和钟差的预报 SISA 估计值。②将同一龄期的 SISA 估计值与后验 SISA 值进行比较,得到该龄期的 SISA 调节参数,利用调节参数对 SISA 估计值进行校正后,得到各龄期广播星历的 SISA 预报参数。

1)利用预报方差统计 SISA 估值

在预报轨道和钟差参数的同时,并行利用转移矩阵给出各个历元预报轨道和钟差参数的协方差子矩阵 $\boldsymbol{D}_{e,i}$(假设需要预报 168 组广播星历,每组广播星历更新周期为 1h,预报轨道和钟差参数采样间隔为 5min,将得到 $168 \times 60/5 = 2016$ 个历元的轨道和钟差信息,同时获得 2016 组协方差矩阵)。

各历元的协方差阵为

$$\boldsymbol{D}_{e,i} = \begin{bmatrix} \sigma_{x,i}^2 & \sigma_{xy,i} & \sigma_{xz,i} & \sigma_{xclk,i} \\ \sigma_{xy,i} & \sigma_{y,i}^2 & \sigma_{yz,i} & \sigma_{yclk,i} \\ \sigma_{xz,i} & \sigma_{yz,i} & \sigma_{z,i}^2 & \sigma_{zclk,i} \\ \sigma_{xclk,i} & \sigma_{yclk,i} & \sigma_{zclk,i} & \sigma_{clk,i}^2 \end{bmatrix} \tag{7.1}$$

根据卫星状态矢量,计算投影矩阵 $\boldsymbol{R}_{3 \times 3}$,可将协方差矩阵转换到卫星轨道坐标系:

$$\boldsymbol{D'}_{e,i} = \begin{pmatrix} \boldsymbol{R}_{3 \times 3} & \boldsymbol{0}_{3 \times 1} \\ \boldsymbol{0}_{1 \times 3} & \boldsymbol{I} \end{pmatrix} \begin{bmatrix} \sigma_{x,i}^2 & \sigma_{xy,i} & \sigma_{xz,i} & \sigma_{xclk,i} \\ \sigma_{xy,i} & \sigma_{y,i}^2 & \sigma_{yz,i} & \sigma_{yclk,i} \\ \sigma_{xz,i} & \sigma_{yz,i} & \sigma_{z,i}^2 & \sigma_{zclk,i} \\ \sigma_{xclk,i} & \sigma_{yclk,i} & \sigma_{zclk,i} & \sigma_{clk,i}^2 \end{bmatrix} \begin{pmatrix} \boldsymbol{R}_{3 \times 3}^{\mathrm{T}} & \boldsymbol{0}_{3 \times 1} \\ \boldsymbol{0}_{1 \times 3} & \boldsymbol{I} \end{pmatrix} \tag{7.2}$$

即

$$D'_{e,i} = \begin{bmatrix} \sigma_{R,i}^2 & \sigma_{RT,i} & \sigma_{RN,i} & \sigma_{Rclk,i} \\ & \sigma_{T,i}^2 & \sigma_{TN,i} & \sigma_{Tclk,i} \\ & & \sigma_{N,i}^2 & \sigma_{Nclk,i} \\ & & & \sigma_{clk,i}^2 \end{bmatrix} \tag{7.3}$$

则卫星轨道预报精度以轨道切向和法向方向误差综合表示,取统计时段内时间序列的最大值,可以表示为

$$\mathrm{SISA}_{oe} = \max\left(\sqrt{\frac{\sigma_{T,i}^2 + \sigma_{N,i}^2}{2} + \frac{\sqrt{(\sigma_{T,i}^2 - \sigma_{N,i}^2)^2 + 4\sigma_{TN,i}^2}}{2}} \right) \tag{7.4}$$

卫星钟差预报精度以卫星轨道径向和卫星钟差误差对服务区伪距的综合表示,对每个采样历元有($\mathrm{el} \in (0, 13.88°)$):

$$\mathrm{SISA}_{oc,i} = \sqrt{(\cos(\mathrm{el}), -1) \begin{pmatrix} \sigma_{R,i}^2 & \sigma_{Rclk,i} \\ \sigma_{Rclk,i} & \sigma_{clk,i}^2 \end{pmatrix} \begin{pmatrix} \cos\mathrm{el} \\ -1 \end{pmatrix}} \approx$$

$$\sqrt{\sigma_{R,i}^2 + \sigma_{\text{clk},i}^2 - 2\sigma_{R\text{clk},i}} \qquad i = 0,1,\cdots,n \qquad (7.5)$$

将钟差预报精度细化为钟偏和轨道径向偏差预报精度、钟偏变化率精度、钟漂精度。对全部历元的钟差预报精度进行模型化处理,计算钟差预报精度的细化参数 SISA_{ocb}、SISA_{oc1}、SISA_{oc2}:

$$\begin{cases} \text{SISA}_{\text{oc},i} = \text{SISA}_{\text{ocb}} + \text{SISA}_{\text{oc1}}(t_i - t_0) & t_i - t_0 \leqslant 26\text{h} \\ \text{SISA}_{\text{oc},i} = \text{SISA}_{\text{ocb}} + \text{SISA}_{\text{oc1}}(t_i - t_0) + \text{SISA}_{\text{oc2}}(t_i - t_0)^2 & t_i - t_0 > 26\text{h} \end{cases} \qquad (7.6)$$

式中:t_0 为初始时刻;t_i 为各预报历元时刻。当预报时刻与初始时刻时差小于 26h,按一次曲线拟合;当预报时刻与初始时刻时差超过 26h 时,按二次曲线拟合。

2)利用验后方差调节估值

由于协方差传播不能反映轨道和钟差的系统误差,这样估计的 SISA 参数值偏小,需要进行校正。

校正方法是利用最新获得的精密轨道和钟差与上次上注的多组不同龄期的广播星历作差,获得不同龄期的 SISA 参数后验精度。将各类后验 SISA 参数与验前已经播发出去的各龄期 SISA 参数求比值为

$$k_{\text{oe/ocb/oc1/oc2},i} = \frac{\text{SISA}_{\text{oe/ocb/oc1/oc2后处理}}}{\text{SISA}_{\text{oe/ocb/oc1/oc2播发}}} \qquad (7.7)$$

将 k_i 作为预报方差求得 SISA 参数的调节系数,则各龄期 SISA 参数乘以该龄期的调节系数,得到预报 SISA 参数的保守估计。以第 i 龄期为例:

$$\text{SISA}_{\text{oe}} = k_{\text{oe},i}\text{SISA}_{\text{oe}} \qquad (7.8)$$

$$\text{SISA}_{\text{ocb}} = k_{\text{ocb},i}\text{SISA}_{\text{ocb}} \qquad (7.9)$$

$$\text{SISA}_{\text{oc1}} = k_{\text{oc1},i}\text{SISA}_{\text{oc1}} \qquad (7.10)$$

7.3.2 先验精度预报法

先验精度预报法的基本原理:利用观测数据进行定轨与钟差处理,获得的轨道和钟差结果精度较高,广播星历中是利用模型推算的预报轨道与钟差结果,精度较低。两者的差值可以反映广播星历中的轨道预报误差和钟差预报误差,经过处理即可得到广播星历的空间信号精度(SISA)。

先验精度预报法的处理流程:利用精密星历和广播星历,计算轨道预报误差和钟差预报误差,通过对多历元空间信号误差进行统计分析,可以获得该组广播星历的空间信号精度(SISA)。这样获得的 SISA 实际上是验后处理结果,可以作为预报 SISA 的先验精度。通过对先验 SISA 变化规律建模,外推 SISA 预报值,即可同步生成当前预报轨道与钟差对不同龄期的广播星历的精度预测参数。

1)空间信号误差 SISE 处理

将当前确定的精密轨道与钟差作为观测量 O,相应弧段内的广播星历轨道和钟

差视为计算值 C,相同历元二者取差,得到该历元的空间信号误差:

$$\mathrm{SISE} = O - C = (\mathrm{d}X \quad \mathrm{d}Y \quad \mathrm{d}Z \quad \mathrm{d}\mathrm{Clk}) \tag{7.11}$$

根据该历元卫星状态矢量,计算投影矩阵 $\boldsymbol{R}_{3 \times 3}$,可将轨道误差转换到卫星轨道坐标系中的空间信号误差

$$\mathrm{SISE} = \begin{pmatrix} \boldsymbol{R}_{3 \times 3} & \boldsymbol{0}_{3 \times 1} \\ \boldsymbol{0}_{1 \times 3} & 1 \end{pmatrix} (\mathrm{d}X \quad \mathrm{d}Y \quad \mathrm{d}Z \quad \mathrm{d}\mathrm{Clk})^{\mathrm{T}} =$$
$$(\mathrm{d}R \quad \mathrm{d}T \quad \mathrm{d}N \quad \mathrm{d}\mathrm{Clk})^{\mathrm{T}} \tag{7.12}$$

在一个广播星历更新周期内,根据卫星轨道和钟差的采用间隔,可以得到 n 个历元的空间信号误差时间序列。(若广播星历更新周期为 1h,轨道和钟差取 30s 采用间隔,则有 120 个空间信号误差样本)。

$$\mathrm{SISE}_i = (\mathrm{d}R_i \quad \mathrm{d}T_i \quad \mathrm{d}N_i \quad \mathrm{d}\mathrm{Clk}_i) \quad i = 1, 2, \cdots, n \tag{7.13}$$

2)先验精度 SISA 计算

假设空间信号误差呈(有偏)正态分布,根据统计分析方法,可利用 SISE 的均值 μ 和方差 σ 组合表示空间信号精度。

卫星轨道精度主要反映轨道切平面内的预报精度,通过轨道切向误差和法向误差综合表示。轨道切向误差和法向误差时间序列的均值和方差统计估值为

$$\begin{cases} (\mu_T, \mu_N) \approx \dfrac{1}{n} \displaystyle\sum_{i=1}^{n} (\mathrm{d}T_i, \mathrm{d}N_i) \\[2mm] \begin{pmatrix} \sigma_T^2 & \sigma_{TN} \\ \sigma_{TN} & \sigma_N^2 \end{pmatrix} \approx \dfrac{1}{n-1} \displaystyle\sum_{i=1}^{n} \begin{pmatrix} \mathrm{d}T_i - \mu_T \\ \mathrm{d}N_i - \mu_N \end{pmatrix} (\mathrm{d}T_i - \mu_T \quad \mathrm{d}N_i - \mu_N) \end{cases} \tag{7.14}$$

根据(有偏)正态分布精确度的估计公式,并取随机误差椭圆的长轴,则卫星轨道预报精度 SISA_{oe} 可表示为

$$\mathrm{SISA}_{oe} = \sqrt{(\mu_T + \mu_N^2) + \left(\dfrac{\sigma_T^2 + \sigma_N^2}{2} + \dfrac{\sqrt{(\sigma_T^2 - \sigma_N^2)^2 + 4\sigma_{TN}^2}}{2} \right)} \tag{7.15}$$

卫星钟差预报精度主要反映径向的预报精度,通过卫星轨道径向误差和钟差误差综合表示。由于卫星钟差误差具有快变特性,为精确表达径向预报精度,将卫星钟差预报精度细化为三个参数 SISA_{ocb}、SISA_{oc1}、SISA_{oc2}。

在一个星历更新周期内,要多个统计结果才能计算 3 个参数。因此,将一个广播星历更新周期划分为 6 个子区间(若广播星历更新周期为 1h,则每个子区间为 10min),在每个子区间内将轨道径向误差和钟差误差一起统计,卫星轨道径向误差和钟差误差时间序列的均值和方差统计估值为

$$\begin{cases} (\mu_{R,k}, \mu_{C,k}) = \dfrac{1}{q} \sum_{j=1}^{q} (\mathrm{d}R_j, \mathrm{dClk}_j) \\[3mm] \begin{pmatrix} \sigma_{R,k}^2 & \sigma_{RC,k} \\ \sigma_{RC,k} & \sigma_{C,k}^2 \end{pmatrix} = \dfrac{1}{q-1} \sum_{j=1}^{q} \begin{pmatrix} \mathrm{d}R_j - \mu_{R,k} \\ \mathrm{dclk}_j - \mu_{C,k} \end{pmatrix} (\mathrm{d}R_i - \mu_{R,k} \quad \mathrm{dClk}_i - \mu_{C,k}) \end{cases} \quad (7.16)$$

卫星轨道径向和卫星钟差误差对服务区伪距的综合影响服从有偏正态分布

$$N\left((\mu_R \cos el - \mu_T), (\cos el, -1) \begin{pmatrix} \sigma_{R,i}^2 & \sigma_{Rclk,i} \\ \sigma_{Rclk,i} & \sigma_{clk,i}^2 \end{pmatrix} \begin{pmatrix} \cos el \\ -1 \end{pmatrix} \right) \quad (7.17)$$

根据（有偏）正态分布精确度的估计公式（一般高度角 el 取 13.88°），则每个子区间内的卫星钟差预报精度 $SISA_{oc,k}$ 可表示为

$$SISA_{oc,k} \approx \sqrt{(\mu_{R,k} - \mu_{clk,k})^2 + (\sigma_{R,k}^2 + \sigma_{clk,k}^2 - 2\sigma_{Rclk,k})} \quad (7.18)$$

根据 6 个子区间计算的卫星钟差预报精度 $SISA_{oc,k}$，假设 t_0 为本段星历的初始时刻，t_k 为第 k 个子区间中点处时刻，按照如下模型计算细化后的钟差预报精度参数为

$$SISA_{oc,k} = SISA_{ocb} + SISA_{oc1}(t_k - t_0) + SISA_{oc2}(t_k - t_0)^2 \quad (7.19)$$

根据最小二乘拟合，获得细化的钟差预报精度参数 $SISA_{ocb}$，$SISA_{oc1}$，$SISA_{oc2}$。当龄期小于 26h 时，按一次曲线拟合；当龄期超过 26h 时，按二次曲线拟合。

3）SISA 预测模型处理

上面计算得到为后验 SISA 参数，实际播发给用户应为 SISA 预报值，需要对 SISA 参数建立预测模型，以反映预报的广播星历的空间信号精度。

利用多个更新周期的广播星历及精密星历，对每段序列统计给出该段 SISA 参数，设共有 L 个 SISA 参数。根据参数集内的 SISA 参数变化特性，建立 SISA 参数预测模型。若各 SISA 参数呈稳态变化，即 SISA 值无明显变化，则直接用最后一次的 SISA 参数作为当前预报的 SISA 参数播发；若 SISA 参数存在变化，则以线性或二次函数逼近 SISA 变化，确定模型系数，外推给出预报的 SISA 参数。

以二次函数逼近为例，对各类 SISA 参数建立预报模型，其中 t_0 为参数集的初始时刻，t_i 为各段序列起始时刻：

$$\begin{cases} SISA_{oe,i} = a_{oe} + b_{oe}(t_i - t_0) + c_{oe}(t_i - t_0)^2 \\ SISA_{ocb,i} = a_{ocb} + b_{ocb}(t_i - t_0) + c_{ocb}(t_i - t_0)^2 \\ SISA_{oc1,i} = a_{oc1} + b_{oc1}(t_i - t_0) + c_{oc1}(t_i - t_0)^2 \\ SISA_{oc2,i} = a_{oc2} + b_{oc2}(t_i - t_0) + c_{oc2}(t_i - t_0)^2 \end{cases} \quad (7.20)$$

根据最小二乘拟合，计算相应的拟合系数 a、b、c（必要时，利用假设检验方法确定是使用常值模型还是线性或二次模型）。

4）各龄期 SISA 预报值处理

每次上行注入的导航电文数据包含多组龄期的广播星历，针对各龄期广播星历

都要计算相应的 SISA 参数。

利用卫星轨道与时间同步处理得到的最近多天 N 次后处理精密轨道和钟差存储结果、每次上行注入的多龄期广播星历数据,得到 N 次不同龄期后处理轨道和钟差与广播星历轨道和钟差之差的误差序列,视为后验 SISE 序列。针对同一龄期的不同 SISE 序列,以某一龄期为例,按照前述 3 种处理方法,对同一龄期每段后验的 SISE 序列进行统计分析,每段序列得到一个后验 SISA 参数集($SISA_{oe}$ 、 $SISA_{ocb}$ 、 $SISA_{oc1}$ 、 $SISA_{oc2}$),形成不同时序的同一龄期的 SISA 参数集序列,再对同一龄期后验的 $SISA_{oe}$ 、 $SISA_{ocb}$ 、 $SISA_{oc1}$ 、 $SISA_{oc2}$ 时间序列建模,以线性或二次模型预测当前播发的同一龄期的 SISA 参数。同理,求出多个龄期的 SISA 参数预报值。

7.3.3　参数性能评估方法

对于基本完好性的卫星星历与钟差精度预测参数 SISA,可以通过分析 $SISA_{oe}$ 、 $SISA_{ocb}$ 、 $SISA_{oc1}$ 、 $SISA_{oc2}$ 参数对轨道和钟差误差的包络能力,对参数的性能进行评估。假设广播星历的空间信号误差满足正态分布函数,按照卫星导航系统的完好性风险低于 10^{-5} 要求,SISA 参数应该能对广播星历的空间信号误差以 99.999% 概率包络。

SISA 参数评估过程如下:

(1)利用广播星历计算卫星位置,进行天线相位中心修正,将广播星历卫星位置由天线相位中心归算到卫星质心。将广播星历与卫星导航系统精密星历进行比较,计算卫星导航系统精密轨道与广播星历卫星轨道的重叠弧段误差,得到广播星历的三维轨道误差 $\Delta R / \Delta T / \Delta N$ 。

(2)利用事后处理的精密钟差值与广播星历参数计算的卫星星钟进行比较,得到广播星历的钟差预报误差 ΔClk 。

(3)在电文完好性参数 DIF 没有给出告警情况下,统计 $SISA_{oe}$ 参数对轨道平面误差的包络能力为

$$P_{oe} = \frac{N(\sqrt{\Delta T^2 + \Delta N^2} < k \times SISE_{oe})}{N_{all}} \qquad (7.21)$$

式中: k 为完好性风险系数,取值为 4.42。

(4)卫星导航系统播发的 $SISA_{oc}$ 参数包括 $SISA_{ocb}$ 、 $SISA_{oc1}$ 和 $SISA_{oc2}$ 三个参数,先利用三个细化参数计算径向综合参数:

$$SISA_{oc} = SISA_{ocb} + SISA_{oc1}(t - t_{op}) \qquad t - t_{op} \leqslant 93600s \qquad (7.22)$$

$$SISA_{oc} = SISA_{ocb} + SISA_{oc1}(t - t_{op}) + SISA_{oc2}(t - t_{op} - 93600)^2 \qquad t - t_{op} > 93600s$$

$$(7.23)$$

式中: t 为系统时间; t_{op} 为星历参考时间。

(5)在 DIF 没有给出告警情况下,统计 $SISA_{oc}$ 参数对轨道径向误差和钟差误差的包络能力为

$$P_{oc} = \frac{N(\mathrm{abs}(\Delta R - \Delta \mathrm{Clk}) < k \times \mathrm{SISA}_{0c})}{N_{all}} \qquad (7.24)$$

式中:k 为完好性风险系数,取值为 4.42;N_{all} 为统计样本个数。

需要注意的是,广播星历播发的是 SISA 指标,即空间信号精度指标(SISAI)。对 SISA 参数评估,首先需要将 SISAI 参数转换为 SISA。参照其他卫星导航系统,SISAI_{oe} 指数值范围为 $+15 \sim -16$,表 7.2 给出了一组设计值。SISAI_{ocb} 的转换关系与 SISAI_{oe} 相同。

表 7.2 SISAI_{oe} 指数与 SISA_{oe} 关系表

SISAI_{oe} 指数	SISA_{oe}/m	SISAI_{oe} 指数	SISA_{oe}/m
15	$6144.00 < \mathrm{SISA}_{oe}$	-1	$1.20 < \mathrm{SISA}_{oe} \leqslant 1.70$
14	$3072.00 < \mathrm{SISA}_{oe} \leqslant 6144.00$	-2	$0.85 < \mathrm{SISA}_{oe} \leqslant 1.20$
13	$1536.00 < \mathrm{SISA}_{oe} \leqslant 3072.00$	-3	$0.60 < \mathrm{SISA}_{oe} \leqslant 0.85$
12	$768.00 < \mathrm{SISA}_{oe} \leqslant 1536.00$	-4	$0.43 < \mathrm{SISA}_{oe} \leqslant 0.60$
11	$384.00 < \mathrm{SISA}_{oe} \leqslant 768.00$	-5	$0.30 < \mathrm{SISA}_{oe} \leqslant 0.43$
10	$192.00 < \mathrm{SISA}_{oe} \leqslant 384.00$	-6	$0.21 < \mathrm{SISA}_{oe} \leqslant 0.30$
9	$96.00 < \mathrm{SISA}_{oe} \leqslant 192.00$	-7	$0.15 < \mathrm{SISA}_{oe} \leqslant 0.21$
8	$48.00 < \mathrm{SISA}_{oe} \leqslant 96.00$	-8	$0.11 < \mathrm{SISA}_{oe} \leqslant 0.15$
7	$24.00 < \mathrm{SISA}_{oe} \leqslant 48.00$	-9	$0.08 < \mathrm{SISA}_{oe} \leqslant 0.11$
6	$13.65 < \mathrm{SISA}_{oe} \leqslant 24.00$	-10	$0.06 < \mathrm{SISA}_{oe} \leqslant 0.08$
5	$9.65 < \mathrm{SISA}_{oe} \leqslant 13.65$	-11	$0.04 < \mathrm{SISA}_{oe} \leqslant 0.06$
4	$6.85 < \mathrm{SISA}_{oe} \leqslant 9.65$	-12	$0.03 < \mathrm{SISA}_{oe} \leqslant 0.04$
3	$4.85 < \mathrm{SISA}_{oe} \leqslant 6.85$	-13	$0.02 < \mathrm{SISA}_{oe} \leqslant 0.03$
2	$3.40 < \mathrm{SISA}_{oe} \leqslant 4.85$	-14	$0.01 < \mathrm{SISA}_{oe} \leqslant 0.02$
1	$2.40 < \mathrm{SISA}_{oe} \leqslant 3.40$	-15	$\mathrm{SISA}_{oe} \leqslant 0.01$
0	$1.70 < \mathrm{SISA}_{oe} \leqslant 2.40$	-16	没有精度预测,使用有风险

SISA 取关系表中相应指数范围内标准偏差,SISA_{oe}、SISA_{ocb}、SISA_{oc1}、SISA_{oc2} 与指示值 N 的转换关系如下:

$$\begin{cases} \mathrm{SISA}_{oe} = 2^{(1+N/2)} & N \leqslant 6 \\ \mathrm{SISA}_{oe} = 2^{(N-2)} & 6 < N < 15 \\ \mathrm{SISA} = 2.8, 5.7, 11.3 & N = 1, 3, 5 \end{cases} \qquad (7.25)$$

$$\begin{cases} \mathrm{SISA}_{oc0} = 2^{(1+N/2)} & N \leqslant 6 \\ \mathrm{SISA}_{oc0} = 2^{(N-2)} & 6 < N < 15 \\ \mathrm{SISA}_{oc0} = 2.8, 5.7, 11.3 & N = 1, 3, 5 \end{cases} \qquad (7.26)$$

$$SISA_{oc1} = 2^{-(SISAI_{oc1}+14)} \tag{7.27}$$

$$SISA_{oc2} = 2^{-(SISAI_{oc2}+28)} \tag{7.28}$$

7.4　SISMA 处理方法

7.4.1　处理算法

利用广域差分与完好性监测预处理后的原始监测数据,经周跳探测与修复、IFB改正后的载波相位平滑伪距,对监测可视卫星的空间信号非差分应用效果进行直接监测,给出反映空间信号监测精度(SISMA)估计和信号是否异常的告警 IF 设置,按不同频度播发给非差分用户使用。

1)空间信号误差确定处理

利用单历元/多历元几何法轨道和钟差监测方程,确定空间信号误差。如图 7.3所示,假设 n 个监测站接收机同步跟踪了第 i 颗卫星,构成卫星轨道和钟差的监测几何关系。

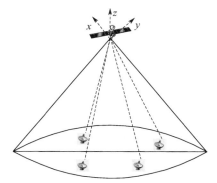

图 7.3　星地监测几何关系示意图

不考虑多站多星同时处理问题,并假定监测站间接收机钟时间同步满足要求,则线性化后单颗卫星轨道和钟差的几何法监测方程简化为(这里只写出卫星处地平坐标系的观测方程)

$$l_s + V = A_s \delta_X^s \tag{7.29}$$

$$\Sigma_{l_s} = \begin{bmatrix} UEE_1^2 & & & & \\ & UEE_2^2 & & & \\ & & \ddots & & \\ & & & UEE_{n-11}^2 & \\ & & & & UEE_n^2 \end{bmatrix} \tag{7.30}$$

式中:$\boldsymbol{\delta}_X^s = (\delta_x^s \quad \delta_y^s \quad \delta_z^s \quad c \cdot \delta t_s)^T$ 为广播星历的坐标改正数;$\boldsymbol{l}_s = (l_1 \quad l_2 \quad \cdots \quad l_n)^T$ 为线性化后经各项误差改正后的等价载波相位平滑伪距观测量,其方差只能用用户设备误差(UEE)和电离层未充分消除的残余误差估计;$\boldsymbol{A}_s$ 为监测设计矩阵,由卫星天线至用户接收机天线方向在卫星当地坐标系下的方向余弦和数字 1 组成;$\boldsymbol{V}$ 为误差改正数。则卫星轨道坐标和钟差改正数的最小二乘估值和协方差矩阵为

$$\boldsymbol{\delta}_X^s = (\boldsymbol{A}_s^T \boldsymbol{\Sigma}_{l_s}^{-1} \boldsymbol{A}_s)^{-1} \boldsymbol{A}_s^T \boldsymbol{l}_s \tag{7.31}$$

$$\boldsymbol{\Sigma}^s = (\boldsymbol{A}_s^T \boldsymbol{\Sigma}_{l_s}^{-1} \boldsymbol{A}_s)^{-1} = \begin{bmatrix} \sigma_{11}^s & \sigma_{12}^s & \cdots \\ \sigma_{21}^s & \ddots & \cdots \\ \cdots & \cdots & \sigma_{44}^s \end{bmatrix} \tag{7.32}$$

上述最小二乘解为空间信号误差在卫星当地坐标系中的误差矢量。即

$$\text{SISE} = (dx^s \quad dy^s \quad dz^s \quad cdt^s) \tag{7.33}$$

该空间信号误差对不同方向上伪距的影响为

$$\delta PR_u = \boldsymbol{u} \cdot (dx^s \quad dy^s \quad dz^s) - cdt^s \tag{7.34}$$

但导航用户只使用满足一定高度角要求的卫星,位于图所示的有效服务区内。因此,只关注有效服务区内空间信号误差对伪距影响的最大值 SISE_{WUL}(WUL 为最坏用户位置)。图 7.4 中,ε 是高度截止角,α 是卫星的有效视场角,γ 是有效服务区的地心视场角,β 是误差矢量与卫星星下点矢量的夹角。通常 ε 取 10°,α 和 γ 可由卫星向径、地球半径按正弦定理确定。

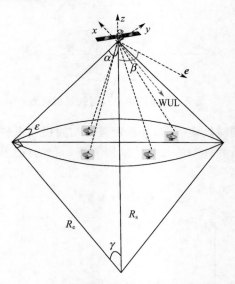

图 7.4 星地监测最差用户几何关系示意图

根据几何关系,当 e 在有效视场角内时,WUL $= e$,当 e 不在视场角内时,WUL 在

有效视场角锥面上。由于是取绝对值,因此,空间信号最大误差计算公式可简化为

$$\text{SISE}_{\text{WUL}} = \begin{cases} |c \cdot dt^s| + \sqrt{dx^2 + dy^2 + dz^2}, & \beta < \alpha \\ |c \cdot dt^s| + \sqrt{dx^2 + dy^2 + dz^2}\cos(\beta - \alpha) & \beta > \alpha \end{cases} \quad (7.35)$$

$$\beta = \arccos(|\cos\beta|) \quad (7.36)$$

2）空间信号误差监测精度估计

利用空间信号误差监测协方差矩阵,计算最差用户方向上的方差,即

$$\text{SISMA} = \max_{\boldsymbol{u} \in \text{服务区}} \left[\begin{pmatrix} u_x & u_y & u_z & -1 \end{pmatrix} \begin{pmatrix} \sigma_{11}^s & \sigma_{12}^s & \sigma_{13}^s & \sigma_{14}^s \\ \sigma_{21}^s & \ddots & \sigma_{23}^s & \sigma_{24}^s \\ \sigma_{31}^s & \sigma_{32}^s & \sigma_{33}^s & \sigma_{34}^s \\ \sigma_{41}^s & \sigma_{42}^s & \sigma_{43}^s & \sigma_{44}^s \end{pmatrix} \begin{pmatrix} u_x \\ u_y \\ u_z \\ -1 \end{pmatrix} \right] \quad (7.37)$$

该极值问题看似简单,但没有简便算法。严格数值算法是计算服务区立体角内的抽样值,再求最大值确定。简便快速的算法是在服务区锥面上抽样求最大值(认为 WUL 一般位于该锥面)。

3）健康标识(IF)参数处理

对全部监测站伪距观测数据进行载波平滑处理,对每台接收机的载波平滑伪距数据作测站天线相位中心改正、卫星天线相位中心改正、卫星广播星历钟差改正、地球自转改正、广播星历参数计算出的电离层延迟改正、对流层改正、相对论改正、潮汐改正后,统计改正后的伪距 $\rho^{(o)}$ 与由测站坐标和广播星历计算出的距离 $\rho^{(c)}$ 之差,称为伪距残差 $d\rho$。$d\rho$ 还需要进一步进行接收机钟差修正。其中接收机钟差可以采用直接估计的方法,如某历元某监测站观测了 n 颗卫星,则该历元该接收机钟差可用 n 颗的伪距残差的均值表示,即

$$R_{\text{clk}} = \frac{\sum_{i=1}^n (\rho^{(o)} - \rho^{(c)})}{n} \quad (7.38)$$

采用多监测站的观测数据,对某一颗卫星 i 经以上改正后的伪距残差 $d\rho$ 进行统计,计算伪距残差的标准偏差值 ρ_{oc}。

获取导航电文中播发的空间信号监测精度(SISMA),当实时计算的伪距误差 ρ_{oc} 大于系统预设阈值时,将卫星的健康状态设置为不健康,即满足以下条件:

$$\begin{cases} \rho_{oc} < k_p \times \text{SISMA} \\ \text{IF} = 1 \end{cases} \quad (7.39)$$

式中:k_p 为误差告警阈值,若满足 10^{-5} 完好性风险要求,一般取值为 4.42。

7.4.2　参数性能评估方法

对于基本完好性的 SISMA,可以通过分析 SISMA 参数对空间信号误差的包络能

力,对参数的性能进行评估。假设空间信号误差满足正态分布,按照卫星导航系统的完好性风险低于 10^{-5} 要求,SISMA 参数应该能对导航信号的空间信号误差以 99.999% 概率包络。

SISMA 参数评估方法如下:

(1)根据用户接口文件中定义的 SISMAI 参数与 SISMA 转换关系,将导航电文中的 SISMAI 参数转换为空间信号监测精度 SISMA;

(2)将广播星历卫星位置通过天线相位中心修正,归算的卫星质心位置与采用精密星历计算的卫星位置进行比较,得到广播星历的轨道预报误差,并转换至轨道坐标系下(Δr_R Δr_A Δr_C)。

(3)将广播星钟参数计算的卫星钟差与采用精密星历计算的卫星钟差比较,得到广播钟差预报误差 $\Delta \mathrm{d}t$。

(4)计算空间信号测距误差,计算公式如下:

$$\mathrm{SISURE} = \mathrm{rms}\left[\left(W_R \cdot \Delta r_R - c\Delta \mathrm{d}t\right)^2 + W_{AC}^2 \cdot \left(\Delta r_A^2 + \Delta r_C^2\right)\right] = \sqrt{\left[\left(W_R \cdot \Delta r_R - c\Delta \mathrm{d}t\right)\right]^2 + W_{AC}^2 \cdot \left(\Delta r_A^2 + \Delta r_C^2\right)} \tag{7.40}$$

式中:c 为光传播速度(m);Δr_R 为广播轨道径向误差(m);Δr_A 为广播轨道迹向误差(m);Δr_C 为广播轨道法向误差(m);W_R 为径向误差贡献因子;W_{AC} 为迹向和法向误差贡献因子,无单位;$\Delta \mathrm{d}t$ 为广播星历中钟差预报误差(m)。

北斗卫星导航系统的贡献因子如表 7.3 所列。

表 7.3　北斗卫星导航系统的贡献因子

高度	35786/km		21528/km	
	GEO/IGSO		MEO	
贡献因子	W_R	W_{AC}	W_R	W_{AC}
数值	0.992	0.088	0.981	0.136

(5)在导航信号和卫星健康状态没有告警的条件下,统计 SISMA 对空间信号测距误差的包络能力。将空间信号测距误差 SISURE 值与 4.42 倍 SISMA 进行比较,若空间信号误差 SISURE 值大于 4.42 倍 SISMA,则认为是危险信息,需在告警时间内发出告警信息,否则认为存在完好性风险。

$$P = \frac{N(\mathrm{abs}(\mathrm{SISURE}) < 4.42 \cdot \mathrm{SISMA})}{N_{\mathrm{all}}} \tag{7.41}$$

7.5　接收机完好性参数使用方法

航空用户利用接收到的广播星历与钟差、广播电离层模型系数、卫星不同时效的全球完好性信息,接收机观测的伪距数据,排除各种不可用状态或不适合参与计算的卫星,在用户位置计算的同时一并计算与飞行阶段相匹配的水平和垂直误差保护限,也可直接计算完好性风险概率,必要时给出告警。该处理需要已知用户的近似位置,这里假定用户已按常规导航定位解给出了具有一定精度的近似值;再利用非差分完好性信息排除不可用卫星提高精度,降低完好性风险。

相对于正常导航定位处理,全球基本完好性应用处理增加了选星处理、完好性告警处理两个环节。完好性告警处理又分为用户完好性保护等级处理和用户完好性风险概率处理两种方法。

7.5.1 选星处理

选星处理的输入数据:卫星健康信息 HS、DIF、SIF(系统告警健康标识)、SISMA、观测伪距、广播星历,完好性参数 SISA 参数集和用户近似坐标,飞行完好性需求。

选星处理的目的:排除各种不可用状态或不适合参与计算的卫星,确保用户导航定位解的完好性。

选星处理的计算步骤如下:

(1)根据 HS,DIF 与 SIF 进行可用性判决,确定单颗卫星是否符合性能要求;判定每颗卫星的状态 AIF/SISMA 是否符合要求,若为"不可用""未检测",则该星不参与差分定位与完好性计算。

(2)其次判定所有观测到的卫星 SISA 是否可用。

(3)按照飞行阶段判断 $k_v \sqrt{\mathrm{SISA}_i^2 + \mathrm{SISMA}_i^2 + \sigma_{i,\mathrm{iono}}^2 + \sigma_{i,\mathrm{air}}^2 + \sigma_{i,\mathrm{tropo}}^2}$ 是否满足需求(100m),否则该星不可用。

(4)其他不可用限制。高度截止角限制、DOP 等。

选星处理的输出数据:可用卫星索引。

7.5.2 用户完好性保护级处理

用户完好性保护级处理的输入:可用伪距索引、可用卫星位置、用户近似坐标、全球基本完好性参数。

用户完好性保护级处理主要是用户完好性保护级 HPL/VPL 确定。其计算公式为[3,5]

$$HPL = K_H d_{\mathrm{major}} \tag{7.42}$$

$$VPL = K_V d_U \tag{7.43}$$

式中:K_H 和 K_V 分别为与飞行阶段相匹配的水平和垂直完好性要求对应的置信分位数。对于非精密进近和进近阶段,K_H 和 K_V 可选取为

$$K_{H,\mathrm{NPA}} = 6.18, \quad K_{H,\mathrm{PA}} = 6.0, \quad K_{V,\mathrm{PA}} = 5.33$$

d_U 为垂直误差的方差;d_{major} 为平面误差椭圆的长半轴。

$$d_{\mathrm{major}} = \sqrt{\frac{d_{\mathrm{east}}^2 + d_{\mathrm{north}}^2}{2} + \sqrt{\left(\frac{d_{\mathrm{east}}^2 + d_{\mathrm{north}}^2}{2}\right)^2 + d_{EN}^2}} \tag{7.44}$$

式中：d_{east}、d_{north} 和 d_{EN} 可由下式得到，即

$$\begin{bmatrix} d_{\text{east}}^2 & d_{EN} & d_{EU} & d_{ET} \\ d_{EN} & d_{\text{north}}^2 & d_{NU} & d_{NT} \\ d_{EU} & d_{NU} & d_U^2 & d_{UT} \\ d_{ET} & d_{NT} & d_{UT} & d_T^2 \end{bmatrix} = (\boldsymbol{G}^{\mathrm{T}}\boldsymbol{WG})^{-1} = \boldsymbol{S}\boldsymbol{W}^{-1}\boldsymbol{S}^{\mathrm{T}} \qquad (7.45)$$

投影矩阵 $\boldsymbol{S}$ 为

$$\boldsymbol{S} = (\boldsymbol{G}^{\mathrm{T}}\boldsymbol{WG})^{-1}\boldsymbol{G}^{\mathrm{T}}\boldsymbol{W} \qquad (7.46)$$

观测设计矩阵 $\boldsymbol{G}$ 第 i 行的元素为

$$\boldsymbol{G}_i = [\ -\cos(\mathrm{El}_i)\sin(\mathrm{Az}_i)\ -\cos(\mathrm{El}_i)\cos(\mathrm{Az}_i)\ -\sin(\mathrm{El}_i)\,,1\,] \qquad (7.47)$$

权矩阵 $\boldsymbol{W}$ 是对角阵，可表示为

$$\boldsymbol{W} = \mathrm{diag}\left(\frac{1}{\mathrm{UERE}_1^2}, \frac{1}{\mathrm{UERE}_2^2}, \cdots, \frac{1}{\mathrm{UERE}_N^2}\right) \qquad (7.48)$$

非差分用户等效距离误差 UERE_i 为

$$\mathrm{UERE}_i^2 = \mathrm{SISA}_i^2 + \sigma_{i,\text{iono}}^2 + \sigma_{i,\text{air}}^2 + \sigma_{i,\text{tropo}}^2 \qquad (7.49)$$

式中：SISA_i 可表示为

$$\mathrm{SISA}_i = \sqrt{(\mathrm{SISA}_{\text{oe},i} \times \sin 14°)^2 + \mathrm{SISA}_{\text{oc0},i}} \qquad (7.50)$$

用户设备误差 $\sigma_{i,\text{air}}$ 和对流层残余误差 $\sigma_{i,\text{tropo}}$ 由用户设备和对流层模型决定。$\sigma_{i,\text{iono}}$ 为广播电离层模型改正残余误差的方差，可由推荐的经验模型估计其值。

7.5.3 用户完好性风险概率处理

非差分用户完好性处理采用导航定位解算的同时，由服务要求对应的水平和垂直告警门限（HAL、VAL）直接计算完好性风险。若小于用户要求的风险概率，则满足当前应用需求，否则告警。

用户完好性风险处理的输入数据为可用伪距索引、可用卫星位置、用户近似坐标、可用卫星的 SISA 与 SISMA 参数。

用户完好性风险处理主要是计算水平和垂直完好性风险概率之和。其计算公式为[6]

$$\begin{aligned} P_{\text{HMI}}(\text{VAL}, \text{HAL}) = {} & 1 - \mathrm{erf}\left(\frac{\text{VAL}}{\sqrt{2}d_{U,\text{FF}}}\right) + \mathrm{e}^{-\frac{\text{HAL}^2}{2d_{\text{major,FF}}^2}} + \\ & \frac{1}{2}\sum_{i=1}^{N} P_{\text{failuer-mode},i}\left(2 - \mathrm{erf}\left(\frac{\text{VAL} + \mu_{U,i}}{\sqrt{2}d_{U,\text{FM},i}}\right) - \mathrm{erf}\left(\frac{\text{VAL} - \mu_{U,i}}{\sqrt{2}d_{U,\text{FM},i}}\right)\right) + \\ & \sum_{i=1}^{N} P_{\text{failuer-mode},i}\left(1 - \chi_{2,\delta_i}^2\mathrm{cdf}\left(\frac{\text{HAL}^2}{d_{\text{major,FM},i}^2}\right)\right) \end{aligned} \qquad (7.51)$$

式中：$P_{\text{failuer}-\text{mode},i}$ 为单星故障概率。正态分布概率函数 $\mathrm{erf}(x)$ 和二维非中心卡方分布概率函数 $\chi^2_{2,\delta}\mathrm{cdf}(x)$ 分别为

$$\mathrm{erf}(x) = \frac{2}{\sqrt{\pi}} \cdot \int_0^x e^{-\xi^2} \mathrm{d}\xi \tag{7.52}$$

$$\chi^2_{2,\delta}\mathrm{cdf}(x) = \frac{1}{2} e^{-\frac{1}{2}(L+\delta)} \sum_{j=0}^{\infty} \frac{x^j \delta^j}{2^{2j}(j!)^2} \tag{7.53}$$

1）i 星无故障时的参量

$d_{U,\mathrm{FF}}$ 为无故障时垂直误差的方差，$d_{\mathrm{major},\mathrm{FF}}$ 为无故障时平面误差椭圆的长半轴，且

$$d_{\mathrm{major},\mathrm{FF}} = \left[\sqrt{\frac{d^2_{\mathrm{east}} + d^2_{\mathrm{north}}}{2} + \sqrt{\left(\frac{d^2_{\mathrm{east}} + d^2_{\mathrm{north}}}{2}\right)^2 + d^2_{EN}}} \right]_{\mathrm{FF}} \tag{7.54}$$

$$\begin{bmatrix} d^2_{\mathrm{east}} & d_{EN} & d_{EU} & d_{ET} \\ d_{EN} & d^2_{\mathrm{north}} & d_{NU} & d_{NT} \\ d_{EU} & d_{NU} & d^2_U & d_{UT} \\ d_{ET} & d_{NT} & d_{UT} & d^2_T \end{bmatrix}_{\mathrm{FF}} = \boldsymbol{S}_{\mathrm{FF}} \boldsymbol{W}^{-1}_{\mathrm{FF}} \boldsymbol{S}^{\mathrm{T}}_{\mathrm{FF}} \tag{7.55}$$

投影矩阵 $\boldsymbol{S}_{\mathrm{FF}}$ 为

$$\boldsymbol{S}_{\mathrm{FF}} = (\boldsymbol{G}^{\mathrm{T}} \boldsymbol{W}_{\mathrm{FF}} \boldsymbol{G})^{-1} \boldsymbol{G}^{\mathrm{T}} \boldsymbol{W}_{\mathrm{FF}} \tag{7.56}$$

观测设计矩阵 $\boldsymbol{G}$ 第 i 行的元素为

$$\boldsymbol{G}_i = [-\cos\mathrm{El}_i\sin Az_i \ -\cos\mathrm{El}_i\cos Az_i \ -\sin\mathrm{El}_i, 1] \tag{7.57}$$

权矩阵 $\boldsymbol{W}_{\mathrm{FF}}$ 为对角阵，可表示为

$$\boldsymbol{W}_{\mathrm{FF}} = \mathrm{diag}\left(\frac{1}{\mathrm{SISA}^2_1 + \sigma^2_{\mathrm{u,L,1}}}, \cdots, \frac{1}{\mathrm{SISA}^2_i + \sigma^2_{\mathrm{u,L},i}}, \cdots, \frac{1}{\mathrm{SISA}^2_N + \sigma^2_{\mathrm{u,L},N}} \right) \tag{7.58}$$

用户端引入的误差

$$\sigma^2_{\mathrm{u,L},i} = \sigma^2_{i,\mathrm{iono}} + \sigma^2_{i,\mathrm{air}} + \sigma^2_{i,\mathrm{tropo}} \tag{7.59}$$

为双频消除电离层残余误差和用户设备误差和对流层改正误差的方差。

2）i 星故障时的参量

$d_{U,\mathrm{FM}}$ 为故障时垂直误差的方差，$d_{\mathrm{major},\mathrm{FM}}$ 为故障时平面误差椭圆的长半轴，且

$$d_{\mathrm{major},\mathrm{FM}} = \left[\sqrt{\frac{d^2_{\mathrm{east}} + d^2_{\mathrm{north}}}{2} + \sqrt{\left(\frac{d^2_{\mathrm{east}} + d^2_{\mathrm{north}}}{2}\right)^2 + d^2_{EN}}} \right]_{\mathrm{FM}} \tag{7.60}$$

$$\begin{bmatrix} d^2_{\mathrm{east}} & d_{EN} & d_{EU} & d_{ET} \\ d_{EN} & d^2_{\mathrm{north}} & d_{NU} & d_{NT} \\ d_{EU} & d_{NU} & d^2_U & d_{UT} \\ d_{ET} & d_{NT} & d_{UT} & d^2_T \end{bmatrix}_{\mathrm{FM}} = \boldsymbol{S}_{\mathrm{FM}} \boldsymbol{W}^{-1}_{\mathrm{FM}} \boldsymbol{S}^{\mathrm{T}}_{\mathrm{FM}} \tag{7.61}$$

投影矩阵 S_{FM} 为

$$S_{FM} = (G^T W_{FM} G)^{-1} G^T W_{FM} \qquad (7.62)$$

观测设计矩阵 G 同前，i 星故障时，卫星段方差视为 $SISMA_i$，权矩阵 W_{FM} 为

$$W_{FM} = \text{diag}\left(\frac{1}{SISA_1^2 + \sigma_{u,L,1}^2}, \cdots, \frac{1}{SISMA_i^2 + \sigma_{u,L,i}^2}, \cdots, \frac{1}{SISA_N^2 + \sigma_{u,L,N}^2} \right) \qquad (7.63)$$

二维非中心 χ^2 分布偏差为

$$\delta_i = (\mu_{E,i}, \mu_{N,i}) \begin{pmatrix} d_{east}^2 & d_{EN} \\ d_{EN} & d_{north}^2 \end{pmatrix}_{FM}^{-1} \begin{pmatrix} \mu_{E,i} \\ \mu_{N,i} \end{pmatrix} \qquad (7.64)$$

i 星故障时，用户东、北、天坐标的偏差为

$$\begin{aligned} \mu_{E,i} &= s_{east,i}^{FM} b_i \\ \mu_{N,i} &= s_{north,i}^{FM} b_i \\ \mu_{U,i} &= s_{U,i}^{FM} b_i \end{aligned} \qquad (7.65)$$

通常取 b_i 为非差分监测的漏检概率 p 对应的门限值，即

$$b_i = TH_i = k_p \sqrt{SISA_i^2 + SISMA_i^2} \qquad (7.66)$$

参考文献

[1] KARL K, et al. GPS Ⅲ integrity concept[C]//ION GNSS 2008, Savannah, September 16-19, 2008:16-19.

[2] CHEN J P. Analysis of the GNSS augmentation technology architecture[C]//ION GNSS 2011, Portland, September 19-23, 2011:247-266.

[3] HERRAIZ M, et al. A new system level integrity concept for Galileo: the signal in space accuracy [C]//ION GPS 2000, Portland, September 19-22, 2000:1916-1924.

[4] 陈金平, 牛飞, 等. GNSS 差分与完好性技术体系架构[J]. 测绘科学与工程, 2014, 34(1): 44-49.

[5] 范媚君, 周建华, 等. 卫星导航系统基本完好性算法及性能分析[J]. 测绘科学技术学报, 2011, 28(6):407-410.

[6] MACH J, DEUSTER I, et al. Making GNSS integrity simple and efficient—anew concept based on signal-in-space error bounds[C]//ION GNSS 2006, Fort Worth, September 26-29, 2006:2666-2677.

第8章　卫星自主完好性监测

◤ 8.1　引　言

常规状态下卫星的电文和信号健康状况由地面监测确定,利用一定区域分布的坐标精确已知的地面监测站,对卫星信号及导航信息进行连续监测,就可得到卫星的完好性信息,并将这一信息通过注入站和导航卫星转发给用户。但对于自主运行卫星,因不与地面联系,无法从地面得到卫星的完好性信息。如何利用星间观测和通信手段,或卫星本身设置一定的监测手段,确定导航卫星的完好性,是导航卫星自主运行面临的一项关键技术。

卫星自主完好性监测是指星上能通过一定手段检测导航信息、导航信号、卫星钟、通道延迟、其他设备等各种故障因素,并及时通过导航电文广播给用户[1]。该方法实时性强,实现成本较低,但故障检测的难度大。

本章首先介绍卫星自主完好性监测体系及工作过程,并对卫星自主完好性监测方法进行阐述。

◤ 8.2　完好性监测体系及工作过程

卫星自主完好性监测(SAIM)技术将完好性监测功能直接设置在导航卫星上,实现星上完好性直接监测。由于不受传播路径和地面环境误差影响,因此故障因素仅受空间部分影响,包括卫星星历异常、卫星钟异常、导航信号异常等。

卫星自主完好性监测体系主要从两个方面进行研究。一方面研究基于星间链路数据对广播电文进行卫星自主完好性监测,以确保用户收到的广播星历和卫星钟差信息是正确的;另一方面研究如何对向用户发射的导航信号进行监测,以向用户报告观测信息中可能发生的各种卫星故障,可采用星载监测接收机对导航信号进行完好性监测[2]。

星间链路是指用于卫星之间通信的链路。新一代北斗导航卫星的星间测距是一种时分体制的双向单程距离测量,双向测距在不同时刻完成,即相互建链的 A 星和 B 星在不同的时刻接收对方发来的测距信号,如图 8.1 所示。需利用卫星预报轨道和预报钟差参数将不同时刻的双向单程距离测量信息归算至同一时刻,归算后双向观测量相加得到星间几何距离,可用于卫星轨道误差的完好性监测[3];相减分别得到相对钟差,用于卫星钟差误差的完好性监测。对于广播星历和钟差的完好性监测结果,可以通过参数 DIF 进行标识,当 DIF 为 0 时,表示广播星历轨道或钟差精度正常;当 DIF 为 1 时,表示广播星历轨道或钟差精度异常。DIF 完好性信息可通过导航电文播发给用户。

图 8.1　星间链路示意图(见彩图)

基于星间链路数据进行卫星自主完好性监测,只能确保所得到的广播星历中轨道和卫星钟差信息是完好的。但导航卫星自主完好性监测还需对向用户发射的导航信号进行监测,以监测用户观测信息中可能发生的各种故障因素。

通过在导航卫星上配置卫星自主完好性监测系统,持续监测卫星自身播发信号,以监测调制信号和卫星钟的健康状态。卫星自主完好性监测系统主要包括 3 个 SAIM 接收机、3 个完好性独立处理模块、1 个完好性综合处理模块[4]。其构成关系如图 8.2 所示。

其基本工作过程为:3 个 SAIM 接收机分别对本星导航信号进行跟踪接收,并进行伪距测量、数据解调等,相应的观测数据和解调数据分别送至 3 个完好性独立处理模块;完好性独立处理模块对接收信号功率、数据质量、观测量等做分析评估,并进行接收机钟漂去除,然后将结果送到 1 个完好性综合处理模块;完好性综合处理模块对 3 路监测数据进行平行校验,排除接收机故障,最终评估出本星导航信号完好性,并将生成的完好性信息送给星上的导航信号发射设备,使完好性信息搭载在导航电文中播发给用户。

1) SAIM 接收机

SAIM 接收机的功能要求及工作原理与地面监测接收机基本相同[5],但需具体分析在星上的信号接收情况,以设计在星上的安装方式,并对射频部分进行特别设计。旁置安装在导航卫星上的监测接收机可以接收到本星的旁后瓣导航信号,并且只能接收到本星的导航信号。以 GPS Block ⅡF 卫星为例,卫星发射功率为 29 ~ 29.5dBW,天线增益范围为 -20 ~ +13.1dBi(波束宽度 -90° ~ +90°),因此,天线旁

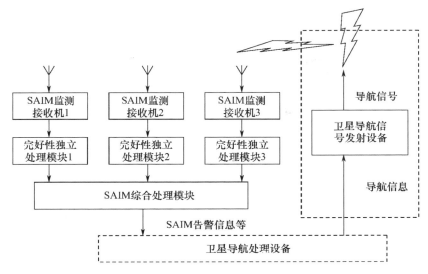

图 8.2　卫星自主完好性监测系统构成示意图

瓣（±90°方向）的信号功率为 −4dBW。若监测接收机安装在卫星导航信号发射设备旁后方，则可以接收到本星发射的导航信号，而且由于距离较近，接收的信号功率较大，可保证监测接收机在较高信噪比条件下对导航信号的接收和处理。由于系统星座中其他卫星与本星空间距离较远，信号功率衰减较大，则监测接收机接收到本星导航信号的功率远大于接收到其他卫星信号的功率，并且不同卫星采用 CDMA 调制方式，因此，监测接收机一般只能接收到本星的导航信号。

射频设计主要考虑接收信号功率问题。常规的低噪声放大器（LNA）器件抗烧毁电平为 1W，抗击穿电平为 5dBm，抗饱和电平为 −10dBm。导航信号发射天线旁瓣信号功率为 26dBm（−4dBW），虽然不至于造成 LNA 烧毁，但也会造成对 LNA 的击穿和饱和，而正常工作情况要求信号功率低于 LNA 的饱和电平。减小信号功率的方法有空间衰减和设备衰减，由于卫星有效载荷平台空间范围比较小，通过空间衰减不太实际，因此，可在接收机天线和 LNA 之间接入一个固定衰减器，衰减器会引入大约 2dB 的插损，由于信号功率较强，对接收机品质因数 G/T 值影响不大，可以满足导航信号监测处理对信噪比的要求。

2）独立处理模块

完好性独立监测处理模块包括信号功率检测单元、数据正确性检测单元、时钟漂移处理单元、平滑处理单元、滤波处理单元、钟差检测单元、时钟漂移检测单元、伪码与载波相位一致性检测单元、信号失真检测单元等，如图 8.3 所示。

（1）导航信号功率检测。

卫星导航功率检测主要是检测信号发射的等效全向辐射功率（EIRP）值是否平稳。SAIM 接收机接收处理卫星导航信号，并计算接收导航信号的信噪比。监测接收

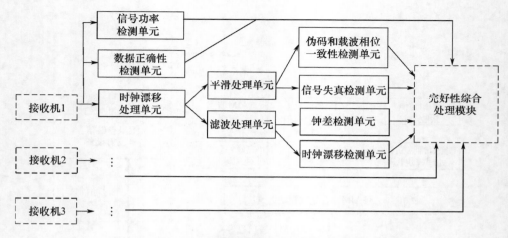

图 8.3　完好性独立处理模块构成示意图

机对导航信号信噪比可以预先标定,使之与卫星功率对应。信号功率检测单元通过对数字信号的信噪比检测实现对卫星信号功率检测和监测。

　　(2)导航电文数据正确性检测。

　　数据正确性包括数据是否调制、是否存在单粒子翻转现象等。数据调制正确性一般是成块出现的,而单粒子翻转一般是单比特出现的。SAIM 接收机实现对卫星导航原始数据的解调,解调后送数据正确性检测单元处理。数据正确性检测单元通过对 SAIM 接收机接收解调的数据和卫星导航处理设备送来的原始数据进行比对实现对卫星导航电文数据正确性检测。

　　(3)导航信号质量检测。

　　导航信号质量检测主要是对伪码测距信号畸变检测。导航信号畸变检测需要SAIM 接收机具有窄相关并行处理能力,通过对导航信号同一码片的多个相关值比较,观测导航信号的正确性。正常情况下,根据伪随机信号的相关特性,一个码片内多个相关值应是左右对称的,如果检测结果左右不对称(排除多路径影响),说明信号有畸变。

　　(4)伪码和载波相位一致性检测。

　　伪码和载波相位一致性检测要求 SAIM接收机输出的伪码观测量和载波观测量是独立输出的。伪码和载波相位一致性检测需要三个步骤:一是对导航信号收发天线距离进行理论计算;二是通过载波相位对观测伪距进行平滑处理;三是将平滑后距离观测量与计算距离量的差值与伪码观测量的随机抖动方差进行比较,如果差值大于方差,则判断伪码和载波相位出现偏差。

　　(5)额外的卫星钟差和时钟漂移检测。

　　额外的卫星钟差和时钟漂移检测的前提是对 SAIM接收机本地时钟漂移进行去除。星钟监测通过载波相位滤波处理实现。为实现对卫星星钟的监测,一般采用几个并行的滤波器同时处理,首先对本地时钟漂移进行消除,在此基础上采用快反馈滤波器对钟差进行监测,采用慢反馈滤波器对时钟漂移和钟速等缓变错误进行监测。

3）完好性综合处理模块

完好性综合处理模块将不同独立处理送来的完好性信息进行综合分析,并对观测数据进行方差统计,同时排除可能由于监测接收机发生的故障,最终给出该卫星的完好性故障信息,送卫星导航信号处理设备。

将独立处理模块的监测结果进行平行校验处理,如果一个独立处理模块的监测结果为异常,而其他两个独立处理模块监测结果正常,则判断是接收机故障,而非卫星故障;如果一个独立处理模块的监测结果正常,而其他两个独立处理模块监测结果异常,或所有独立处理模块监测结果异常,则判断是卫星故障。

基于 SAIM 接收机的卫星自主完好性监测系统可以采取两种方式标识信号健康状态:一种在电文中进行告警标识,参数表达为 SIF;一种在调制过程中,在监测到发生异常时,将伪码进行白噪声化或非标准码化。SIF 表示为 1 时或信息调制到白噪声伪码/非标准码上时,表示当前卫星信号异常,用户在进行定位计算时,应首先排除信号异常卫星,再通过 RAIM 对其他卫星异常情况进行判别,最后利用优选卫星参与定位处理和定位精度估计。

8.3　星间链路完好性监测方法

8.3.1　星间链路数据归算

相互建链的 A 星和 B 星接收对方发来的测距信号。假定 B 星在 t_1 时刻收到来自 A 星的伪距测量 $\rho_{AB}(t_1)$,A 星在 t_2 时刻收到来自 B 星的伪距测量 $\rho_{BA}(t_2)$,其观测方程为[6]

$$\rho_{AB}(t_1) = \left| \boldsymbol{R}_B(t_1) - \boldsymbol{R}_A(t_1 - \Delta t_1) \right| + c \cdot \mathrm{clk}_B(t_1) - c \cdot \mathrm{clk}_A(t_1) + c \cdot \tau_A^{\mathrm{Send}} + c \cdot \tau_B^{\mathrm{Rcv}} + \Delta \rho_{\mathrm{cor}}^{AB}$$

$$\rho_{AB}(t_2) = \left| \boldsymbol{R}_A(t_2) - \boldsymbol{R}_B(t_2 - \Delta t_2) \right| + c \cdot \mathrm{clk}_A(t_2) + c \cdot \mathrm{clk}_B(t_2) + c \cdot \tau_B^{\mathrm{Send}} + c \cdot \tau_A^{\mathrm{Rcv}} + \Delta \rho_{\mathrm{cor}}^{BA} \tag{8.1}$$

式中:$\boldsymbol{R}_A$、$\boldsymbol{R}_B$ 分别为 A 星和 B 星的三维位置;clk_A、clk_B 分别为 A 星和 B 星的卫星钟差;c 为光速;Δt_1 和 Δt_2 分别为光行时;τ_A^{Send} 和 τ_A^{Rcv} 分别为 A 星的发射时延和接收时延;τ_B^{Send} 和 τ_B^{Rcv} 分别为 B 星的发射时延和接收时延;$\Delta \rho_{\mathrm{cor}}^{BA}$ 和 $\Delta \rho_{\mathrm{cor}}^{AB}$ 分别为单向测距中可精确建模的误差改正项,包括卫星天线相位中心和相对论效应等,对于对地观测,$\Delta \rho_{\mathrm{cor}}^{BA}$ 和 $\Delta \rho_{\mathrm{cor}}^{AB}$ 还包括对流层延迟、测站偏心、潮汐效应等误差,但均可以精确建模。

同时刻的双向伪距相加可以消除卫星钟差,仅包含卫星距离,通常用于卫星定轨或卫星轨道误差监测;同时刻的双向伪距相减可以消除卫星轨道,仅包含卫星钟差,用于钟差测定或卫星钟差误差监测。因此,需将不同时刻的双向观测归算至同一时刻。t_1 和 t_2 是不同的时刻,需要将 t_1 和 t_2 测量的测距值归算至目标时刻 t_0,归算公式为

$$\rho_{AB}(t_0) = \rho_{AB}(t_1) + d\rho_{AB} = |\boldsymbol{R}_B(t_0) - \boldsymbol{R}_A(t_0)| + c \cdot [clk_B(t_0) - clk_A(t_0)] + c \cdot \tau_A^{Send} + c \cdot \tau_B^{Rcv} + \Delta\rho_{cor}^{AB}$$

$$\rho_{BA}(t_0) = \rho_{BA}(t_2) + d\rho_{BA} = |\boldsymbol{R}_B(t_0) - \boldsymbol{R}_A(t_0)| + c \cdot [clk_A(t_0) - clk_B(t_0)] + c \cdot \tau_A^{Send} + c \cdot \tau_B^{Rcv} + \Delta\rho_{cor}^{AB} \tag{8.2}$$

式中:$d\rho_{AB}$ 和 $d\rho_{BA}$ 为观测历元与目标历元的卫星距离之差和卫星钟差之差,即

$$d\rho_{AB} = |\boldsymbol{R}_B(t_0) - \boldsymbol{R}_A(t_0)| - |\boldsymbol{R}_B(t_1) - \boldsymbol{R}_A(t_1 - \Delta t_1)| + c \cdot [clk_B(t_0) - clk_A(t_0)] - c \cdot [clk_B(t_1) - clk_A(t_1)]$$

$$d\rho_{BA} = |\boldsymbol{R}_B(t_0) - \boldsymbol{R}_A(t_0)| - |\boldsymbol{R}_A(t_2) - \boldsymbol{R}_B(t_2 - \Delta t_2)| + c \cdot [clk_A(t_0) - clk_B(t_0)] - c \cdot [clk_A(t_2) - clk_B(t_2)] \tag{8.3}$$

$d\rho_{AB}$ 和 $d\rho_{BA}$ 可由卫星预报轨道和预报钟差参数计算,其计算精度取决于卫星预报速度和预报钟速的精度。

将 $\rho_{AB}(t_0)$ 和 $\rho_{BA}(t_0)$ 相加,可以消除卫星钟差信息,仅包含对卫星轨道信息的约束,直接用于卫星轨道误差的监测:

$$\frac{\rho_{AB}(t_0) + \rho_{BA}(t_0)}{2} = |\boldsymbol{R}_B(t_0) - \boldsymbol{R}_A(t_0)| + c \cdot X_{Delay}^A + c \cdot X_{Delay}^B + \frac{\Delta\rho_{cor}^{AB} + \Delta\rho_{cor}^{BA}}{2} \tag{8.4}$$

式中:$X_{Delay}^A = \dfrac{\tau_A^{Send} + \tau_A^{Rcv}}{2}$;$X_{Delay}^B = \dfrac{\tau_B^{Send} + \tau_B^{Rcv}}{2}$,为收发设备时延。

将 $\rho_{AB}(t_0)$ 和 $\rho_{BA}(t_0)$ 作差,可以消除卫星轨道信息,直接用于钟差测定:

$$\frac{\rho_{AB}(t_0) - \rho_{BA}(t_0)}{2} = c \cdot [clk_B(t_0) - clk_A(t_0)] + c \cdot \frac{\tau_A^{Send} - \tau_A^{Rcv}}{2} - c \cdot \frac{\tau_B^{Send} - \tau_B^{Rcv}}{2} + \frac{\Delta\rho_{cor}^{AB} - \Delta\rho_{ocr}^{BA}}{2} \tag{8.5}$$

式中还包含误差改正项,其中 $\Delta\rho_{cor}^{AB}$ 和 $\Delta\rho_{cor}^{BA}$ 可以精确建模。对于星间观测,$\Delta\rho_{cor}$ 包括相对论效应和卫星天线相位中心修正,可以精确建模。$\tau_A^{Send}(\tau_B^{Send})$、$\tau_A^{Rcv}(\tau_B^{Rcv})$ 为设备时延,在短期内(如3天的弧长内)是常量,需在业务处理算法中进行单独标定。

利用星间双向测距,完成星间双向伪距测量中的卫星轨道与钟差解耦。利用星间双向测距计算出的卫星几何距离和相对钟差,可分别用于卫星轨道和钟差误差的完好性监测。

8.3.2 轨道与钟差误差监测

轨道和钟差误差监测过程为,基于星间链路观测数据进行自主定轨和钟差处理,

将定轨结果与广播星历进行比较,评估广播星历的正确性,将钟差计算结果与广播星钟进行比较,评估广播星钟的正确性[7]。

一般采用动力学定轨方法,利用卡尔曼滤波方法进行参数估计,其状态方程可写为

$$\tilde{\boldsymbol{X}}_K = \boldsymbol{\Phi}_{K,K-1} \cdot \hat{\boldsymbol{X}}_{K-1} + \Delta_K \tag{8.6}$$

式中: $\tilde{\boldsymbol{X}}_K$ 为状态矢量; $\boldsymbol{\Phi}_{K,K-1}$ 为状态转移矩阵,且

$$\tilde{\boldsymbol{X}}_K = \begin{bmatrix} \Delta x \\ \Delta y \\ \Delta z \\ \Delta T \\ \Delta \dot{x} \\ \Delta \dot{y} \\ \Delta \dot{z} \\ \Delta \dot{T} \end{bmatrix} \tag{8.7}$$

$$\boldsymbol{\Phi}_{K,K-1} = \begin{bmatrix} 1 & 0 & 0 & 0 & \Delta t & 0 & 0 & 0 \\ 0 & 1 & 0 & 0 & 0 & \Delta t & 0 & 0 \\ 0 & 0 & 1 & 0 & 0 & 0 & \Delta t & 0 \\ 0 & 0 & 0 & 1 & 0 & 0 & 0 & \Delta t \\ 0 & 0 & 0 & 0 & 1 & 0 & 0 & 0 \\ 0 & 0 & 0 & 0 & 0 & 1 & 0 & 0 \\ 0 & 0 & 0 & 0 & 0 & 0 & 1 & 0 \\ 0 & 0 & 0 & 0 & 0 & 0 & 0 & 1 \end{bmatrix} \tag{8.8}$$

$\tilde{\boldsymbol{X}}_K$ 的协方差矩阵为

$$\tilde{\boldsymbol{P}}_K = \boldsymbol{\Phi}_{K,K-1} \cdot \hat{\boldsymbol{P}}_{K-1} \cdot \boldsymbol{\Phi}_{K,K-1}^{\mathrm{T}} + \boldsymbol{Q}_K \tag{8.9}$$

式中:噪声矩阵 $\boldsymbol{Q}_K$ 为一个对角矩阵,是一个微小量噪声。

基于星间链路观测数据进行自主定轨的观测方程可写为

$$\boldsymbol{Z} = \begin{bmatrix} z_1 \\ z_2 \\ \vdots \\ z_n \end{bmatrix} = R_{\mathrm{SV,ISL,measured}}^{\mathrm{SV}} - R_{\mathrm{SV,ISL}}^{\mathrm{SV}} \tag{8.10}$$

式中: z_i 由该星间链路测量的距离减去计算的距离(计算距离中卫星的位置从播发的星历中得到),即

$$z_i = R_{\text{SV}_i,\text{ISL},\text{measured}}^{\text{SV}} - R_{\text{SV}_i,\text{ISL},\text{computed}}^{\text{SV}} \tag{8.11}$$

对观测方程线性化,观测矩阵为

$$H = \begin{bmatrix} h_1 \\ h_2 \\ \vdots \\ h_n \end{bmatrix} \tag{8.12}$$

每行包含测量值相对于卡尔曼滤波器状态的偏导数为

$$h_i = \begin{bmatrix} \dfrac{x_{i,\text{SV}}^j}{R_i^j} & \dfrac{y_{i,\text{SV}}^j}{R_i^j} & \dfrac{z_{i,\text{SV}}^j}{R_i^j} & 1 & 0 & 0 & 0 & 0 \end{bmatrix} \tag{8.13}$$

卡尔曼滤波程序运行前,先验残差的协方差矩阵为

$$E = e^{\text{T}} \cdot e \tag{8.14}$$

式中

$$e = Z - H \cdot \tilde{X} \tag{8.15}$$

如果观测量中存在较大偏差,即故障观测量,在定轨处理前,要进行完好性检验,去除错误的测量值。如果有下面的关系式,则第 i 个测量值和观测矩阵 H 的第 i 行要剔除:

$$T_{i,i} > 9 \Rightarrow \text{Measurement } i \text{ excluded} \tag{8.16}$$

式中:$T_{i,i}$ 为矩阵 T 的对角线上的元素,T 矩阵为先验残差的协方差阵乘以状态协方差阵 P 投影到残差方向加上被观测噪声的逆,即

$$T = E \cdot (H \cdot \tilde{P} \cdot H^{\text{T}} + R)^{-1} \tag{8.17}$$

这个公式与卡尔曼增益的方程类似,与观测量的权成正比。如果假定噪声服从高斯分布,采用该公式进行检验测量值不超过 3σ 的概率达 99%。

所有残差检验后,还要考虑是否仅测量值有误,或者是否由于卫星自身的完好性问题而去除了测量值。如果必须除去的有效观测值超过 50%,自主完好性监测将标记卫星不可用,即

$$\frac{N_{\text{removed,meas}}}{N_{\text{valid,meas}}} > 0.5 \Rightarrow \text{SV Health Flag} = \text{unhealthy} \tag{8.18}$$

在消除可疑的观测值之后,运行卡尔曼程序。注意,如果测量值已经消除,卡尔曼增益矩阵要使用减观测值矩阵 Hred 重新计算:

$$K = \tilde{P} \cdot H_{\text{red}}^{\text{T}} (H_{\text{red}} \cdot \tilde{P} \cdot H_{\text{red}}^{\text{T}} + R)^{-1} \tag{8.19}$$

修正的协方差和状态估计由下式计算:

$$\boldsymbol{P} = (\boldsymbol{I} - \boldsymbol{K} \cdot \boldsymbol{H}_{\mathrm{red}}) \cdot \tilde{\boldsymbol{P}} \tag{8.20}$$

且

$$\hat{\boldsymbol{X}} = \tilde{\boldsymbol{X}} + \boldsymbol{K}(\boldsymbol{Z}_{\mathrm{red}} - \boldsymbol{H}_{\mathrm{red}} \cdot \tilde{\boldsymbol{X}})^{-1} \tag{8.21}$$

在卡尔曼滤波器处理后,再进行 χ^2 检验:

$$\frac{s^2}{n \cdot \sigma^2} > \varepsilon \Rightarrow \mathrm{SV\ Health\ Flag} = \mathrm{"unhealthy"} \tag{8.22}$$

n 为有效观测值的数目,且

$$s^2 = \sum_i \hat{e}_i^2 \tag{8.23}$$

是后验残差的样本方差。

后验残差可表示为

$$\hat{\boldsymbol{e}} = \tilde{\boldsymbol{Z}} - \boldsymbol{H}_{\mathrm{red}} \cdot \hat{\tilde{\boldsymbol{X}}} \tag{8.24}$$

模型方差从后验协方差矩阵中导出

$$\sigma^2 = \mathrm{Trace}(\boldsymbol{H} \cdot \hat{\boldsymbol{P}} \cdot \boldsymbol{H}^{\mathrm{T}}) \tag{8.25}$$

样本方差假定为 χ^2 分布,因此从 $n-1$ 个自由度的 χ^2 分布中求出。

估计的状态用作后序约束条件来估计轨道和时钟误差。轨道和时钟误差不能超出预定的阈值,否则卫星将会标志不可用状态。

$$x_i > e_i \Rightarrow \mathrm{SV\ Health\ Flag} = \mathrm{"unhealthy"} \tag{8.26}$$

因为不仅位置误差是估计的,而且速率误差也是估计的,上面的条件也可评估后用来探测不规则误差,如位置和时钟误差状态的慢漂。

将自主定轨获得的卫星位置与广播星历参数计算的卫星位置进行比较,当卫星轨道误差大于预设门限时,判断卫星的广播星历轨道参数异常,设置 DIF 参数为 1,通过导航电文播发给用户。

对互发互收的观测伪距进行距离修正后,观测量仅包含 T_0 时刻卫星位置和钟差信息,其中星间时间同步观测量可写为

$$c[\mathrm{clk}_\mathrm{B}(t_0) - \mathrm{clk}_\mathrm{A}(t_0)] = \frac{\rho_\mathrm{AB}(t_0) - \rho_\mathrm{BA}(t_0)}{2} - c\frac{\tau_\mathrm{A}^\mathrm{Send} - \tau_\mathrm{A}^\mathrm{Rcv}}{2} +$$
$$c\frac{\tau_\mathrm{B}^\mathrm{Send} - \tau_\mathrm{B}^\mathrm{Rcv}}{2} - \frac{\Delta\rho_\mathrm{cor}^\mathrm{AB} - \Delta\rho_\mathrm{cor}^\mathrm{BA}}{2} \tag{8.27}$$

式(8.27)计算得到星间相对钟差。如果星间链路计算的星间相对钟差与广播星历计算的星间相对钟差互差大于门限,将综合利用多星的监测结果进行校验,分析异常卫星,若判断某星的钟差监测结果异常,则将该卫星的 DIF 参数设置为 1。

在卫星链路测距周期中,如果互发互收一对卫星中的一颗卫星异常,则该测距数据将会反映实际情况。每个循环检查周期,从可见健康卫星测距链路作为起点,可见

卫星星历、星钟和信号状态由地面实时监控,保证了检查可行和简便性。每个循环检查周期,每颗卫星状态要通过多个卫星配对冗余检查,保证了检查可行和可靠性[8]。利用星间链路测量数据循环检查(利用可见星传递)卫星星历、星钟状态,形成电文健康标识(DIF),如果出现状态变化时,对下一即将播发电文中 DIF 参数进行更新(与卫星电文最短重复播发周期匹配)。

◤ 8.4　信号完好性监测方法

信号自主完好性监测载荷接收用于生成下行导航信号的时频基准信号进行卫星钟相位跳变与频率跳变的监测,同时,在下行发射天线前端通过有线链路接收导航信号,进行伪距、载波相位、信号功率和相关值测量与监测,同时综合卫星钟和导航信号监测信息生成导航信号完好性信息 SIF[9],如图 8.4 所示。

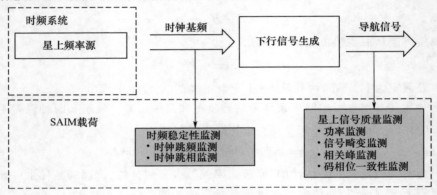

图 8.4　信号自主完好性监测载荷设计

8.4.1　星上时频稳定性监测

星上时频综合系统的主要功能是利用原子钟的基准频率控制压控振荡器产生一个 $10.23\mathrm{MHz}$ 的输出频率。该系统包含原子基准频率输出设备、压控振荡器、锁相环,以及其他可以确保系统故障发生后可被监测到的设备。星上时频综合系统能够在星载原子频率标准上校正调整相位、频率和频率漂移。而原子频率标准的频偏和频漂则是利用地面监测站进行估计,估计的改正数通过导航电文广播给用户。

如图 8.5 所示,首先利用星载原子钟产生参考历元,同时输出频率也能通过历元发生器产生一个历元。两个历元经过由晶振产生的相位量尺,比较相位误差,相位误差经过环路滤波器后作为压控振荡器的输入,最后产生输出频率。由此可知,利用晶振频率填充参考历元和输出频率产生的历元,再通过相位量尺进行比较,所得到的相位误差可以用来进行星载原子钟时钟完好性监测,可见晶振频率决定了相位误差的精度。而环路滤波器的存在可以减小相位量尺噪声的影响,并充分利用原子钟的长期稳定度好,晶振短期稳定度好的优点。

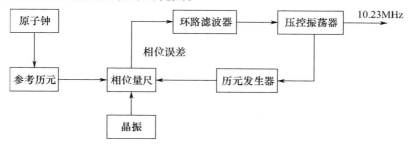

图 8.5　星上时频稳定性监测的基本结构

　　星上时频稳定性监测利用了频率综合器系统的无故障相位数据符合无偏高斯分布以及有故障相位数据符合有偏高斯分布特点。当选取合适时常参数时,两个概率密度函数有明显区别。权值 aw 取值范围为 1 ~ 6,表征大的相位误差,取值范围 0.7 ~ 1 时,表征小的相位误差(小于 1ns)。当发生异常时,常将 aw 设置为 6,以快速校正大的相位误差。

　　在把相位误差当作是高斯分布的前提下,完好性监测的参数如图 8.6 所示,可以包含虚警概率(P_{FA})、检测门限、漏警概率(P_{MD})、检测概率、保护级和告警门限。

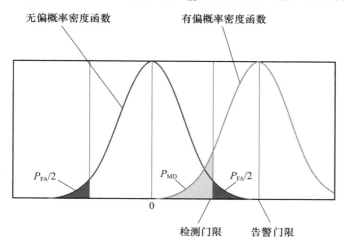

图 8.6　星上时频稳定性监测的完好性监测参数(见彩图)

　　检测门限的取值对完好性监测有重要影响。如果相位误差服从 $N \sim (0, \sigma)$ 分布,假定其无偏高斯分布标准方差为 0.88ns(1σ),相位量尺的检测门限(DT)设定为 15.84ns,当相位输出绝对值大于 15.84ns 时,有必要将信号切换到非标准码。因为 15.84ns 大于 17σ(14.96ns),其虚警概率为 0。我们假定告警门限(AL) = 15.84ns + 6σ = 21.12ns。因为正态分布大于 6σ 的概率小于 10^{-8},相应的漏警概率小于 10^{-8}。换而言之,检测到相位误差大于 21.12ns 的概率大于 10^{-8}。

8.4.2　导航信号畸变检测

导航信号畸变检测主要是对伪码测距信号畸变检测。伪码信号任何畸变(导航信号的有害波形)都会影响测距性能。当卫星由于某种原因发生异常时,卫星播发信号发生失真,这种失真直接反映在接收信号和本地 PRN 码的相关峰上,并影响了伪距的测量。通过对自相关峰特性的监测,可以知道卫星信号是否失真乃至卫星发生了故障,能够及时报警来降低因卫星故障导致的危险性。

卫星信号故障模型分为三类:数字故障模型、模拟故障模型和混合故障模型。

(1)故障模型 1:数字故障模型(只有超前和延迟)。如图 8.7 所示,与模拟子系统无关,并使相关峰出现了平顶效应(dead zone),相当于使相关峰峰发生了移动或延迟。该模型的超前延迟时延值建议为 C/A 码片宽度的 ±12%,因为更大值所产生的波形很容易被多相关器信号质量检测器检测到。

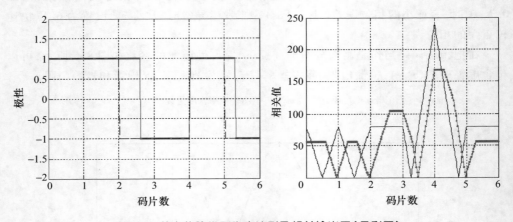

图 8.7　数字故障模型失真波形及相关输出图(见彩图)

(2)故障模型 2:模拟故障模型(只有幅度调制)。该模型对输入信号的模拟故障进行建模,该信号发生模拟调制或者出现振荡信号,如图 8.8 所示。该模型用两个参数,将振荡信号描述为二阶阻尼响应,该二阶阻尼响应在左半平面存在一对复共轭极点 $\sigma \pm j2\pi f_\mathrm{d}$。此两参数是阻尼振荡频率 f_d(MHz)和衰减因子 σ(MN$_\mathrm{P}$/s)(1N$_\mathrm{P}$ = 8.686dB)。每个码片转换点可以认为是这种二阶系统的单位步进响应:

$$e(t) = \begin{cases} 0 & t \leqslant 0 \\ 1 - \exp(-\sigma t)\left[\cos(2\pi f_\mathrm{d}t) + \dfrac{\sigma}{2\pi f_\mathrm{d}}\sin(2\pi f_\mathrm{d}t)\right] & t \geqslant 0 \end{cases} \tag{8.28}$$

(3)故障模型 3:混合故障模型(超前滞后和幅度调制)。该模型是数字和模拟两种的混合,出现了平顶效应、不对称现象和伪相关峰现象,如图 8.9 所示。故障模型表示为

$$e(t-\Delta) = 1 - \exp\left(-\sigma(t-\Delta)\right)\left[\cos\omega_{d}(t-\Delta) + \frac{\sigma}{\omega_{d}}\sin\omega_{d}(t-\Delta)\right] \tag{8.29}$$

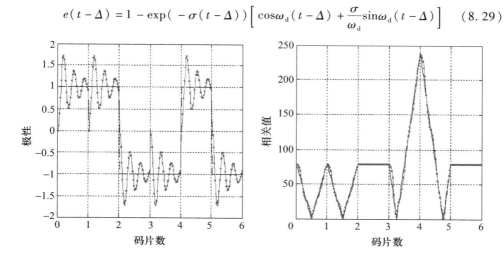

图 8.8　模拟故障模型失真波形及相关输出图（见彩图）

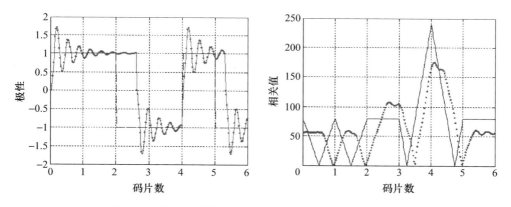

图 8.9　混合故障模型失真波形及相关输出图（见彩图）

对于信号畸变需要利用多种卫星信号质量监测（SQM）方法来综合实现。下边分别描述其算法。

1）基于伪距差的 SQM 算法

利用多个相关器对（具有不同的相关器间隔 D）独立地进行跟踪，则一个接收机会产生多个伪值测量值，通过伪距差来进行相关峰的对称性校验。

不同相关器对形成不同的伪距测量值，设它们的差为 $\Delta\tau(d_1,d_2)$，对于一个正常的输入信号，$\Delta\tau_{\mathrm{nom}}(d_1,d_2)$ 可计算如下：

$$\Delta\tau_{\mathrm{nom}}(d_1,d_2) = \tau_{\mathrm{nom}}(d_1) - \tau_{\mathrm{nom}}(d_2) \tag{8.30}$$

式中

$$\tau_{\mathrm{nom}}(d_i) = \arg\left\{\tilde{R}_{\mathrm{nom}}\left(\tau + \frac{d_i}{2}\right) - \tilde{R}_{\mathrm{nom}}\left(\tau - \frac{d_i}{2}\right) = 0\right\} \tag{8.31}$$

$\tilde{R}_{\text{nom}}$ 为经过滤波后的 C/A 码的相关峰：

$$\tilde{R}_{\text{nom}} = h_{\text{pre}} \times R_{\text{nom}} \tag{8.32}$$

$$\tau_{\text{a}}(d) = \arg\left\{ \tilde{R}_{\text{a}}\left(\tau + \frac{d}{2}\right) - \tilde{R}_{\text{a}}\left(\tau - \frac{d}{2}\right) = 0 \right\} \tag{8.33}$$

对于每一对独立的伪距差,波形正常情况下的伪距差从波形异常情况下的伪距差中减去之后,与一个固定的门限 MDE(最小可检测误差)进行比较,如大于 MDE,则认为存在波形畸变风险。

$$\beta_{\text{PR}} = \max \begin{bmatrix} \dfrac{\Delta\tau_{\text{a}}(d_1,d_2) - \Delta\tau_{\text{nom}}(d_1,d_2)}{\text{MDE}(d_1,d_2)} \\[2mm] \dfrac{\Delta\tau_{\text{a}}(d_1,d_3) - \Delta\tau_{\text{nom}}(d_1,d_3)}{\text{MDE}(d_1,d_3)} \\[1mm] \vdots \\[1mm] \dfrac{\Delta\tau_{\text{a}}(d_1,d_C) - \Delta\tau_{\text{nom}}(d_1,d_C)}{\text{MDE}(d_1,d_C)} \end{bmatrix} \geqslant 1 \tag{8.34}$$

如前所述,基于伪距差的 SQM 算法要求接收通道的每一个相关器对都独立地对信号进行跟踪,由于普通接收通道对每个信号只有一个独立的跟踪环路,因而基于伪距差的 SQM 要求每个接收通道对每个信号具有多个接收环路。

2)基于相关值的 SQM 算法

采用一个通道内有多个相关器对的方案,每个通道中只有一个相关器对进行 0 相位跟踪,其他相关器对固定的排在跟踪相关器对两边,它们只进行相关值计算,而不进行跟踪功能的实现。

(1)差值测试。

如图 8.10 所示,主要用于发现相关峰的扭曲失真。

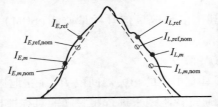

图 8.10　窄相关并行处理图(见彩图)

设某非跟踪相关器对输出之差 d'_m,将其归一化为 d_m

$$\begin{cases} d'_m = I_{E,m} - I_{L,m} \\[2mm] d_m = \dfrac{I_{E,m} - I_{L,m}}{I_P} \end{cases} \tag{8.35}$$

理想延迟锁定环(DLL)鉴别器将输出码相位差为 Δ_m，其含义是在理想未滤波相关峰下，复现码相位与信号码相位差为 Δ_m。同样，对跟踪相关器有 Δ_{ref}：

$$
\begin{cases}
\Delta_m = \dfrac{d_m}{2} = \dfrac{I_{E,m} - I_{L,m}}{2I_P} \\[3mm]
\Delta_{\text{ref}} = \dfrac{I_{E,\text{ref}} - I_{L,\text{ref}}}{2I_P}
\end{cases}
\tag{8.36}
$$

二者之差($\Delta_m - \Delta_{\text{ref}}$)表明了以相关器 m 跟踪和以 ref 相关器跟踪的码相位差估计，即两者间的伪距差。

同样，对于理想滤波相关峰有

$$
\begin{cases}
\Delta_{m,\text{nom}} = \dfrac{I_{E,m,\text{nom}} - I_{L,m,\text{nom}}}{2I_{P,\text{nom}}} \\[3mm]
\Delta_{\text{ref},\text{nom}} = \dfrac{I_{E,\text{ref},\text{nom}} - I_{L,\text{ref},\text{nom}}}{2I_{P,\text{nom}}}
\end{cases}
\tag{8.37}
$$

假设每个通道有 C 个相关器对，那么可以得到 $C-1$ 个相关差值，用最小可检测误差(MDE)($\Delta_{m,\text{ref}}$)进行归一化，一旦大于 1，表明相关差值大于最小检测误差，说明信号波形异常。

$$
\gamma_\Delta = \max \begin{bmatrix}
\dfrac{\left| (\Delta_{\alpha,1} - \Delta_{\alpha,\text{ref}}) - (\Delta_{1,\text{norm}} - \Delta_{\text{ref},\text{norm}}) \right|}{\text{MDE}(\Delta_{1,\text{ref}})} \\[5mm]
\dfrac{\left| (\Delta_{\alpha,2} - \Delta_{\alpha,\text{ref}}) - (\Delta_{2,\text{norm}} - \Delta_{\text{ref},\text{norm}}) \right|}{\text{MDE}(\Delta_{2,\text{ref}})} \\[3mm]
\vdots \\[3mm]
\dfrac{\left| (\Delta_{\alpha,C-1} - \Delta_{\alpha,\text{ref}}) - (\Delta_{C-1,\text{norm}} - \Delta_{\text{ref},\text{norm}}) \right|}{\text{MDE}(\Delta_{C-1,\text{ref}})}
\end{bmatrix} \geq 1
\tag{8.38}
$$

(2) 比率测试(ratio test)。

差值测试方法无法监测"死区"(平坦顶部)、不正常的尖锐或升高的相关峰问题，因此需要使用比率检测，可用于发现相关峰平顶失真及多峰情况，如图 8.11 所示。

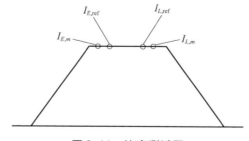

图 8.11　比率测试图

对于某个相关器对 m，计算 E、L 与 P 支路的平均斜率：

$$R_{m,\text{avg}} = \frac{I_E + I_L}{2I_P} \tag{8.39}$$

若需要检测（不对称的）单边斜率，则可使用

$$R_{m,E} = \frac{I_E}{I_P}, \quad R_{m,L} = \frac{I_L}{I_P} \tag{8.40}$$

将上述实测值与按理想相关峰（此处为滤波后的理想相关峰）计算的相应值作差，进行判定。设理想相关峰的相应值为 $R_{\text{nom},m}$，通过上述两种方式得到的实测值为 $R_{a,m}$，用最小可检测误差 $\text{MDR}_{R,m}$ 进行归一化，一旦大于 1，表明相关差值大于最小可检测误差，说明信号波形异常。

$$\gamma_R = \max \begin{bmatrix} \dfrac{|R_{a,1} - R_{\text{nom},1}|}{\text{MDR}_{R,1}} \\[2mm] \dfrac{|R_{a,2} - R_{\text{nom},2}|}{\text{MDR}_{R,2}} \\ \vdots \\ \dfrac{|R_{a,C} - R_{\text{nom},C}|}{\text{MDR}_{R,C}} \end{bmatrix} \geqslant 1 \tag{8.41}$$

（3）最小可检测误差（MDE）。

MDE 是在虚警概率小于 1.5×10^{-7} 和漏警概率为 10^{-3} 的条件下，保证在给定对称检测方法下，能检测出有害波形的相关函数变形或失真的门限值。

为获得 MDE，必须对每个独立对称检测的标准方差 σ_{test} 进行量化，这是因为受噪声的影响。MDE 等于标准方差的倍数，倍数因子等于两个数（K_{ffd} 和 K_{md}）之和。此两值分别用来计算虚警概率和漏警概率，MDE 可以表示为

$$\text{MDE} = (K_{\text{ffd}} + K_{\text{md}})\sigma_{\text{test}} \tag{8.42}$$

假设噪声是高斯分布，$K_{\text{ffd}} = 5.26$ 保证虚警概率不大于 1.5×10^{-7}，$K_{\text{md}} = 3.09$ 保证了漏警概率不大于 10^{-3}。

噪声被认为是零均值高斯分布，相反地，每个多相关器对称检测的均值可能很大。差值测试的偏差受有限的预相关带宽影响；比率测试即使在无限带宽条件下，其偏差同样不为零。在进行测量前，必须进行校准，消除这些偏差。

8.4.3　功率异常检测

卫星导航信号功率检测主要是检测信号发射的 EIRP 值是否平稳。SAIM 接收通道接收处理卫星导航信号，并计算出接收导航信号的信噪比。接收机对导航信号信噪比可以预先标定，使之与卫星信号功率对应。信号功率检测单元通过对数字的信噪比检测，实现对卫星输出的模拟的导航信号功率检测和监测。

测量射频功率利用数字基带检波方法。其输入为射频耦合信号,中间量为信噪比,输出为功率异常检测结果。

星载监测接收机采集卫星导航信号,通过 A/D 变换成数字信号,在现场可编程门阵列(FPGA)或 DSP 中通过数字信号处理计算出接收导航信号的信号功率。

在信息解调时,样本取自相关器的即时支路。当比特同步解决后,将一个信息比特内的所有样本累加,然后做出判决。设两个即时正交支路累加后的输出为

$$I(k) = \sqrt{2KP}D(k)\cos\varphi(k) + n_I(k) \tag{8.43}$$

$$Q(k) = \sqrt{2KP}D(k)\sin\varphi(k) + n_Q(k) \tag{8.44}$$

式中:K 为接收机的功率放大因子;P 为信号功率;$D(k)$ 为第 k 比特信息,为 $+1$ 或 -1;$\varphi(k)$ 为第 k 比特载波的平均相位误差;$n_I(k)$、$n_Q(k)$ 为噪声,两者均为零均值同方差的独立的平稳过程。

当载波环锁定后,载波相位误差趋近于零,因此式(8.43)和式(8.44)近似为

$$I(k) = \sqrt{2KP}D(k) + n_I(k) \tag{8.45}$$

$$Q(k) = n_Q(k) \tag{8.46}$$

考察统计量:

$$\hat{P} = \frac{1}{2KM}\sum_{k=1}^{M} I^2(k) = P + \frac{1}{2KM}\sum_{k=1}^{M} D(k)n_I(k) + \frac{1}{2KM}\sum_{k=1}^{M} n_I^2(k) \tag{8.47}$$

可以认为信息比特的分布是随机的,均值为零,而把最后一项看作是噪声项,因此式(8.47)又可近似为

$$\hat{P} \approx P + n_P \tag{8.48}$$

只要有足够的信噪比,则上述统计量就是信号功率的估计,其中的放大因子可以事前标定。

信号功率异常检测与评估:计算导航信号信噪比 $R_{C/N}$,通过与预先标定的信噪比上、下门限 $T_{C/N-\text{Max}}$ 和 $T_{C/N-\text{Min}}$ 进行对比和计算,可获得卫星输出信号功率异常的评估结果 $A_{\text{ASP}} \in [0,1]$。

$$A_{\text{ASP}} = 1.0 - \begin{cases} 0 & R_{C/N} \leqslant T_{C/N-\text{Min}} \\ \dfrac{R_{C/N} - T_{C/N-\text{Min}}}{T_{C/N-\text{Max}} - T_{C/N-\text{Min}}} & T_{C/N-\text{Min}} < R_{C/N} < T_{C/N-\text{Max}} \\ 1 & R_{C/N} \geqslant T_{C/N-\text{Max}} \end{cases} \tag{8.49}$$

8.4.4　载波与伪码相位一致性检测

伪码和载波相位一致性检测要求 SAIM 接收通道输出的伪码观测量和载波相位观测量是独立输出的。载波平滑后伪距与伪距观测均值相减,其差值应该在很小的

范围内,如果出现偏差,则判断伪码和载波相位出现滑变(如果平滑周期为100s,偏离速率为0.018m/s,则偏离可能达到2~3m)。

载波与伪码相位一致性检测有载波与伪码滑动检测方法和伪码与载波相位差检测方法两种。

1)载波与伪码滑动检测方法

使用星载监测接收机自主监测导航卫星的信号质量,关键是为星载接收机的时钟频率设计一个适当稳定的环境。接收机时钟频率由下式表达:

$$f_{Rcvr} = f_{Des} + \Delta f_{Rcvr} \tag{8.50}$$

式中:Δf_{Rcvr}为接收机的频率偏移;f_{Des}为星载接收机期望的时钟振荡器。

接收机估计的系统时间可表示为

$$T_{Rcvr}(t) = \frac{f_{Rcvr}}{f_{Des}}t + T_{Start} = \left(1 + \frac{\Delta f_{Rcvr}}{f_{Des}}\right)t + T_{Start} \tag{8.51}$$

式中:T_{Start}为初次对齐的系统时间(s);Δf_{Rcvr}相当于一个常量。

接收机时钟估计误差为

$$T_{err}(t) = T_{Sys} - T_{Rcvr} = \frac{\Delta f_{Rcvr}}{f_{Des}}t + T_{init} \tag{8.52}$$

式中:T_{init}为包含导航电文路径时的时间量。

接收端伪距误差为

$$D(t) = \frac{\Delta f_{Rcvr}}{f_{Des}}t \times c + T_{init} \times c \tag{8.53}$$

式中:$\frac{\Delta f_{Rcvr}}{f_{Des}}t \times c$和$T_{init} \times c$随时间的变化量都不大,而且前者在伪距测量中起主要作用。

伪距对固定的用户是一个常量,因此可以通过校正计算来去除用户时钟偏移。利用最小二乘线性估计和卡尔曼估计方法计算接收机时钟的偏移量,然后去除偏移量,实现接收机时钟的校正。

求出载波相位和伪码相位的差,其差值应在很小的范围内,如果出现偏差,则判断伪码相位和载波相位出现滑变。

2)伪码与载波相位差检测方法

伪码和载波相位差检测通过检测伪码相位和载波相位差来实现。伪码相位的测量可以利用导航信号质量检测中时延畸变的检测得到的值减去通道时延实现。载波相位是指本地载波相位与发射载波相位差,载波相位的测量可以利用乘法器提取相位差,原理框图如图8.12所示。

设接收信号为

$$u_i(t) = D(t)\sin(\omega_i t + \varphi_i) \tag{8.54}$$

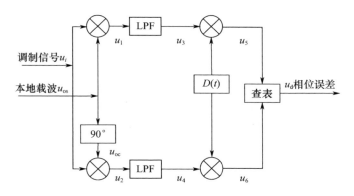

图 8.12 载波相位误差提取框图

设本地载波为(假定振幅为 1)

$$u_{os} = \sin(\omega_o t + \varphi_o) \quad (8.55)$$

$$u_{oc} = \cos(\omega_o t + \varphi_o) \quad (8.56)$$

混频后得到

$$u_1(t) = D(t)\sin(\omega_i t + \varphi_i)\sin(\omega_o t + \varphi_o) =$$
$$\frac{1}{2}D(t)[\cos(\omega_i t - \omega_o t + \varphi_i - \varphi_o) - \cos(\omega_i t + \omega_o t + \varphi_i + \varphi_o)] \quad (8.57)$$

$$u_2(t) = D(t)\sin(\omega_i t + \varphi_i)\cos(\omega_o t + \varphi_o) =$$
$$\frac{1}{2}D(t)[\sin(\omega_i t + \omega_o t + \varphi_i + \varphi_o) + \sin(\omega_i t - \omega_o t + \varphi_i - \varphi_o)] \quad (8.58)$$

低通滤波后得到

$$u_3 = \frac{1}{2}D(t)\cos\varphi \quad (8.59)$$

$$u_4 = \frac{1}{2}D(t)\sin\varphi \quad (8.60)$$

伪码剥离之后得到

$$u_5 = \frac{1}{2}\cos\varphi \quad (8.61)$$

$$u_6 = \frac{1}{2}\sin\varphi \quad (8.62)$$

式中:$\varphi = (\omega_i - \omega_o)t + \varphi_i - \varphi_o$。

求出载波相位和伪码相位的差,其差值应在很小的范围内,如果出现偏差,则判断伪码相位和载波相位出现滑变。

8.4.5 导航数据正确性检测

导航电文数据正确性包括数据是否已调制、是否存在单粒子翻转等。数据调制正确性一般成块出现,而单粒子翻转一般单比特且固定出现。SAIM 接收通道首先实现对卫星导航原始数据的解调,然后送给综合监测处理设备的数据正确性检测单元处理。数据正确性检测单元通过对 SAIM 接收通道接收解调的数据和卫星导航处理设备送来的原始导航数据进行比对,实现对卫星导航电文数据正确性检测。

星载监测接收机首先实现对卫星导航信号原始数据的解调,电文完好性主要通过两种方式进行:一是利用电文自身的冗余校验码进行检测,二是通过对监测接收机接收解调的数据和卫星导航处理设备送来的原始导航数据进行比对,实现对卫星导航电文数据正确性检测与评估。

参考文献

[1] BRADFORD W, PENINA AXELRAD. Autonomous GPS integrity monitoring using the pseudorange residual[J]. Navigation,1988, 35(2): 255-274.

[2] KOVACH K, DOBYNE J, CREWS M, et al. GPS Ⅲ integrity concept[C]//ION GNSS 2008, Savannah, September 16-19, 2008:2250-2257.

[3] FRANCISCO A. Inter-satellite ranging and inter-satellite communication links for enhancing GNSS satellite broadcast navigation data[J]. Advances in Space Research,2011,47(5):786-801.

[4] RODRIGUEZ I, GARCIA C, CATALAN C, et al. Satellite autonomous integrity monitoring (SAIM) for GNSS systems[C]//ION GNSS 2009, Savannah, September 22-25, 2009: 1330-1342.

[5] VIOARSSON L, PULLEN S, GREEN G,et al. Satellite autonomous integrity monitoring and its role in enhancing GPS user performance[C]//ION GPS 2001, Salt Lake, September 11-14, 2001:690-702.

[6] ROBERT W. Onboard Autonomous integrity monitoring using intersatellite links[C]//ION GPS 2000, Salt Lake, September 19-22, 2000:1572-1581.

[7] RODRIGUEZ I, GARCIA C, CATALAN C, et al. Inter-satellite links for satellite autonomous integrity monitoring[J]. Advances in Space Research,2011,47(2):197-212.

[8] XU H, WANG J, ZHAN X. GNSS satellite autonomous integrity monitoring (SAIM) using inter-satellite measurements[J]. Advances in Space Research,2011,47(7):1116-1126.

[9] ZINK T, EISSFELLER B, LOHNERT E,et al. Analyses of integrity monitoring techniques for a global navigation satellite system (GNSS-2) [C]//Proc. ION GNSS 2000, San Diego, June 26-28:117-127.

第9章　完好性性能测试评估方法

◤ 9.1　引　言

随着 GNSS 在各行各业应用的推广与深入,其完好性性能受到越来越多的关注,最受关注的是最终用户定位域的完好性风险[1]。如何测试和评估 GNSS 服务的完好性? 主要的方法有两种:①基于实测样本完好性事件的直接统计方法;②基于误差分布经验模型的概率统计方法。

基于实测样本完好性事件的直接统计方法是一种原理简单、形象直观的测试方法。根据系统实际测试结果和接收的完好性信息,计算每个历元定位误差保护级(PL)、定位误差(PE)及其与用户告警门限(AL)之间的大小关系。在整个测试时间段内,根据每个历元 PL、PE、AL 三者间大小关系的结果,计算统计完好性误警、漏警、危险误导信息(HMI)发生的历元数目,并根据相应事件发生历元数目与整个测试样本数目的比值作为完好性性能测试结果。但是该方法对某些小概率事件测量难以奏效。例如 HMI 出现的概率非常低,通常在实际有限的测量中,HMI 事件并不会出现,所以要想通过基于实测样本的完好性事件直接统计并不现实。

基于误差分布经验模型的概率统计方法是在理论上更为严密的一种测试方法。完好性事件一般为小概率事件,在有限的测试时间内难以全面客观地反映系统实际性能。传统测量学一般都将各种测量误差分布看成某种经验理论模型。从概率论角度看,理论上的测量结果有一定概率分布在实际获得测量误差范围之外(虽然在有限的实际测试样本中并未出现)。比如,在两次测试中所有历元结果 PE < PL < AL,但是第一次测试的定位误差仅为第二次定位误差的一半。此时,基于实测样本完好性事件的直接统计方法获得的完好性性能是一样的,但用户显然对结果的相信程度并不一致。

本章分析设计了两种主要完好性测试方法的处理过程,给出了各种 PE、PL 的常用分布经验模型,模型参数估计方法,给出常用民航告警门限、完好性测试结果的技术公式,以有效指导用户独立展开系统深入的性能测试。

◤ 9.2　基于实测样本的完好性事件直接统计方法

用户关心的完好性性能指标包括告警时间以及告警门限(AL)等。系统完好性信息可以在空间信号,即用户测距误差域展开,但是用户更为关心的是实际定位结果中的危险误导信息(HMI),即直接基于最终定位误差、保护级和告警门限展开完好性评估。

9.2.1 完好性性能测试方法

对 GNSS 用户定位完好性性能评估的一般方法是基于实测数据的概率统计法。即基于一组较长时间的定位观测样本,对每一观测历元相应的定位误差保护级(PL)、告警门限(AL)、定位误差(PE),判定是否满足关系式 PL < AL < PE,然后进行整个样本的概率统计,表达式如下:

$$P_{\text{HMI}} = \frac{\sum_{t=t_{\text{start}}}^{t_{\text{end}}} \{ \text{Bool}(t) = \text{True} \}}{1 + \dfrac{t_{\text{end}} - t_{\text{start}}}{T}} \tag{9.1}$$

式中:t_{start} 为观测开始时间;t_{end} 为观测结束时间;T 为采样周期。布尔函数的定义为

$$\text{Bool}(t) = \begin{cases} \text{PL}(t) < \text{AL} < \text{PE}(t) & \text{正确} \\ \text{其他} & \text{错误} \end{cases} \tag{9.2}$$

为了能够客观地统计相关指标性能,基于实测数据的完好性概率统计方法需要统计较长时间的测试数据。为了确保系统的正常稳定运行,测试过程中尽可能不发生人为中断的系统故障事件,如上行注入错误星历数据、星钟数据或电离层数据等。故障事件的发生主要基于以下两种情况:一种情况是基于系统实际运行的故障事件,即按照系统的实际运行情况进行故障的完好性监测。这种情况下的测试在系统没有发生故障期间,难以测定系统的完好性告警时间,只能作为常规的完好性监测测试。另一种情况是基于卫星轨道保持、调姿、调相等时机的系统故障事件。为了测试系统完好性监测的告警时间,在卫星调姿、调轨阶段,测试从系统发生故障到用户端接收到故障信息的时间。为了能够对危险误导信息概率有一个基本的评估结果,参考民航中不同航段的告警门限要求,将告警门限设定为不同的档次,给出相应的危险误导信息概率。

完好性告警时间、定位误差保护级以及危险误导信息概率测试方法如下:

(1)在基准站架设 GNSS 基准站设备;在移动载体上分别架设 GNSS 接收机天线和被测 GNSS 接收机天线。

(2)参考民航中不同航段的告警门限要求,设置本地接收机水平定位误差告警门限为 50m,500m、1800m、3700m 等;接收机完成几何精度衰减因子(GDOP)以及定位误差保护级(HPL 和 VPL)等的计算。

(3)基准站、移动接收机分别记录 GNSS 载波相位、伪距等原始观测数据,记录被测 GNSS 接收机按照设定时间间隔得到的定位时刻、GDOP、HPL、VPL 等信息。

(4)顾及时间归算和坐标归算后,将 GNSS 接收机单点定位结果作为"真值",被

测 GNSS 接收机定位结果与"真值"进行实时初步比对测试,利用基准站及移动测试系统 GNSS 测量数据进行高精度计算,进行完好性性能的精确比对测试。

（5）当被测 GNSS 出现故障导致定位结果与基准 GNSS 定位结果相差较大时,分别记录故障发生的时刻和被测接收机接收到告警信息的时刻（在没有设定定位误差告警门限的情况下,以接收机计算出定位误差保护级的时间作为接收到告警信息的时间）,分析系统告警时间。

（6）分析系统在不同用户条件下的定位误差保护级和不同告警门限条件下的危险误导信息概率。

9.2.2　完好性性能评估方法

完好性性能评估的输入数据:定位结果、定位误差保护级（HPL 和 VPL）等信息。其主要目的是针对具体的应用场景（如不同的民航飞行阶段）,通过大量的实测数据对系统的完好性进行评估。

完好性性能评估的具体评定准则如下:

1）告警时间

分别记录完好性测试设备检测到故障时的时间 t_a 和接收到系统告警信息的时间 t_b,则系统完好性超差告警时间为

$$\Delta t = t_b - t_a \tag{9.3}$$

取 $t_{\max}$ 为不同告警条件的时间门限,若 $\Delta t \leqslant t_{\max}$,表示系统完好性的性能超差告警合格,反之表示不合格。一方面,对告警时间进行统计,作为系统完好性性能的评定指标;另一方面,统计告警时间的合格率。

2）定位误差保护级

假设水平定位误差和高程定位误差的均方差分别为 σ_H、σ_V,则

$$\sigma_H = \mathrm{WHDOP} \cdot \sigma_0, \quad \sigma_V = \mathrm{WVDOP} \cdot \sigma_0 \tag{9.4}$$

式中:WHDOP 和 WVDOP 分别为加权水平精度衰减因子和加权垂直精度衰减因子;σ_0 为伪距单位权方差。根据置信度要求（通常为 99.9%）,将伪距域的完好性转换为用户定位域的完好性。估计的水平和高程误差保护级为

$$\mathrm{HPL} = \kappa(P_r)\sigma_H, \quad \mathrm{VPL} = \kappa(P_r)\sigma_V \tag{9.5}$$

式中:P_r 为置信概率;$\kappa(P_r)$ 为对应的分位数。第 i 颗卫星对应的伪距误差方差可以表示为[2]

$$\sigma_i^2 = \sigma_{sati}^2 + \sigma_{ioni}^2 + \sigma_{troi}^2 + \sigma_{muli}^2 + \sigma_{noisei}^2 \tag{9.6}$$

以其中一颗卫星观测量的伪距方差为单位进行归一化。例如,以第一颗卫星的伪距为单位权观测值,对应的伪距方差为单位权方差,即 $\sigma_0^2 = \sigma_1^2$,求得 n 颗卫星伪距方差加权阵:

$$\boldsymbol{K} = \mathrm{diag}\begin{bmatrix} k_1 & k_2 & \cdots & k_n \end{bmatrix} = \mathrm{diag}\begin{bmatrix} 1 & \sigma_2^2/\sigma_1^2 & \cdots & \sigma_n^2/\sigma_1^2 \end{bmatrix} \tag{9.7}$$

相应地,加权阵 W 取伪距方差的权逆阵,即 $W = K^{-1}$。

对于 RNSS 重点服务区的用户,根据系统差分信息和完好性信息的可用性,不同情况下第 i 颗卫星伪距误差方差的各组成部分如下[3]:

(1) 与星历和星钟误差有关的伪距误差 σ_{sati}^2。如果星钟等效误差改正数 Δt 可用,由 UDRE 确定,有 $\sigma_{\text{sati}}^2 = \sigma_{\text{UDRE}i}^2$;如果星钟等效误差改正数 Δt 不可用而区域用户距离精度(RURA)可用,则由 RURA 确定,有 $\sigma_{\text{sati}}^2 = \sigma_{\text{RURA}i}^2$。

(2) 与电离层延迟改正有关的伪距误差 σ_{ioni}^2。如果格网点信息 $\mathrm{d}\tau$ 可用,则由根据各格网点的 GIVE 计算的 UIVE 确定,有 $\sigma_{\text{ioni}}^2 = \sigma_{\text{UIVE}i}^2$。

(3) 与对流层延迟改正有关的伪距误差 σ_{troi}^2。由对流层延迟改正在不同仰角的残差经验值确定,有 $\sigma_{\text{troi}}^2 = f_{\text{tro}}(\text{el}_i)\sigma_{\text{troerror}}^2$。其中,$f_{\text{tro}}(\text{el}_i)$ 是与仰角 el_i 有关的映射函数。

(4) 与多路径有关的伪距误差 σ_{muli}^2。由不同仰角的多路径误差经验值确定,有 $\sigma_{\text{muli}}^2 = f_{\text{mul}}^2(\text{el}_i)\sigma_{\text{mulerror}}^2$。其中,$f_{\text{mul}}(\text{el}_i)$ 是与仰角 el_i 有关的映射函数。

(5) 与码率、载噪比等有关的观测噪声误差 $\sigma_{\text{noisei}}^2 = (\sigma_{\text{tDLL}} \cdot T_c)^2$。对于一个最优设计的非相干超前减滞后功率型码跟踪环,环路噪声引起的码跟踪颤动对其测距性能的影响可以近似表示为

$$\sigma_{\text{tDLL}} = \sqrt{\frac{B_L D}{2C/N_0}\left[1 + \frac{2}{(2-D)C/N_0 T}\right]} \quad (\text{码片}) \tag{9.8}$$

式中:σ_{tDLL} 为以码片数表示的伪距测量均方差值;C/N_0 为载噪比;T 为预检测积分时间(要求 $T \gg T_c$,$T_c = 1/R_c$ 为码片周期,R_c 为码速率);D 为早迟环间隔的码片数;B_L 为环路滤波器的带宽。

3) 危险误导信息(HMI)概率计算

危险误导信息概率指导航定位误差超过了告警门限而该事件没有被检测到的概率。水平和垂直危险误导信息概率分别为

$$P_{\text{HMI\_H}} = P_{\text{fault}} \cdot P_{\text{MD|fault}} \cdot P_{\text{EH>HPL|fault}}, P_{\text{HMI\_V}} = P_{\text{fault}} \cdot P_{\text{MD|fault}} \cdot P_{\text{EV>VPL|fault}} \tag{9.9}$$

式中:P_{fault} 为发生故障的概率;$P_{\text{MD|fault}}$ 为故障漏检概率;$P_{\text{EH>HPL|fault}}$ 和 $P_{\text{EV>VPL|fault}}$ 分别为水平和垂直误差超限概率。告警门限指为用户提供安全导航服务所允许的误差上限值,它取决于不同应用场景的用户需求,同样地,危险误导信息概率也将与不同应用场景的用户需求有关。

危险误导信息概率按照以下公式计算[4]:

$$\text{HMI} = \frac{\sum_{t=t_{\text{start}}}^{t_{\text{end}}}\{\text{Bool}(t) = \text{True}\}}{1 + \frac{t_{\text{end}} - t_{\text{start}}}{T}} \tag{9.10}$$

式中:t_{start} 和 t_{end} 分别为一组测试数据的起始和结束历元时刻;T 为固定的历元时间间

隔,通常为 1s;如果当前历元 x 的定位误差保护级(PL)、告警门限(AL)和定位误差(PE)满足关系式 PL < AL < PE,则 Bool(x) = 1,否则 Bool(x) = 0。

测试中,采集了不同时段、不同地点的定位测试数据 m 组,每组数据对应的历元数分别为 $n_1, n_2, n_3, \cdots, n_m$,每组数据计算的 HMI 概率分别为 $P_1, P_2, P_3, \cdots, P_m$。利用 m 组测试数据统计系统完好性风险概率为

$$P_{\text{HMI}} = \frac{n_1 \cdot P_1 + n_2 \cdot P_2 + n_3 \cdot P_3 + \cdots + n_m \cdot P_m}{n_1 + n_2 + n_3 + \cdots + n_m} \tag{9.11}$$

9.3　基于误差分布经验模型的概率统计方法

在实际完好性测量过程中,必须基于有限时间内的有限测试样本数据完成对完好性性能的评估。如何基于有限的测试样本合理反映系统整体性能,科学预测测量事件的概率密度分布,特别是小概率测量事件的概率分布,需要根据现有理论方法进行适应性改进。

GNSS 完好性测试需要能够支持特定用户根据自身使用环境(例如地形、地理位置等)、设备性能、使用要求,依据实测定位域最终结果进行独立测试。例如,不同用户需要在不同的置信度下,设定 AL 值计算系统完好性风险,或者设定完好性风险估计定位误差的大小。用户需要仅基于实际采集数据的系统服务完好性测试评估模型和计算方法。

在系统发生异常情况前后,用户计算的 PL、PE 值可能有较大的起伏,在计算系统性能时,上述起伏造成的影响必须限定在一定的范围内,不能对整个测试结果产生无限放大的影响。这都需要在概率密度分布估计函数设计上予以充分重视,使设计的理论密度分布模型符合人们的先验知识。

危险误导信息(HMI)概率取决于两个基本参数:实际定位误差(PE)和计算的保护级(PL)。通常在实际测量过程中 HMI 并不会发生,它是一种小概率事件,其误差分布与具体的 PE/PL 比值分布有关。

9.3.1　完好性模型预测评估方法

完好性风险是非常小的概率事件,利用基于实测数据的概率统计法,则需要通过获取多年的观测数据进行评估。实际测试工作中,必须考虑如何利用有限时间段的观测样本,进行完好性风险概率的模型预测评估。为此,提出基于有限样本数据的 GNSS 完好性测试评估方法。基于特定用户有限测试样本数据,根据用户使用要求,分析总结 GNSS 不同用户工作模式完好性测试事件分布规律,建立科学的测量事件概率分布函数估计模型。

通常,小概率事件是通过有限样本对经验分布进行拟合,间接实现小概率事件的模型预测[5]。对应于完好性风险数据分析,经验分布函数应是二元变量。为此,可

设导航 PE 和 PL 的联合经验分布函数为

$$PDF(PE,PL) = f(PE,PL;\alpha,\beta) \tag{9.12}$$

式中:α、β 分别为经验分布模型参数。依据产生完好性风险的条件,则可写出经验分布模型下完好性风险概率计算的分析表达式为

$$P_{HMI}(\alpha,\beta;AL) = \int_0^{AL} \int_{AL}^{\infty} f(PE,PL;\alpha,\beta) \, dPEdPL \tag{9.13}$$

则风险概率为经验分布模型参数 α、β 和完好性需求参数 AL 的函数。

基于有限样本的完好性性能模型预测评估方法还需进一步研究导航 PE、PL 的经验分布及它们的联合经验分布模型,经验分布族的拟合优度筛选方法,经验分布模型参数估计等问题[5]。同时需要将比较成熟一元分布拟合处理方法,拓展到二元完好性数据经验分布分析处理中,使其可用于有限样本的导航定位测试数据评价。

正常情况下,PE 的变化一般与用户计算 PL 值成比例变化,仅仅通过 PE 或者 PL 概率分布密度是不能对 HMI 分布密度进行评估的,而且依据高程方向或者水平方向进行不同判别依据条件下的完好性信息评估,其 HMI 概率密度分布也不相同。这就需要针对不同用户分别通过水平或者垂直方向的完好性测量事件进行 HMI 概率估计;而且需要研究根据 PL 分布密度、PL/PE 值分布密度两维信息,对 HMI 概率进行建模和估计。

9.3.2　系统完好性预测建模

1）完好性测试建模

对于完好性来说,误导信息(MI)在水平方向和高程方向的概率密度函数也不同,可以通过分析 VPE/VPL 和 VPE/VPL 概率分布实现对 MI 概率的计算建模。根据目前研究结果[6],水平方向 MI 概率接近 Rayleigh(瑞利)分布;高程方向 MI 概率接近正态分布。

瑞利分布是控制分布宽度的形状参数值为 2 的威布尔分布。该分布取决于一个调节参数,一个尺度参数。

$$y = \frac{z}{\sigma^2} e^{-\frac{z^2}{2\sigma^2}} \qquad z \geq 0 \tag{9.14}$$

正态分布函数为

$$y = \frac{1}{\sigma\sqrt{2\pi}} e^{-\frac{(x-u)^2}{2\sigma^2}} \tag{9.15}$$

依据实际计算的 VPE/VPL 及 VPE/VPL 概率的正态分布密度函数检验如图 9.1 和图 9.2 所示(其中,VPE/VPL 的值大于 1 等效于误导事件)。

分别以垂直方向定位误差与定位精度保护级比较为例,其正态概率分布函数逼近效果如图 9.3 所示。

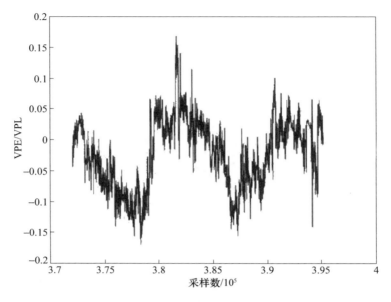

图 9.1　垂直定位误差与垂直方向保护级比值（见彩图）

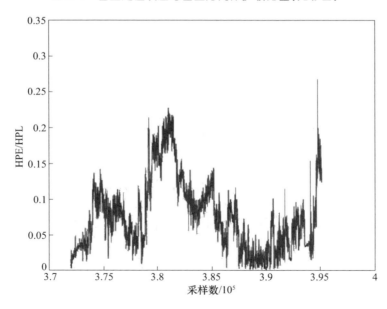

图 9.2　水平定位误差与水平方向保护级比值（见彩图）

　　这样依据正态概率分布函数结果，就可以计算 VPE/VPL 大于 1（MI 事件）的概率。当然根据有限样本估计正态概率分布函数会存在的一定拟合残差，根据拟合残差可以进一步计算不同置信度下的完好性事件发生概率。

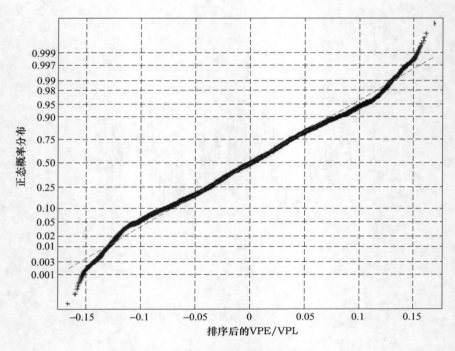

纵轴：正态概率分布
横轴：排序后的VPE/VPL

图 9.3　VPE/VPL 正态概率分布

2）高危险误导信息概率计算

危险误导信息概率取决于真实的定位误差和用户保护级。危险误导信息概率非常低，很难用危险误导事件和总测试样本数的比值来计算其概率。为了估计 MI 和 HMI 概率，必须使用基于误差经验模型的概率统计方法计算其概率密度分布函数，如图 9.4 所示。其计算公式分别如下：

$$dP_{HMI} = \int_{\frac{VAL}{VPL}}^{\infty} P_{MI}\left(\frac{VPE}{VPL}\right) d\left(\frac{VPE}{VPL}\right) \times dVPL \text{（黄色积分区域）} \quad (9.16)$$

$$P_{HMI} = \int_{0}^{VAL} P_{VPL}(VPL) \int_{VAL}^{\infty} P_{MI}\left(\frac{VPE}{VPL}\right) dVPE \times dVPL \quad (9.17)$$

$$P_{MI(VPL > VAL)} = \int_{VAL}^{\infty} P_{VPL}(VPL) \int_{VPE = VAL}^{\infty} P_{MI}\left(\frac{VPE}{VPL}\right) dVPE \times dVPL \quad (9.18)$$

$$P_{MI(VPL < VAL)} = \int_{0}^{VAL} P_{VPL}(VPL) \int_{VPE = VPL}^{\infty} P_{MI}\left(\frac{VPE}{VPL}\right) dVPE \times dVPL - P_{HMI} \quad (9.19)$$

在解耦平移时间长度为 15s 的条件下，计算样本整体相关性及其对函数参数拟合的影响，在 95% 的置信区间，根据 VAL 连续性风险概率的乐观、保守估计如图 9.5 和图 9.6 所示。

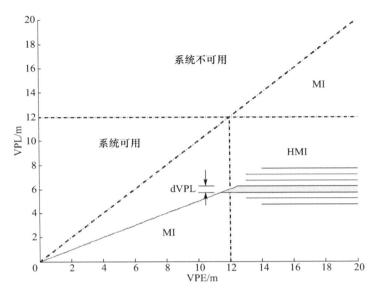

图 9.4　获取 HMI 概率的积分元素（见彩图）

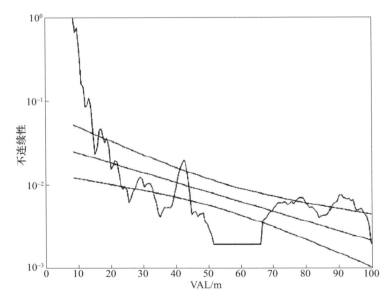

图 9.5　95% 置信区间下的完好性风险正态对数分布检验

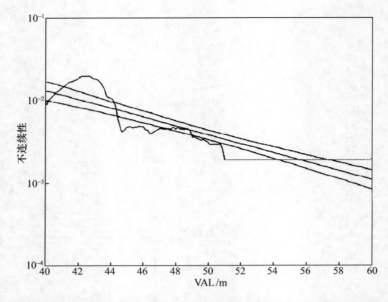

纵轴：不连续性，横轴：VAL/m

图 9.6　95% 置信区间下 VAL ∈ [40,60] 的完好性风险正态对数分布检验

9.3.3　完好性测试评估结果的可视化表达

不论是基于实测样本的完好性事件直接统计方法，还是基于误差分布经验模型的概率统计方法，都需要对评估结果进行直观的表达。完好性评估的结果涉及可用性、完好性、误导信息（MI）、危险误导信息（HMI），一般的图形表达方法仅能从单一的维度展示完好性测试评估结果。斯坦福标准统计图可以基于飞行阶段告警门限需求进行统计，给出系统是否满足该飞行阶段可用性、完好性、MI 和 HMI 的百分比。下面对斯坦福标准统计图进行简要介绍。

斯坦福标准统计图对可用性、完好性、MI 概率和 HMI 概率进行了综合表达。斯坦福标准统计图的统计量实际是 PE(t) 和 PL(t) 序列，对垂直和水平分开进行统计分析，图形化输出，见图 9.7 所示。

告警门限（AL）是指定位误差（PE）的最大允许值，一旦 PE 超过该值将发出警告，系统不可用。保护级（PL）是对导航系统误差的一种估计，它对 PE 有限制作用。只要 PL > PE，完好性就可以得到保证。如果 PE > PL，就认为失去了完好性，存在 MI。对角线之上部分具有完好性，PL < AL 时，对该飞行需求可用，否则不可用，与此同时，系统失去连续性和可用性。对角线以下部分都属于完好性缺失，存在误导信息。当 PL < AL < PE 时存在危险误导信息，其百分比就是完好性风险概率。实践中，卫星导航系统几何结构决定了垂直误差或其变化大，也就是说垂直风险大，VPE/VPL 更能反映系统的性能。

不论是哪种完好性监测技术，只要给出 PE(t) 和 PL(t) 序列就可用该方法对完

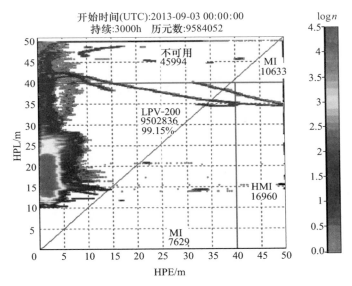

图9.7 斯坦福标准统计图(见彩图)

好性评估结果进行图形化展示。为了展示 $\text{PE}(t)/\text{PL}(t)$ 的分布特征,将落入(PE,PL)网格内点的历元值的对数取平均,视为该网格对应的函数值 Z,没有落入历元的区域置为空值(missing data),然后以 Z 值分层设色,即为图9.9所示的二维 PE/PL 分布,颜色表示哪些历元落在哪些区域内。

参考文献

[1] 陈金平,周建华,赵薇薇. 卫星导航系统性能要求的概念分析[J]. 无线电工程,2005,35(1),30-32.

[2] RTCA SC-159. Minimum operational performance standards for airborne supplemental navigation equipment using global positioning system:RTCA/DO-229D[S]. Washington DC:RTCA Inc.,2006.

[3] HANNA S,JARI S,HELENA L,et al. Integrity measure for assisted GPS based on weighted dilution of precision [C]//ION GPS-2002,Portland,September 24-27,2002:2602-2608.

[4] DHILLON B S. Reliability,quality,and safety for engineers[M]. Boca Raton:CRC Press,2005.

[5] VEERMAN H P,ROSENTHAL P,PERRIN O. EGNOS flight trials,evaluation of EGNOS performance and prospects[C]//ION NTM-2006,Monterey,January 18-20,2006:358-367.

[6] KANNERMANS H. An integrity,availability and continuity test method for EGNOS/WAAS[C]//ION GNSS 19th International Technical Meeting of the Satellite Division,Fort Worth,September 26-29,2006:882-893.

缩 略 语

AAD	Air Accuracy Designators	机载接收机精度指标
AL	Alert Limit	告警门限
APL	Airport Pseudo lite	机场伪卫星
APV	Approach with Vertical Guidance	垂直引导进近
ARAIM	Advanced Receiver Autonomous Integrity Monitoring	先进接收机自主完好性监测
ARP	Approximate Radial-Error Protected	近似径向误差保护
BDS	BeiDou Navigation Satellite System	北斗卫星导航系统
BPSK	Binary Phase-Shift Keying	二进制相移键控
CCDMA	Code-Carrier Divergence Monitor Algorithm	伪码-载波发散监测算法
CDMA	Code Division Multiple Access	码分多址
COA	Continuity of Accuracy	精度的连续性
COI	Continuity of Integrity	完好性的连续性
CORS	Continuously Operating Reference Stations	连续运行参考站
CRC	Cyclic Redundancy Check	循环冗余校验
D8PSK	Differential Eight Phase Shift Keying	差分 8 相移键控
DGNSS	Differential GNSS	差分 GNSS
DGPS	Differential GPS	差分 GPS
DIF	Data Integrity Flag	电文健康标识
DLL	Delay Lock Loop	延迟锁定环
DOP	Dilution of Precision	精度衰减因子
DQM	Data Quality Monitoring	数据质量监测
DSIGMA	Double Smoothing Ionosphere Gradient Monitor Algorithm	双平滑电离层梯度监测算法
DSP	Digital Signal Processor	数字信号处理器
DT	Detection Threshold	检测门限

EGNOS	European Geostationary Navigation Overlay Service	欧洲静地轨道卫星导航重叠服务
EIRP	Equivalent Isotropic Radiated Power	等效全向辐射功率
ESA	European Space Agency	欧洲空间局
FAA	Federal Aviation Administration	美国联邦航空管理局
FD	Fault Detect	故障检测
FDE	Fault Detection Exclusion	故障检测排除
FE	Fault Exclusion	故障排除
FKP	Flächen Korrektur Parameter	区域改正数
FPGA	Field-Programmable Gate Array	现场可编程门阵列
GAD	Ground Accuracy Designators	地面接收机精度指标
GBAS	Ground Based Augmentation Systems	地基增强系统
GDOP	Geometry Dilution of Precision	几何精度衰减因子
GEO	Geostationary Earth Orbit	地球静止轨道
GIC	Ground Integrity Channel	地面完好性通道
GIVE	Grid Point Ionospheric Vertical Delay Error	格网点电离层垂直延迟改正数误差
GLONASS	Global Navigation Satellite System	(俄罗斯)全球卫星导航系统
GNSS	Global Navigation Satellite System	全球卫星导航系统
GPRS	General Packet Radio Service	通用分组无线服务
GPS	Global Positioning System	全球定位系统
HAL	Horizontal Alert Limits	水平告警门限
HDOP	Horizontal Dilution of Precision	水平精度衰减因子
HMI	Hazardously Misleading Information	危险误导信息
HPL	Horizontal Protection Level	水平保护级
HS	Health Status	健康状态
HUL	Horizontal Uncertainty Level	水平误差不确定级
ICAO	International Civil Aviation Organization	国际民航组织
IF	Integrity Flay	健康标识
IFB	Inter-Frequency Bias	频间偏差
IGP	Ionospheric Grid Point	电离层格网点

IGSO	Inclined Geosynchronous Orbit	倾斜地球同步轨道
IMT	Integrity Monitoring Test-Bed	完好性监测试验平台
INS	Inertial Navigation System	惯性导航系统
IPP	Ionospheric Pierce Point	电离层穿刺点
IR	Integrity Risk	完好性风险
JPALS	Joint Precise Approach Landing System	联合精密进近着陆系统
LAAS	Local Area Augmentation System	局域增强系统
LGF	LAAS Ground Facility	LAAS 地面设施
LNA	Low Noise Amplifier	低噪声放大器
LOC	Lose of Continuity	连续性中断
LPV	Localizer Performance with Vertical Guidance	带垂直引导的航向定位性能
MAC	Master Auxiliary Concept	主辅站
MASPS	Minimum Aviation System Performance Standards	最小航空系统性能标准
MD	Miss Detection	漏警
MDE	Minimum Detectable Error	最小可检测误差
MEO	Medium Earth Orbit	中圆地球轨道
MI	Misleading Information	误导信息
MQM	Measurement Quality Monitoring	观测量质量监测
MRCC	Multiple Reference Consistency Check	多参考站一致性监测
MSAS	Multi-Functional Satellite Augmentation System	多功能卫星增强系统
NDGPS	Nationwide Differential GPS	国家差分 GPS
NPA	Non-Precision Approach	非精密进近
OQPSK	Offset Quadrature Phase Shift Keying	偏移四相相移键控
PA	Precision Approach	精密进近
PDOP	Position Dilution of Precision	位置精度衰减因子
PE	Position Error	定位误差
PL	Protection Level	保护级
PNT	Positioning, Navigation and Timing	定位、导航与授时
PPP	Precise Point Positioning	精密单点定位
PRN	Pseudo Random Noise	伪随机噪声
QZSS	Quasi-Zenith Satellite System	准天顶卫星系统

RAIM	Receiver Autonomous Integrity Monitoring	接收机自主完好性监测
RBN-DGPS	Radio Beacons Network-Differential GPS	基于无线电信标网的差分 GPS
RDSS	Radio Determination Satellite Service	卫星无线电测定业务
RF	Radio Frequency	射频
RNSS	Radio Navigation Satellite System	卫星无线电导航业务
RPE	Radial Position Error	径向定位误差
RRAIM	Relative Receiver Autonomous Integrity Monitoring	相对接收机自主完好性监测
RTCA	Radio Technical Commission for Aeronautics	航空无线电技术委员会
RTCM	Radio Technical Commission for Maritime Services	海事无线电技术委员会
RTK	Real Time Kinematic	实时动态
RURA	Regional User Range Accuracy	区域用户距离精度
SA	Selective Availability	选择可用性
SAIM	Satellite Autonomous Integrity Monitoring	卫星自主完好性监测
SBAS	Satellite Based Augmentation Systems	星基增强系统
SFCS	Single Frequency Carrier Smoothing	单频相位平滑
SIF	Signal Integrity Flag	信号完好性标识
SIS	Signal-in-Space	空间信号
SISA	Signal-in-Space Accuracy	空间信号精度
SISAI	Signal-in-Space Accuracy Index	空间信号精度指标
SISE	Signal-in-Space Error	空间信号误差
SISMA	Signal-in-Space Monitoring Accruacy	空间信号监测精度
SQM	Signal Quality Monitoring	信号质量监测
SRGPS	Shipboard Relative GPS	舰载相对 GPS
SSE	Sum of Squares due to Error	残差平方和
TDMA	Time Division Multiple Access	时分多址
TDOP	Time Dilution of Precision	时间精度衰减因子
TTA	Time to Alert	告警时间
UDRA	User Differential Range Accuracy	用户差分测距精度
UDRE	User Differential Range Error	用户差分测距误差
UEE	User Equipment Error	用户设备误差
UERE	User Equivalent Range Error	用户等效距离误差

UHF	Utlra High Frequency	特高频
UIVE	User Ionosphere Vertical Error	用户电离层垂直延迟改正数误差
URA	User Range Accuracy	用户测距精度
URE	User Range Error	用户测距误差
UT	Universal Time	世界时
UTC	Coordinated Universal Time	协调世界时
VAL	Vertical Alert Limit	垂直告警门限
VDOP	Vertical Dilution of Precision	垂直精度衰减因子
VHF	Very High Frequency	甚高频
VPE	Vertical Position Error	垂直定位误差
VPL	Vertical Protection Level	垂直保护级
VRS	Virtual Reference Stations	虚拟参考站
WAAS	Wide Area Augmentation System	广域增强系统
WADGNSS	Wide Area Differential GNSS	广域差分 GNSS
WGS-84	World Geodetic System 1984	1984 世界地球坐标系
WHDOP	Weighted Horizontal Dilution of Precision	加权水平精度衰减因子
WUL	Worst User Location	最坏用户位置
WVDOP	Weighted Vertical Dilution of Precision	加权垂直精度衰减因子